复杂油气井射孔管柱动力学理论及应用

柳 军　郭晓强　殷 腾　著

石油工业出版社

内 容 提 要

本书建立了复杂油气井射孔管串井筒通过能力分析模型，考虑了井筒密闭空间及反射作用的射孔爆炸压力场计算模型和井下工具耦合效应的射孔管串冲击振动分析模型，探究了现场设计参数对复杂油气井井筒压力场分布、射孔下入性安全、射孔管串振动和强度安全等特性影响规律，揭示了复杂油气井射孔管柱失效机理，提出了复杂油气井射孔管柱振动控制方法，阐述了研发的商业化复杂油气井射孔管柱动力学仿真软件，介绍了复杂油气井射孔产品的研发过程、作业工艺及应用。

本书可供从事油气井工程的技术人员、科研人员及管理人员阅读，也可供石油高等院校相关专业师生参考。

图书在版编目（CIP）数据

复杂油气井射孔管柱动力学理论及应用／柳军，郭晓强，殷腾著. —北京：石油工业出版社，2021.2
ISBN 978-7-5183-4571-7

Ⅰ. ①复…　Ⅱ. ①柳…②郭…③殷…　Ⅲ. ①油气钻井-射孔完井-井下管柱-动力学分析　Ⅳ. ①TE257

中国版本图书馆 CIP 数据核字（2021）第 043335 号

出版发行：石油工业出版社
　　　　　（北京安定门外安华里 2 区 1 号楼　　100011）
　　　　　网　　址：www. petropub. com
　　　　　编辑部：（010）64523687　图书营销中心：（010）64523633
经　　销：全国新华书店
印　　刷：北京中石油彩色印刷有限责任公司

2021 年 2 月第 1 版　2021 年 2 月第 1 次印刷
787×1092 毫米　开本：1/16　印张：14.75
字数：358 千字

定价：95.00 元
（如出现印装质量问题，我社图书营销中心负责调换）

序

　　石油工业是一个高投入、高风险和高科技含量的产业，基础理论研究是推进石油工业发展的基石。基础理论研究的科学发现与理性认识的系统总结是技术产生与发展的源泉，而技术的发展与进步是科学理论价值的具体体现。随着石油与天然气需求量的上升以及浅层油气资源的日益减少，钻井、完井工艺不断向高压、高温和复杂的深部地层方向发展，导致油气井射孔管柱面临诸多挑战。面对这些挑战，需要加强基础理论及其应用研究，开发利用新技术，进一步保障石油与天然气安全高效开采。

　　射孔完井作业是油气井投产前一道重要作业工序，其目的是打穿套管、水泥环以达到贯穿油气层。为了提高采油效率，油气井射孔完井所用射孔器材的威力越来越大，射孔过程中产生的瞬时、剧烈冲击过载也随之增加，过高的冲击载荷已成为油气井完井过程中射孔管柱系统发生变形、弯曲、断裂并造成油气井井下事故的主要因素。射孔段管柱在射孔弹爆炸冲击载荷作用下的动力学问题便成为射孔管柱安全设计和优化配置的一个核心问题，其力学行为及失效机理十分复杂，且其安全性是油气资源有效开采的重要保障，对石油生态环境具有重要的影响，因而，对井下油气管柱进行系统的、准确的力学行为分析具有重要的理论意义和实用价值。

　　近年来，国内外多名专家学者对射孔管柱力学理论开展了一系列研究工作，形成了一些射孔管柱力学分析方法，为油气井管柱力学行为的认识奠定了理论基础。作者们在国家自然科学基金项目、国家科技重大专项项目、四川省科技厅科技计划项目等的资助下，从金属射流理论、轨迹模拟、动力学建模、数值求解、试验测试、软件开发、现场应用等方面，对复杂油气井射孔管柱动力学理论及应用开展了深入研究，取得了一系列的研究成果，指导了现场管柱的设计及操作，取得了显著应用效果，研究工作对促进管柱力学理论的发展作出了贡献。

　　该书在总结前人研究成果的基础上，以复杂油气井射孔管柱动力学理论及应用研究为主线，建立了新模型、新试验装置和新方法，发现了新规律，提出了新观点，获得了新认识。该书既可为相关设计人员提供理论基础，也可为现场工程师提供操作指导，同时可作为石油高校教师、国内外石油科研院所人员参考用书。

相信该书的出版将为油气开发领域的科研工作者、现场设计人员及工程人员等的学习和工作带来有益的参考。

加拿大　里贾纳大学　终身教授 Liming Dai
美国机械工程学会　会士(ASME Fellow)

2020 年 12 月

前　　言

油气井完井工程中，射孔作为一种使地层贯穿形成油流通道的完井方式，是油气井开采的关键环节，射孔技术的发展与完善对油气田的高效开采具有重要的现实意义和实用价值。近年来，针对我国的自然条件和石油工业现状来说，油气勘探的地层深度在不断增加，深井、超深井的开发越来越普遍，射孔完井作业过程越来越复杂，难度越来越大。如：塔里木油田深井超深井白垩系储层具有砂岩岩性、巨厚性、裂缝发育、高角度缝等特点，为了提高低渗透油气井的采油(气)量，经常采用大装药量射孔弹、高密度射孔器以及加砂、测井联作技术完成射孔作业。对于此种射孔作业环境和工艺，势必大大增加井筒射孔爆炸的超压峰值，且使得超压变化更加复杂化，造成射孔时压力计、流量计等井下测试仪器的损毁。过大的射孔超压可能使油管等生产管柱挤瘪失效，并且由此引起的强过载作用在射孔管柱上，可能使射孔管柱出现整体失稳进而发生屈曲，甚至造成射孔管柱断裂。射孔冲击造成的管柱失稳及弯曲断裂等事故，将严重影响油气的正常开采，甚至可能造成难以弥补的致命性破坏。因此，复杂油气井射孔管柱动力学理论及应用研究已成为国内外油气资源开发领域亟待解决的重要课题之一。

本书针对国内外现阶段在复杂油气井射孔管柱力学方面面临的技术瓶颈，在前人研究工作的基础上，开展了复杂油气井射孔管柱动力学理论及应用研究，建立了复杂油气井射孔管串井筒通过能力分析模型，考虑了井筒密闭空间及反射作用的射孔爆炸压力场计算模型和井下工具耦合效应的射孔管串冲击振动分析模型，探究了现场设计参数对复杂油气井井筒压力场分布、射孔下入性安全、射孔管串振动和强度安全等特性影响规律，揭示了复杂油气井射孔管柱失效机理，提出了复杂油气井射孔管柱振动控制方法，阐释了研发的商业化复杂油气井射孔管柱动力学仿真软件，形成了一整套复杂油气井射孔管柱安全评价技术，研究成果有效指导了川南航天能源科技有限公司射孔系列产品的设计。

在本书相关内容的研究过程中和油气田现场资料收集方面，川南航天能源科技有限公司、中海油研究总院和中国石油集团测井有限公司西南分公司、中国石油化工股份有限公司石油工程技术研究院、中国石油集团工程技术研究院给予了大力支持和帮助，在此表示衷心的感谢。在撰写本书过程中，参阅了大量的国内外文献资料，引用了一些作者的研究成果，在此也谨向文献作者表示深深的谢意。

此外，重成兴、张小洪、曹大勇、何玉发、刘咸、唐凯、何祖清、郭延亮、杨登波、黄祥、王建勋和王向阳等为本书的出版作出贡献，多位专家对文稿进行了认真的审阅并提出了宝贵意见，石油工业出版社在本书出版过程中给予了全力支持和帮助，在此一并表示感谢！

由于复杂油气井射孔管柱动力学理论的复杂性，涉及的具体理论和实际难点很多，书中难免有疏漏或不足之处，敬请读者批评指正！

目　　录

1 绪 论

1.1 研究背景及意义

目前，高温高压井、大斜度井、非常规油气井等生产井为典型的复杂油气井，随着油气资源的日益减少，油气开发越来越向深层高温高压油气和非常规油气发展。同时，随着全球勘探技术的飞速发展，被发现的高温高压油气资源越来越多，在国外主要分布于墨西哥湾、北海(英国)、北美(加拿大和美国)、澳大利亚等国家和地区，我国主要分布在已开发多年的新疆塔里木油田和将要大力开发的中国南海。2019 年在塔里木油田博孜 9 井获高产工业油气流，标志着塔里木油田博孜—大北第 2 个万亿立方米大气区问世(克拉—克深为第一个万亿立方米大气区)。成功开发的牙哈、迪那 2、塔中 1 号等 14 个超深、超高压复杂凝析气田，已形成年产凝析油超 200×10^4t、天然气 100×10^8m³ 产能，建成了全球最大超深层凝析油气生产基地，奠定了我国在世界深层复杂凝析气田开发领域的领军地位。另外中国海洋石油集团有限公司在我国南海西部发现多个高温高压气田，其中包括已开发的东方 13-1 和正在开发的东方 13-2、陵水 17、乐东 10 等 6 个气田，约 15×10^{12}m³ 的天然气资源，约占我国南海总资源的 37.5%。

2019 年，我国非常规石油产量已超过 4000×10^4t，大约占全国石油总产量的 1/5；非常规天然气产量已达 540×10^8m³ 左右，大约占全国天然气总产量的 1/3。我国已成为继北美之后全球第二大非常规油气资源开发利用区，非常规油气的发现也进入"爆发期"，正在成为国内增储上产的主体资源。水平井分簇射孔需要一次下入管柱进行桥塞坐封和分簇射孔，该技术能与水平井分段压裂交替作业实现针对性的缝网体积改造，是非常规油气资源开发的主要完井方式(约占 80%)。

在复杂油气井完井工程中，射孔作为一种使地层贯穿形成油流通道的完井方式，是油气田开采的关键环节，射孔技术的发展与完善对油气田的高效开采具有重要的现实意义和实用价值。近年来，针对我国的自然条件和石油工业现状来说，油气勘探的地层深度在不断增加，深井、超深井的开发越来越普遍，射孔完井作业过程越来越复杂，难度越来越大。如：塔里木油田深井、超深井白垩系储层具有砂岩岩性、巨厚性、裂缝发育、高角度缝等特点，为了提高低渗透油气井的采油(气)量，经常采用大装药量射孔弹、高密度射孔器以及加砂、测井联作技术完成射孔作业。对于这样的射孔作业环境和工艺，势必大大增加井筒射孔爆炸的超压峰值，且使得超压变化更加复杂化，造成射孔时压力计、流量计等井下测试仪器的损毁。过大的射孔超压可能使油管等生产管柱挤瘪失效，并且由此引起的强过载作用在射孔管柱上，可能使射孔管柱出现整体失稳进而发生屈曲，甚至造成射孔管柱断裂。

射孔冲击造成的管柱失稳及弯曲断裂等事故的发生，将严重影响油气的正常开采，甚至可能造成难以弥补的致命性破坏。对于井筒下射孔时管柱所受冲击载荷源头—环空超压的分布及演化，当前未见有文献作出研究。当前对于冲击载荷的计算基本上采用自由水域下的经验超压载荷，这对于井筒密闭环境显然已不适用，而这种密闭环境下的压力分布规律的研究对于射孔—测试联作时测试仪器的布置及管柱的优化配置显然是具有重要意义的。

射孔段管柱作为爆炸冲击载荷最初的作用单元，其在射孔过程中的动态响应规律是分析研究爆炸冲击载荷对整体管柱系统结构损伤的基础。但是，当前对射孔管柱冲击动力响应的研究还很匮乏，且研究基本只集中在理想的竖直井身管柱，对于实际中常见的曲井管柱的射孔冲击动力响应研究基本未见，且针对不同射孔工艺条件下管柱的动态响应规律研究还十分缺乏，未见有学者系统地分析管柱射孔冲击振动响应的参数影响。

因此，本书针对射孔冲击的能量来源——环空超压展开了理论和数值模拟研究，分析射孔弹主装炸药爆炸的转化率及爆炸后井筒环空的超压分布规律，在得出超压分布的基础上进一步对曲井等复杂油气井射孔管柱冲击振动展开理论分析，分析其在爆炸冲击载荷作用下的动力响应规律，这对提高射孔安全性减少油井射孔事故、提升油气井开采效率和增加产能具有十分重要的意义。同时，研究成果为复杂油气井现场射孔工具的研发奠定了理论基础。

1.2　聚能射孔弹射流及爆炸研究进展

实际油气井射孔完井作业时涉及射孔弹中炸药的爆轰、射流形成及侵彻、爆轰产物与井筒流体流固耦合、冲击波的传播以及射孔管柱振动等物理现象。聚能射流的研究始于 18 世纪末，系统性地展开研究则始于两次世界大战期间。1911 年和 1914 年，M. Neumann 和 E. Neumann 分别在理论上论证了炸药的孔穴装药的聚能效应，在此基础上，Thomanek 于 1939 年发现药型罩的重要作用，并发表了有关爆轰波作用药型罩的研究工作[1]。Birkhoff 等于 1948 年提出了聚能射流形成和侵彻的定常理论[2]，Pugh 等则进一步发展射流定常理论，于 1952 年提出了聚能射流的准定常理论[3]。在此期间美国人利用聚能效应设计出了油气井聚能射孔弹，并投入实际井底中进行射孔作业。对于聚能射孔弹药罩的射流形变，Curtis 等于 1994 年使用变分方法提出了非对称情况下射流和杵体形成柱形流模型，并计算了柱核的半径[4]，1998 年 Maysless 等研究了不同壁厚的药型罩聚能射流头部和杵体尾部等特征，深入地解释了其形成机理[5]。Curtis 和 Cornish 于 1999 年提出了多层药型罩形成聚能射流的模型，利用动量和质量守恒确定了聚能射流和杵体的速度以及与质量之间的关系[6]。随着计算机技术的发展，运用有限元、有限差分以及有限体积等数值方法对聚能装药射流进行数值模拟计算成为主要的研究手段，Lee 等于 2002 年利用 Euler 法对线型装药金属罩聚能射流进行三维数值模拟[7]。张奇等 2005 年采用 ALE 算法模拟计算了聚能装药在半无限土质中的爆炸问题，模拟给出了最大压力时程曲线和空腔形成、发展规律[8]。纪国剑于 2004 年针对不同装药结构的药罩，采用 PER 理论借助 MATLAB 语言实现了药型罩压垮、射流形成、射流拉伸、侵彻等过程的数值计算[9]，而韩秀清等于 2009 年对石油射孔弹爆破的射流形成和对套管壁的侵彻作用进行数值模拟，并分析了与破甲深度密切相关的炸高参数特性[10]。

对聚能射孔弹井下流体介质中爆炸相关的水下爆炸问题，1948 年 Cole 展开了系统性研究[11]，在其出版的《水中爆炸》中系统地阐述了水中爆炸的物理效应，介绍了水下爆炸的基本规律、水下爆炸的实验研究方法等[12]，其给出的水中爆炸冲击波的计算方法至今仍被广泛使用。在 Cole 研究基础上，现今对水下爆炸冲击波的研究基本集中在对不同类型水中炸药爆炸时的爆轰机理，对经典公式进行修正，并通过实验加以验证。Takahashi 等于 2002 年对装药在不同的厚度、金属以及药量条件下，采用了实验的方法开展了水下爆炸的特性研究，发现了壳体对爆炸效果的加强作用[13]；1999 年 Akio Kira 利用高速摄影技术，得到了大量球形药包水下爆炸时的现象及水下冲击波的传播轨迹[14]；1967 年 Slifko 通过实验研究了无限水域条件下爆炸冲击波的分布特性[15]；1980 年王中黔等对水下钻孔爆炸进行了理论研究，并进行了现场试验，获得了一些冲击波传播规律[16]；Zamshlyae 等于 1973 年研究了深水情况下爆炸时水面、水底对冲击波的影响，水中冲击波在水面、水底经过多次反射、透射，所产生波系的相互作用使问题复杂化[17]；任新见等于 2002 年运用 ANSYS/LS-DYNA 进行集团装药浅层水中爆炸的数值模拟，对冲击波的传播过程、水底变形进行探讨[18]。2019 年，Liu[19]等针对聚能射孔井筒压力场超压问题，采用聚能射流形成理论、量纲法、能量法和传播理论，创建了考虑井筒密闭空间及反射作用的射孔爆炸压力场计算模型，借助模拟试验，提出了射孔弹的当量炸药质量计算方法。通过现场实例井测试数据，验证了井下射孔爆炸压力场计算模型的正确性，能够更加精确计算射孔爆炸井筒压力场分布情况。

可以发现，当前对于聚能射孔弹的射流形成机理开展了较多的理论及实验研究，但是基本上假定射流是定常流，未将射孔弹作为整体进行研究，且对于射孔弹主装炸药的能量转化和射流形成的内在关系未见有文献作出研究。由于爆炸问题本身的复杂性，当前研究基本上只采用实验结合数值仿真的方法。对于水下爆炸的问题，研究基本上集中在自由水域，对于井筒等密闭空间爆炸超压问题未见有文献作出研究。因此，结合射孔弹聚能射流以及射孔弹井筒爆炸环空超压的问题亟待作出相应研究，这是进一步分析射孔后射孔管柱冲击振动的基础。

1.3 油气井射孔工具井筒通过性研究进展

关于井下工具通过性的研究，国外主要以套管为研究对象[20]，套管下入能力主要受摩阻影响，与套管下入不同的是，分簇射孔管串下入能力主要由本身变形程度和井眼轨迹参数决定。1990 年，冉竞提出了刚性条件下井下工具通过能力的计算方法[21]。之后，赵俊平、苏义脑完善了刚性通过性模型，并建立了柔性条件下采用纵横弯曲法求解井下工具通过能力的力学模型，但假设井下工具在最大狗腿度处遇卡并且只考虑了工具受轴向压力的情况[22]。狄勤丰、余志清在此基础上考虑了扶正器对钻具通过性的影响，但是忽略了轴向力的影响[23]。1999 年，陈祖锡等采用能量法建立了中短半径造斜螺杆钻具在套管内的通过模型，但是尚未考虑钻具自重和轴向力的影响[24]。之后，卫增杰等在此基础上考虑自重和轴向力的作用，但忽略了井眼轨迹参数对下入能力的影响[25]。2008 年，王艳红详细论述了井下工具通过性的力学分析方法，建立了完井管柱的摩阻分析模型，把摩阻作为影响管柱下入的主要因素[26]。2013 年，朱秀星等建立了刚性条件下分簇射孔管串长度控制方程，由于没考虑管串变形，计算结果偏于保守[27]。2016 年，冯定等在假定井眼轨迹最大曲率处为分注管串卡点位置的条件下，对多层分注管串开展通过性研究[28]。

目前，对于井下工具通过性的计算，相关研究多是以钻具钻杆为例，将井下工具串简化为一受净重横向分力和轴向压力的等截面梁，并假定工具串在最大狗腿度处遇卡。这些模型对大刚度工具串来说，结果较好。但对于分簇射孔管串之类柔性较大的工具串，这样的简化和假定与实际情况有很大差异，导致预测结果过于保守。为此，为了提高电缆泵送分簇射孔效率，作者开展了管串通过性分析模型研究[29]，在综合考虑井下工具与井壁间摩擦力、井筒几何限制、泵推力、轴向拉力、管串变截面、电缆头拉力及工具弹性变形等因素的基础上，建立了电缆泵送分簇射孔管串井筒通过能力分析模型。采用几何分析法和纵横弯曲法建立该模型的复系数方程组并进行求解。基于现场测试数据，分析了 1 桥塞 + 12 簇射孔枪管串在 XX202-H1 井中的通过能力和影响通过能力的主要因素，并与模型预测结果作了对比，验证了模型的有效性。

1.4　油气井射孔管柱力学研究进展

在国外，油气井管柱力学分析研究早已得到石油开采工业界以及学术界的重视。1953 年 Lubinski[30] 首先研究了钻柱在垂直井中的平面屈曲，获得了钻柱在垂直井眼中的初始临界载荷；1961 年 Timoshenko 等[31] 研究了受轴向力作用压杆的临界载荷，并基于能量守恒提出了确定初始屈曲临界载荷的方法；1964 年 Paslay 和 Bogy[32] 采用管柱与约束圆管连续接触的假设来考虑约束圆管对管柱屈曲的影响，利用能量法得到了初始正弦屈曲的临界载荷公式；1970 年 Godfrey 和 Methven[33] 发表了"聚能射孔引起的套管损害"一文，阐述了射孔套管抗挤能力的实验研究；1982 年 Mitchell[34] 通过静力学分析获得了受直圆管约束在轴向载荷作用下无重管柱的平衡方程；1986 年 Sorenson[35] 考虑了屈曲管柱与约束管壁接触部分的变形不均匀性，求解了屈曲管柱的受力和变形，但除封隔器附近的悬空段外，其余部分只得到了数值解。1989 年 King[36] 进行了套管抗高密度射孔挤毁能力的实验研究，对孔密、布孔方式、孔径等射孔参数进行了详细的研究；1996 年 Mitchell[37] 基于受斜直圆管柱屈曲微分方程求得了对应管柱正弦屈曲构型的数值解，并给出了屈曲构型函数最大幅值的数值拟合公式；1998 年 Miska 等[38] 试图通过假定屈曲构型为简单正弦函数的形式，利用能量变分原理确定管柱保持正弦屈曲状态的临界载荷，但由于将正弦函数的幅值和周期均设为变量，其方法和结论的可靠性有待进一步的确认；2007 年 Sampaio 等[39] 研究了油气井钻柱在轴向受拉压和周向受扭转共同作用下的动力响应，并给出非线性振动模型；2009 年 Ritto 等[40] 研究了井下钻头与岩层不确定作用载荷下钻柱的非线性振动问题，模型考虑了岩层与钻柱的冲击作用、井筒流体对钻柱的黏滞作用，但是未考虑井壁对钻柱的作用；2011 年 Gulyayev 等[41] 对超深直井中的钻柱自由振动做出相应研究，而 Marcin Kapitaniak 等[42]于 2015 年通过相似实验对井下钻柱的振动展开研究。

在国内，油气井管柱力学的研究相比国外起步较晚，也未形成统一理论体系。李子丰等[43]于 1999 年提出油气井管柱动力学基本方程，给出了动力学基本方程的矢量形式；刘峰等[44]于 2005 年研究了等曲率井钻柱的屈曲问题，通过数值积分法探讨了钻柱自重、井眼曲率等参数对屈曲行为的影响；练章华等[45]于 2006 年、嵇国华[46]于 2011 年等给出水平井中完井作业时管柱的力学模型，模型考虑了管柱弯曲附加轴向力的影响。练章华等[47]于 2015 年还针对压裂这一工况下管柱的受力情况进行了分析；董永辉等[48]于 2008 年对弯曲井眼中的钻柱屈曲展开了有限元分析，综合考虑了曲率半径、井眼轨迹等因素的影响；对于三维弯曲井眼中钻柱接触问题，庞东晓等[49]于 2009 年、孟庆华等[50]于 2010 年等提出了基于元胞自动机理论的多向接触有限元方程求解方法，黄云等[51]于 2012 年给出了基于最小势能原理建立的三维弯曲井眼管柱力学模型；甘立飞[52]于 2008 年系统性地分析了直井以及曲井内管柱非线性稳定性屈曲分析，基于微分求积单元法和 Newton-Raphson 迭代法求解受径向约束管柱的非线性屈曲问题；李钦道等[53-57]于 2001—2002 年系统性地分析了封隔器下管柱受力，综合考虑了封隔器移动情况、井内流体作用以及封隔器产生虚力等因素；巨全利[58]于 2014 年、吕占国[59]于 2014 年介绍了分层注水工艺，并对注水层封隔器间管柱的形变受力问题展开综合性研究，为优选座封载荷、优化管柱组合和封隔器处分注管柱的安全性分析提供依据；张智等[60]于 2016 年针对高压气井多封隔器受力和变形复杂问题，建立了考虑端面效应、胀缩效应以及屈曲效应影响的管柱变形和受力计算模型；朱伟等[61]于 2017 年针对水平井下打捞作业这一特殊工况下管柱受力问题，考虑的井眼轨迹弯曲附加作用的影响，修正了轴向力的计算；刘建勋[62]于 2015 年研究了大斜度井全井钻柱动力学中的关键问题，通过 ANSYS 有限元分析软件系统地研究了大斜度井井下钻柱钻进时的动力响应，给出了钻进作业时降摩减扭的建议；王文昌[63]于 2010 年针对小井眼定向井井下抽油杆柱的作业工况，建立了三维曲井中抽油杆柱的动力学波动控制方程，通过有限差分法求解分析了抽油杆柱的动力特性。

油气井射孔管柱力学的研究相对钻井钻柱力学起步要晚，关注度相对较低，随着油气资源的大力消耗与开采，油气开采环境越来越恶劣，大口径、高装药、复合多级射孔器经常投入完井作业中，这使得射孔管柱过载发生过大形变从而发生生产事故的频率快速增大，这吸引越来越多的研究学者对其展开研究。

陈锋等[64]于 2005 年运用水平井射孔技术在某井展开现场试验，详细介绍了水平井射孔施工技术和施工工艺，于 2010 年[65]运用 LS-DYNA 开展射孔管柱冲击动力学模拟，总结出有效缓解射孔管柱冲击的方法；尹长城等[66]于 2007 年运用 LS-DYNA 对射孔测试联作中的减振器展开仿真分析，系统分析了减振系统的最大位移和封隔器最大支反力的分布情况，而陈玉等[67]于 2015 年则对减振器的关键元件——弹簧展开了详细的研究，分析了弹簧材质和截面尺寸对减振性能的影响；陈华彬等[68]于 2010 年利用 PulsFrac 射孔工程软件对超深井中射孔管柱进行力学仿真，综合考虑了井筒长度、井液密度、管柱长度、射孔厚度等参数对枪管受力的影响；伍开松等[69]于 2011 年等采用 ABAQUS 分析中和点下测试管柱力学行为，模型将射孔爆炸产生的超压假定为一定值，综合分析了诸如管柱轴向力、井壁摩擦力、管柱自重等参数的影响；全少凯等[70]于 2013 年开展了高温高压深井射孔时套管的断裂力学研究，将套管视为带有圆孔贯穿裂纹的筒壳体，导出了套管拉伸及弯曲时的强度因子，提出射孔段套管安全评价的断裂依据；周海峰等[71,72]于2014年针对射孔完井段管柱的输出特征和加载规律展开了实验和数值仿真研究，开发了能实时采集射孔环空压力、加速度等实验数据的测试装置，利用LS-DYNA分析了射孔枪射孔时的受载过程。滕岳珊[73]于2014年针对射孔弹爆炸聚能射流展开了详细的仿真分析，对封隔器、减振器等重要井下工具展开强度安全校核；蔡履忠等[74]于2015年将油管与套管的接触简化为均布的弹簧元，分析射孔冲机下管柱的动态响应；张琴等[75]于2015年运用DYTRAN模拟射孔爆炸冲击波的传递过程，研究了管柱的移动过程，模型中将管柱通过弹簧与井口连接，忽略了管柱自重、流体阻尼、油管与套管的接触，误差较大；李作平等[76]于2014年则针对传统射孔技术装药量小、能量做工效率不高等缺点，设计出三级装药多级复合射孔技术，并在现场开展试验，效果改善明显；对于油气井射孔技术，Liu等[77]于2014年总结归纳当前射孔技术及发展方向，Chen等[78]于2017年则具体分析了定向射孔技术以及该技术在水平井中的应用，Zhao等[79]于2017年运用Matlab对分层压裂展开仿真分析，提出了水平井射孔参数的优化方案；郭晓强[80]于2017年对直井射孔管柱动力学行为开展研究，给出了直井射孔管柱的振动微分方程，分析了射孔参数对管柱动力响应的影响；Liu等[81]于2017年对直井射孔段管柱开展振动特性分析，通过实验给出了射孔冲击载荷的实验拟合方法，并对射孔段管柱的屈曲行为开展详细研究，给出通过相应增长射孔管柱长度来规避管柱屈曲失稳的结论。

从上述研究现状分析可以得知国内外学者对于聚能射孔弹研究集中在药罩射流形成机理方面，且基本都采用实验结合仿真的手段，未射孔弹主装炸药能量转化与射流的内在关系研究则几乎未见报道；对于射孔弹井下爆炸涉及的水下爆炸问题，研究也基本采用实验结合仿真的手段，且对象环境多集中在自由水域或半开放水域，极少见有学者开展密闭空间水域中爆炸冲击波传播问题；对于射孔完井管柱力学研究才刚刚起步，研究还处于对射孔工艺过程的认识阶段，少数学者对射孔管柱的力学行为展开研究，但是研究基本停留在数值仿真阶段，对于射孔冲击的能量来源——射孔弹爆炸产生的井筒超压基本未展开研究，所建立的相关模型过于简单，忽略了很多的影响因素，如：将射孔作业时射孔管柱考虑无限长，没有考虑环空井液等流体压力、黏滞阻力、管壁支持力和摩擦力的影响等，而且研究基本集中在竖直井身管柱中，对于曲井射孔管柱的力学行为研究非常少，对于曲井射孔管柱射孔完井作业时动力学行为研究基本上处于空白。由于当下油气资源开采环境越来越复杂，高装药、多级、含砂复合射孔器越来越多出现在射孔完井作业中，对于像曲井等一般井中射孔完井作业时井筒环空超压的清楚认识是进一步研究射孔管柱力学行为的基础，而进一步研究射孔管柱在冲载荷作用下的动力行为可以为管串的优化安全设计提供指导，具有重要的学术和工程意义。为此，作者采用微元法、达朗贝尔原理创建了考虑井下工具耦合效应的射孔管串冲击振动分析模型[82]，提出了射孔管串振动控制方法、优化设计方法和套管安全评价方法，精确预测多簇射孔弹爆炸后管串振动位移和加速度，确保精准定位高效射孔区和连油分簇射孔装置的作业安全。

1.5　射孔管柱临界屈曲载荷计算方法研究进展

1950 年，管柱力学鼻祖 Lubinski[30]针对钻柱在垂直井眼中的稳定性问题推导了其弯曲方程，通过理论方法求解出弯曲方程的级数解，首次提出了钻柱在垂直平面内发生失稳弯曲的临界载荷计算公式：

$$F_{cr} = kq \left(\frac{EI}{q} \right)^{\frac{1}{3}} \tag{1-1}$$

1964 年，学者 Paslay 等[83]针对斜直井管柱的稳定性问题，采用能量法推导了管柱发生正弦弯曲时临界载荷计算公式：

$$F_{cr} = EI \left(\frac{L}{\pi} \right)^2 \left[n^2 + \frac{q \sin\varphi}{n^2 EIr} \left(\frac{L}{n} \right)^4 \right] \tag{1-2}$$

1984 年，学者 Dawson、Paslay[84]通过对式(1-2)变形化简给出了其极小值公式：

$$F_{cr} = 2 \left(\frac{EIq \sin\varphi}{r} \right)^{0.5} \tag{1-3}$$

上面所推到的管柱正弦屈曲临界荷载计算公式在现场得到广泛应用，并称之为斜直井中钻柱失稳载荷计算公式。

随着水平井的广泛应用，学者开始针对水平井管柱的失稳临界载荷展开研究，1990 年，Chen 等[85]在前面学者的基础上采用能量法推导了水平井管柱发生正弦及螺旋弯曲时的临界载荷计算公式：

$$F_{cr} = 2 \left(\frac{EIq}{r} \right)^{0.5} \tag{1-4}$$

$$F_{cr} = 2\sqrt{2} \left(\frac{EIq}{r} \right)^{0.5} \tag{1-5}$$

1993 年 Wu 等[86,87]同样利用能量法推导了考虑摩擦阻力作用下的管柱螺旋弯曲临界载荷计算公式：

$$F_{cr} = 2(2\sqrt{2} - 1) \left(\frac{EIq \sin\varphi}{r} \right)^{0.5} \tag{1-6}$$

上述研究都是针对直管柱得出的屈曲弯曲临界载荷计算方法，随着定向井的广泛应用，在造斜段处需要弯曲管柱，曲管柱的稳定性问题比直管柱更加复杂，需要考虑管柱与支撑结构之间的接触力，因此，在 20 世纪 90 年代，部分学者针对弯曲井眼中管柱的稳定性问题开始了相关研究，1995 年，He 等[88]在直管柱屈曲载荷计算方法的基础上考虑井壁支反力的作用，采用最小能量原理推导了曲管柱临界螺旋屈曲载荷计算公式：

$$F_{cr} = 1.45 \left\{ \frac{4EIq}{r} \sqrt{\left[\left(q \sin\varphi + F \frac{d\varphi}{dx} \right)^2 + \left(F \sin\varphi \frac{d\varphi}{dx} \right)^2 \right]} \right\}^{0.5} \tag{1-7}$$

到了 21 世纪初，学者开始开展考虑不同的外界因素作用下管柱临界屈曲载荷计算方法的研究，2005 年，陈敏[89]考虑了钻柱的自重和离心力的影响，采用能量法推导了管柱正弦屈曲临界载荷计算公式：

$$F_{\mathrm{cr}} = \frac{g\pi}{2p^2}\sqrt{4\rho^3 g^2 EI\pi^2 - 2\rho p^3} \qquad (1-8)$$

2008 年，李文飞[90]在陈敏研究的基础上进一步考虑了钻柱扭矩的影响，得到了其螺旋屈曲变形临界载荷计算公式：

$$F_{\mathrm{cr}} = \frac{4\pi^2 EI}{h^2} - \frac{2\pi T}{h} - \frac{\omega^2 r_0^2 \rho h \sqrt{h^2 + 4\pi^2 r^2}}{2\pi^2 r^3} - \frac{qL\cos\varphi}{2} + \frac{qh^2}{2\pi^2 r}\sin\varphi - \frac{qh^3}{2\pi^3 Lr}\sin\frac{2\pi L}{h} + \frac{1}{2}qL\cos\varphi$$

$$(1-9)$$

2013 年，夏辉[91]针对全井段管柱（造斜段、稳斜段和降斜段）建立了相应的屈曲变形临界载荷计算方法，为全井段管柱的稳定性分析提供理论方法。

造斜段下凹管柱：

$$F_{\mathrm{cr}} = \frac{2EIK}{\delta} + 2EI\sqrt{\left(\frac{K}{\delta}\right)^2 + \frac{q\sin\varphi}{EI\delta}} + \frac{qL\cos\varphi}{2} \qquad (1-10)$$

稳斜段斜直段管柱：

$$F_{\mathrm{cr}} = 2EI\sqrt{\frac{q\sin\varphi}{EI\delta}} - \frac{qL\cos\varphi}{2} \qquad (1-11)$$

造斜段下凹管柱：

$$F_{\mathrm{cr}} = \frac{2EIK}{\delta} + 2EI\sqrt{\left(\frac{K}{\delta}\right)^2 + \frac{q\sin\varphi}{EI\delta}} - \frac{qL\cos\varphi}{2} \qquad (1-12)$$

2 油气井射孔工艺及工具

在油气田的开采中，普遍都采用射孔完井的作业方式，这种先进的技术最早被应用于 1932 年美国加利福尼亚州洛杉矶 NONTEBELLO 油田的射孔作业中，它是通过使用子弹射孔器射穿了油井套管的技术，从而达到采油的目的。随着油气行业的发展，射孔工艺也在逐步地完善，现在已经达到较为成熟的阶段。射孔工艺的定义：运用油管或电缆将射孔器输送至目的层，定位后利用射孔枪射穿地层的工艺技术。其主要作用：为油气开采做准备，建立相应的安全通道，从而达到油气流入井中的目的。目前，国内外研究机构及公司陆续开发了电缆输送式套管射孔、油管输送式射孔、复合射孔等多种射孔技术[92-94]。

随着油气开采难度的加大，为了提高油气井的采油(气)量，大装药量射孔弹、高密度射孔器等技术在国内外得到广泛应用，导致射孔段管柱爆炸冲击载荷强度大幅增加，使得整个井下管柱设备处于十分复杂和恶劣的受力环境[95-97]。进行射孔管柱冲击振动力学分析显得尤为重要。本章首先介绍三种射孔工艺，然后逐一介绍井下工具的具体参数与型号。

2.1 射孔工艺

2.1.1 电缆输送过油管射孔

电缆输送过油管射孔工艺，首先是利用电缆将射孔枪从油管下放到要进行射孔的目的层附近，然后利用跟踪器等定位器械，再对射孔枪的位置进行调整实现精确射孔(图 2-1)。与普通射孔不同，电缆输送过油管射孔在井口上安装了电缆防喷装置，具有较强的防喷能力，所以可以不用钻井液压井就能密封住一定的井内压力，实现带压射孔作业。此外，电缆输送过油管射孔后可以直接进行生产，有效地避免了反复操作带来的油层伤害[98]。

过油管射孔工艺优点：(1)过油管射孔作业可选择的环境较多，可以在小直径井和定向斜井中进行射孔作业，使得射孔作业更加高效安全；(2)在较大负压差的情况下也能够进行射孔作业，

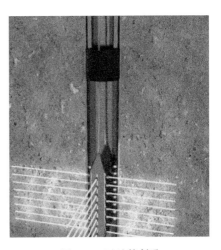

图 2-1 过油管射孔

对于发现油气层比较及时高效；（3）便于实施酸化施工，因为过油管射孔可以采用高孔密、低相位角来进行射孔作业，从而有效发挥酸化水力作用；（4）对油气层的伤害小，在射孔作业后可以在不压井的条件下实施酸化改造。但其主要缺点：（1）枪身受油管限制，功率小，穿透性差；（2）射孔枪长度受防喷盒限制，需多次下入；（3）不能满足高孔密要求[99]。

2.1.2 电缆输送式套管射孔

电缆输送式套管射孔包括无枪身和有枪身套管射孔。它是在套管内，用电缆把射孔器输送到目的层，进行定位射孔向深穿透、高孔密、大孔径方向发展。有枪身套管射孔目前主要使用60型、73型、89型、102型、127型等[100]。

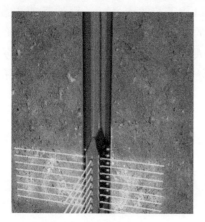

图 2-2 套管射孔工艺

电缆输送式套管射孔是利用油矿电缆把射孔器通过井口防喷器和井内套管下放到一定深度，在套管内通过深度校正，然后对目的层进行射孔的一种常规射孔方法(图 2-2)。其工作方式和过油管射孔相似，但是其输送射孔枪入井的技术有所改变，采用电缆把射孔枪传送到指定位置[101]，然而电缆较小，因此不受油管尺寸的影响，从而射孔枪具有深穿透、能射穿高孔密岩体等优点。其主要缺点：由于是电缆输送，因此对于精确的井下定位是很难达到；在下放时，射孔器容易与套管壁产生碰撞，对套管后期的安全性能有很大的影响。目前，国内对于套管尺寸较小的油气井广泛采用电缆输送式套管射孔方式。

2.1.3 油管输送式射孔

油管输送式射孔是利用油管将射孔枪下到油层部位射孔，油管下部连有定位短节、筛管、起爆器(点火头)、射孔枪等(图 2-3)。通过地面投棒引爆、压力或压差式引爆或电缆湿式接头引爆等各种方式使射孔弹爆炸而一次全部射开油气层[102]。该方法特别适合于斜井、水平井和稠油井等电缆射孔难以下入的井。由于在井口预先装好采油树，故安全性能好，非常适合于高压地层和气井。射孔后即可投入生产，也便于测试、压裂、酸化等和射孔联作，减少压井和起下管柱次数，减少了对油层的伤害和作业费用[103]。

将射孔枪组装后，与生产管柱(采油管柱或注水管柱)连接，用油管把射孔枪和生产管柱及相关工具下入井中，测量压力曲线，确定标志层，调整管柱，定位后，用环空加压或投棒方式起爆点火，进行射

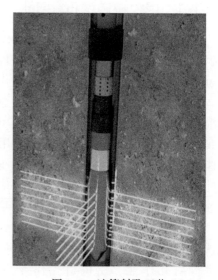

图 2-3 油管射孔工艺

孔，射孔后不用起管柱，直接进行投产。

射孔枪是由防倒扣射孔枪和防倒扣中接组成，能够保证抽油泵在井下长时间连续工作振动的情况下，射孔枪和中接不倒扣、不脱落，在下次检泵时随泵一起起出。由于射孔枪和管柱一起连接，因此当射孔作业时，射孔枪产生的冲击载荷对管柱的影响很大，这种射孔工艺用到的井下工具是本书研究的重点。

2.1.4　水平井分簇射孔

电缆分簇射孔是页岩气等非常规油气藏水平井开发的关键技术之一（图2-4），安全可靠地控制单芯电缆多次点火十分重要。之前，国内在非常规油气藏开采方面应用的电缆多级射孔技术基本都依靠国外公司提供，如 DYNA 公司、TITAN 公司、Schlumberger 公司、Baker 公司等。国外提供的分簇射孔基本分为两大类：电子式分簇射孔技术、爆轰式分簇射孔技术。可重复使用的压控式分簇射孔技术为川南航天能源科技有限公司独有技术，已用于各大油田。压控式分簇射孔技术是针对非常规油气藏开采特定研究的技术，该技术依靠桥塞火药压力或液柱压力实现电路转换，只能逐级点火。每次点火时，主线只连接一个电雷管，可避免误点火而造成误射孔。电子式分簇射孔技术，其主要实现方式为在每一个雷管连接一个电子开关，该电子开关可以与地面控制设备进行实时通信，不仅可以自动按照安装顺序创建点火队列，而且可以实时反馈每一级开关的工作状态。当使某一个电子开关工作时，给该电子开关下达工作指令，该电子开关控制电雷管的连通和起爆。研究的电子式分簇射孔技术不仅具有上述功能，还能与多种电雷管配套使用，如：大电阻雷管、EBW 电雷管、数码雷管。不仅可检测电子开关是否在线，还通过电路设计实现了安全可靠的检测电雷管是否在线。

（a）　　　　　　　　　　　　　　　　　（b）

图2-4　水平井分簇射孔工艺

2.1.5　其他射孔工艺

2.1.5.1　复合射孔

复合射孔是射孔和高能气体压裂联合作业。基本原理是在高强度的射孔枪内，将聚能射孔弹和复合固体推进剂有机地结合，利用火药和炸药两者具有数量级之差的反应速度，在引爆射孔弹的同时，利用导爆索和射孔弹的残余能量激发二次能量复合固体推进剂，在射孔枪内产生极高的气体压力，并在有效控制射孔弹爆轰与复合固体推进剂爆燃的瞬间时间差、压力—时间过程和升压速率的基础上，将两种作用性质完全不同的高能能源有机结合，实现沿不同相位地层射孔和高压气体沿射孔炮眼对地层压裂的分步作功[100]。

2.1.5.2 超正压射孔

超正压射孔是在射孔的同时向地层施加超过地层破裂压力的压力，使地层产生裂缝，支撑剂的加入又可使裂缝保持持久性，最终达到改善射孔完井效果的目的。该技术是近几年来国外兴起的一项集射孔和小型压裂改造为一体的新型射孔工艺技术。介绍了超正压射孔技术的工艺原理、技术关键和施工过程。现场试验证明，利用超正压射孔工艺处理负压射孔效果不理想的低压地层具有良好的效果。

超正压射孔工艺技术采用油管输送式射孔方式。在射孔枪的上面依次联接起爆器、携砂器、压力预置装置、油管和封隔器。射孔点火之前，在目的层的井筒内预置一大于地层破裂压力的压力。射孔点火之后，井筒内的压力沿着孔眼进入地层。由于井筒内的压力超过了岩石的破裂极限，因而能够产生裂缝。这些裂缝能持续发展并穿过射孔压实带和钻井液侵入带，继续延伸。过压射孔形成的裂缝在长度和高度上较小，在宽度上有所发展。这些裂缝的产生改善了地层流体渗流条件，提高油井产能，达到了解堵增产的目的。施工时，封隔器坐封在射孔层之上，由氮气车向油管内加压，在封隔器以下的油套环空内形成预置液体压力，该压力大于地层破裂压力。起爆器引爆射孔枪的同时，其本体出砂孔导通，这时携砂器中的支撑剂通过油套环空被高压流体带入地层。刚刚压开的裂缝成为唯一吸收压力和支撑剂的空间，支撑剂进入地层能够支撑产生的裂缝，避免裂缝闭合[104]。

2.1.5.3 水平井定向射孔

水平井射孔技术是国家"八五"重点科技攻关的配套项目，大庆油田水平井开采的主要对象是低压、低渗透、低产的"三低"油层，都需要压裂改造方能投产。当水平井的油层胶结很差或油层需压裂改造的情况下，在油层套管较低的一侧射孔比较合适，使射孔孔眼在油层水平面的下方。这样产层流体必须上行流动，避免了油层吐砂及后期开采套管沉砂问题。另外还为压裂提供了沿油层两侧延伸的水平通道，避免垂向通道可能造成的油层顶底盖层被压开的问题[100]。

2.1.5.4 小井眼射孔

小井眼井是大庆外围低渗透油气田开发降低成本的重要措施，侧钻小井眼井能够有效地利用大段老井的套管，节约成本，是老井改造增产的有效途径。针对侧钻小井眼的特点应用油管输送式分级起爆射孔工艺，同时也解决了侧钻小井眼接箍不明显，电缆射孔定位难的问题。提高了射孔的一次成功率[100]。

2.1.5.5 负压射孔

负压射孔是指射孔时，井内液柱压力低于储层压力。在负压射孔的瞬间，由于负压差的存在，可使地层流体产生一个反向回流，冲洗射孔孔道，避免孔眼堵塞和射孔液对储层的伤害[100]。

2.1.5.6 射孔—测试联作

将 TCP 器材与测试器组合在一根管柱上，一次下井可完成油管输送负压射孔和地层测试两项作业。它能提供最真实的地层评价机会，获取动态条件下地层和流体的各种特性参数。

（1）联作工艺的最大优越性是在负压条件下射孔后立即进行测试，能提供最真实的地层评价机会，而其他的测试方法是在压井条件下作业，会使压井液或钻井液沿射孔孔道向地层深处渗入，造成对油气层的伤害。

（2）由于测试是在爆炸时记录，可从变化率褶积方法早期获得储层渗透率总污染系数的估算。

（3）可缩短试油周期，减轻劳动强度，降低试油成本。

（4）可以有效地防止井喷。

（5）可以解决大斜度井、水平井和稠油井及高温、高压井的射孔问题[81]。

2.1.5.7 定方位射孔

定方位射孔是对常规射孔工艺的完善和补充，该技术可以解决裂缝性气层常规射孔孔眼有效率低和压裂弯曲摩阻大的问题。定方位射孔技术可以根据需要控制孔眼的朝向，使射孔弹只沿着确定方位发射，在提高水力压裂效果方面具有良好作用。定方位射孔的技术关键是定方位，在确定地应力方向之后，依靠井下方位测量仪、枪身定位短节和专用连接头以及地面监测系统，通过调节管柱，使射孔方位与地层最大主应力方向保持一致，射孔后可减小压裂弯曲摩阻，降低启动压力。定方位射孔一般可分为：电缆射孔和油管输送式射孔[105]。

2.1.5.8 井口带压射孔

井口带压射孔是采用大直径电缆防喷系统进行带压作业。应用于电缆防喷系统，选择配套的射孔器材，在井筒压力等于或低于地层压力的情况下，电缆在井口动密封条件下将射孔器输送到目的层，实现带压（负压）射孔作业，从而完全避免了正压射孔对油气层的伤害，实现了井筒全密封状态下射孔施工作业[106]。

2.1.5.9 全通径射孔

全通径射孔是在射孔枪起爆射孔后，起爆器芯子、弹等炸成碎屑（块）落入井中，整个完井管柱保持畅通状态，不需提出管柱或丢枪作业就可完成压裂酸化以及生产测井等后续作业，也可直接作为完井生产管柱[106]。

2.1.5.10 射孔—高能气体压裂复合

射孔—高能气体压裂复合可一次下井同时完成射孔和气体压裂两项作业，常用的有一体式和分体式两种复合射孔器，此外还有对称式复合射孔器。一体式复合射孔器中又有带卸压孔和不带卸压孔两种。近年来该技术得到了广泛应用，并在很多油田取得了油气井增产和注水井注入能力提高的良好效果。复合射孔压裂弹由聚能射孔弹和固体推进剂两部分组成。作业时，射孔弹首先穿透枪身、目的层套管、水泥环，在油气层部位形成射孔孔眼。然后，固体推进剂进行二次爆炸瞬时跟上燃烧形成的高温气楔，在高压气体的膨胀挤压和尖劈作用下，产生径向和轴向的裂缝，并向多方扩展延伸，在射孔孔道形成多向网状的微裂缝，延伸射孔深度，有效地提高产能[107]。

2.1.5.11　油管传输多层射孔分级起爆

由大庆试油试采分公司率先采用该技术解决了 TCP 中长夹层带来的传爆可靠性差、夹层枪成本高等缺陷,实现了分级投棒起爆、投棒—压力复合起爆、压力—压力复合起爆及增压起爆等多种分级起爆方式,现已推广应用到一些油田。吉林测井公司的"TCP 负压多级起爆技术"则是采用多级同时(负压)起爆的方法,同样解决了长夹层带来的种种问题[107]。

2.1.5.12　动态负压射孔

动态负压射孔技术是斯伦贝谢公司在负压射孔技术基础上,开发出的一种在射孔后瞬间形成井内负压的新技术。通过该技术,可在初始静态压力为正压、负压或平衡压力的条件下在射孔后实现动态负压,清洗射孔孔眼,提高压实带的渗透率。在动态负压射孔技术中,动态压力的控制是该技术的核心,需要设计的射孔枪系统,包括 PURE 射孔枪、Power Jet 射孔弹、射孔孔密变化。通过考虑油层孔隙压力、孔隙度、渗透率及油层流体性质,用 SPAN 射孔优化设计软件进行初始负压值(也可能是平衡压力或正压)设计及射孔参数设计[107]。

2.1.5.13　一次性完井管柱

一次性完井管柱可以完成射孔—酸化—生产测井等功能的可取式一次性完井作业,同时避免了压井造成的二次污染。该管柱所用封隔器有压差、机械、插管式多种,液压丢枪装置有锁球式和弹抓式两种;自动丢枪装置有投棒起爆和压力起爆两种,现已成为较为成熟的技术[107]。

2.1.5.14　WCP 带压作业

WCP(电缆输送射孔)带压作业可实现大直径电缆枪负压射孔。主要需解决大直径电缆的动密封和高压大直径防喷系统的配备。四川测井公司的防喷系统通径 160mm,额定压力为 70MPa。1999 年开始使用 102 枪在四川一批井进行了 WCP 带压作业,赢得了外国公司在四川的反承包市场;辽河油田测井公司也于 2000 年成功地施工了几口低压井。该技术如结合电缆射孔分级点火射孔技术一同使用,则可减少防喷系统的拆卸次数,从而降低劳动强度、提高作业效率[107]。

2.1.5.15　射孔—抽油泵联作

大庆试油试采分公司和胜利测井公司已成功地进行了一批井的射孔—抽油泵联作,不仅避免了射孔后压井对地层造成的二次污染,解决了管柱造成的环保问题,而且取得了增产效果。该技术根据选用抽油泵的类型采用不同的负压起爆方法。例如杆式泵可采用投棒起爆;管式泵可采用油管内加压起爆;螺杆式抽油泵则只能采用油管外加压起爆[107]。

2.2　射孔工具

随着油气开采难度加深,射孔时管柱上各种工具的配置越来越复杂,一般油气井射孔完井作业时完整的射孔管柱结构以及水平井分簇射孔管串结构如图 2-5 所示。

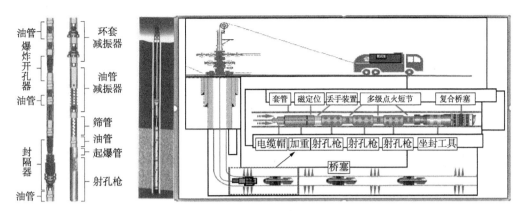

图 2-5 射孔管串结构示意图

如图 2-5 所示，射孔完井时管串上主要连接的射孔工具有封隔器、射孔油管、减振器、筛管以及射孔器(包含起爆器及射孔枪)，对于水平井分簇射孔工艺增加了桥塞工具，下面对主要射孔工具作出介绍。

2.2.1 油气井管柱

近 20 年来，石油天然气井井深平均增加了一倍以上，井内温度、压力相应提高；一些地质和环境条件十分苛刻的油气田，包括严酷腐蚀环境油气田相继投入开发；钻井提速、钻井和完井新技术、新工艺陆续投入使用。从油气井管柱全寿命周期的安全可靠性及经济性出发，深入开展复杂工况油气井管柱完整性技术研究，建立油气井管柱完整性体系和配套的技术体系，保障油气田安全、经济、高效勘探开发和长期安全运行[108]；射孔完井典型管柱主要由套管、油管和工作筒、封隔器、配产器、滑套等井下工具组成。

2.2.1.1 油管柱

油管柱是地面与地下石油的连接通道，也是石油开采工具中的大心脏，由于其地位的重要性，国内外学者一直以来就以其为中心展开研究。油管柱按不同的作用效果分为测试管柱、隔水管柱、采油管柱、钻井管柱等，油田的压裂、酸化、压井、气举等作业是通过油管柱进行的。在不同的作业过程中，油管柱所处的环境复杂，有内外的作用，还有底部射孔冲击压力，甚至有些时候会与套管发生碰撞、摩擦。这些因素导致在实际作业中发生封隔器的活塞效应、温度变化引起的膨胀效应、井眼导致的油管弯曲效应、油管螺旋失稳效应等。因此油管柱是井下最容易发生破坏的工具，为此研究射孔冲击作用下油管柱动力学行为[109,110]是很有必要的，这将会大幅度提高油管柱的使用寿命，降低由于油管柱破坏而引发的安全事故。

2.2.1.2 射孔段套管

套管是石油天然气井施工、生产必不可少的管柱之一，套管技术是研究各种套管柱在服役期间的性能和行为的科学技术，其涉及的科学技术领域主要有材料学、数学、力学、化学、计算机科学以及系统方法学等[110]。

在高温高压深井套管射孔完井作业过程中，井下套管处在极为复杂恶劣的环境中[111]，特别是封隔器以下套管受射孔冲击力的影响，受力状态瞬间发生改变，易出现瞬间失稳、脉动，甚至弯曲折断现象，给后续完井投产作业带来很大困难。射孔完井作业结束后，井下套管要为油气产出提供可靠、安全的井筒准备，而此时带有射孔孔眼的套管能否满足后续完井投产作业的强度要求是一项迫切需要解决的难题。

2.2.1.3 起爆管柱

起爆管柱包含油管输送多级投棒起爆管柱、多级压力起爆管柱和多级增压起爆射孔管柱。其中，多级投棒起爆管柱适用于井斜不大于35°、夹层段长度在10~100m间的油气井输送射孔的施工，不适用于斜井、水平井。在夹层段，使用油管代替夹层枪，使施工成本大大降低，可靠性得到提高，并极大地降低了施工人员的劳动强度。

多级压力起爆管柱适用于多级投棒技术不能施工的水平井、侧钻井、大斜度井等，适用于射孔段数多、层段跨距大的井射孔施工。但对于地层已经射开的补孔井，井内已不能建立压力空间，所以不能使用压力多级起爆管柱。

多级增压起爆管柱适用于包括新井、补孔井在内的任何井筒环境下的多级起爆，可以减少输送补射孔的施工次数，缩短施工时间，避免井喷发生，防止对油层和地面环境的多次污染，减少环境污染处理费用和作业费用。

2.2.1.4 联作管柱

联作管柱有射孔—酸化联作管柱、射孔—加砂压裂联作管柱、射孔—测试联作管柱（图2-6）和油管输送射孔—下泵联作管柱。射孔—酸化联作管柱主要是利用油管作为输送工具，将射孔器、压力起爆装置、筛管、封隔器等工具输送到目的层，校深、调整管柱后，将酸化前置液替入油管内，瞬时提高泵车排量，通过启动接头产生的节流作用在油套间形成压差，扩展封隔器胶筒，贴住套关闭，实现密封油套环空。井口继续加压引爆射孔器，射孔成功后转入正常的酸化流程，酸化后，撤掉油管压力。射孔后不用压井下酸化管柱，避免压井对产层造成的伤害；一趟管柱完成射孔和酸化两项作业，缩短试油周期，降低作业成本。射孔—加砂压裂联作管柱主要应用在"三低"（油藏压力低、渗透率低、孔隙度低）油藏中，该类型储层通常都需要进行加砂压裂改造才能获得工业油气流。通过射孔—加砂联作，可以提高作业效率，改善地层渗透能力，形成高导流能力的填砂裂缝，防止地层裂缝闭合，为油气流提供高导流能力的流动通道，提高单井油气产能。该技术对射孔工艺进行优化，合理简化施工工序，提高单井开发效率起到积极的作用。主要优点有射孔后不用压井下压裂管柱，避免了压井对产层造成的伤害；一趟管柱完成射孔和压裂两项作业，缩短了试油周期，

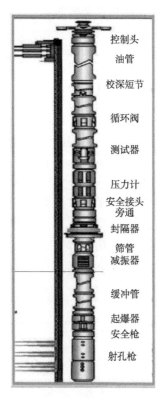

控制头
油管
校深短节
循环阀
测试器
压力计
安全接头
旁通
封隔器
筛管
减振器
缓冲管
起爆器
安全枪
射孔枪

图 2-6　射孔—测试联作管柱结构示意图

降低了作业成本；丢枪后管柱成全通径，提供了最大的加砂通道，大大降低了加砂的摩阻，可进行后续的生产测井等作业。射孔丢枪工艺，都应满足井底有足够的口袋长度，容纳射孔枪串，在采用投球丢枪方式时，应考虑管柱的通径，使其能满足钢球能够顺利落入球座。采用自动丢枪装置时，坐封时投球加压启动封隔器，继续加压打掉球座，射孔后自动丢枪，球座与枪一同落入井底。射孔—测试联作管柱主要用于勘探井，由于测试器不同所以测试管柱结构也就不同。测试器种类较多，本书主要介绍 MFE、APR 两种测试器与射孔联作管柱。射孔—测试联作的优越性主要有可以在负压条件下射孔后立即进行测试，能提供最真实的地层评价信息，为油田后期开发方案的定制提供切实可靠的数据；可缩短试油周期，减轻劳动强度，降低试油成本；由于射孔是在各种井口设备、流程管汇装配完毕后进行的，所以更加安全可靠；它可以与多种试油或采油工艺方法相结合，实现联作同步作业。油管输送射孔与 MFE 底层测试联作是将 TCP 器材与测试器组合在一根管柱上，一次下井可同时完成油管输送射孔和底层测试两项作业。它能提供最真实的地层评价信息，获取动态条件地层和地层流体的各种特性参数。该工艺技术一趟管柱可实现射孔和MFE 测试联作，使求取的地层资料及时、真实。

　　以前采用油管输送射孔的生产井，射孔后需要起出射孔管柱，下油管至油层中部完井。采油投产时需要再洗井、起出井内管柱，下泵投产。起下管柱次数较多，容易发生井喷、污染地面环境，而且在起下管柱作业过程中常常需要压井，对地层造成二次伤害，影响油气井产能。为此开发了射孔—下泵联作工艺，该工艺可缩短作业施工周期，减少油层的浸泡时间，加快油水井投产速度，降低投产成本，提高完井效率，能满足油井射孔后立即投产的实际生产要求。适用于普通抽油井以及采用输送射孔的高压井、异常高压井、稠油井、斜直井。

2.2.1.5　射孔管柱

　　射孔管柱分为电缆输送定方位射孔管柱、水平井射孔管柱、负压射孔管柱和连续油管输送射孔管柱。

　　电缆输送定方位射孔管柱是用电缆将定方位和射孔器送入井中预订位置，主要针对井斜小于 45°井定方位射孔和高压油气井不压井射孔而研发的一项射孔工艺技术。该工艺具有射孔器分次下井，一次点火同时起爆；下井器具采用重力倾斜动吻合自动对接方式，对接可靠；可以实现不压井射孔作业。

　　水平井射孔管柱从工艺上可分为定向射孔和非定向射孔，非定向射孔与普通油管输送射孔基本相同。定向射孔根据储层的岩性、井身轨迹与储层内夹层的钻遇关系等要求来选择射孔方位，按结构分为外定向射孔和内定向射孔。外定向射孔是采用在中间接头焊接引向器，配合活络转动接头，靠引向器与井壁摩擦阻力不平衡，在偏心重力作用下实现枪串的整体转动来实现射孔定位。结构如图 2-7 所示；内定向射孔管柱中，每个射孔器的内部都有一套独立的定位系统，弹架两端及中间部位设置轴承，弹架内装有偏心配重块，由于重力与支持力之间存在偏转角，所以合力不等于零，在合力矩的作用下，该系统会继续转动，直至偏重块位于下方，达到合力、合力矩都等于零，系统达到平衡，实现射孔弹在枪身内自动定向。调整射孔弹与偏心配重的相对位置可满足各种方位设计要求，实现内定向射孔。

（a）　　　　　　　　　　　（b）

图 2-7　射孔管柱实物图

负压射孔管柱又包含静态负压射孔管柱、动态负压射孔管柱和超正压射孔管柱。射孔弹对地层射孔产生射孔孔道，在孔道内有岩石碎屑和射孔残余物，在孔道周围有压实带。与原始地层渗透率相比，压实带渗透率要低得多。负压射孔能有效地缓解这一问题。

（1）静态负压射孔后可清洁射孔孔道，降低射孔伤害，提高产能。负压实现简单方便，可根据井况等条件选择负压方式；无须掏空，可通过井下流量阀或井口灌注准确控制负压值；开孔压力和起爆压力控制准确，操作简单；射孔后可直接对产层进行压力、温度、流量等参数测量。

（2）动态负压射孔管柱主要由射孔器及压降装置组成，其中压降装置由带有若干降压孔的开孔器和具有一定容积的降压枪组成。在射孔爆炸瞬间，降压装置上开孔器的降压孔被打开，其周围的液体以非常大的加速度向降压枪内流动，而其造成的惯性力使得快速降压装置周围的液体中产生了极大的负压差。在动态负压过程中，利用快速冲击回流，清洁射孔孔道及压实带。其主要特点有开孔器的打开方式有开孔弹开孔、滑套开孔等；在射孔后瞬间实现较高的负压差，冲洗射孔孔道，缓解压实带污染；可以在井筒内初始压力相对平衡的条件下实现射孔后瞬间的动态负压；允许射孔时井筒内保持较大的液柱静态压力，有利于防止井喷；动态负压射孔技术可与个规格型号的有枪身射孔器结合使用，形成配套技术系列。

（3）超正压射孔不同于早期的正压射孔，不是在钻井液压井状况下射孔，而是在使用酸液、压裂及其他保护液射孔的同时带氮气施加于地层 1.2 倍以上破裂压力，克服了聚能射孔所带来的压实污染，加大延伸裂缝。该技术可以和酸化(加砂)压裂联作，解决了造缝、解堵、诱喷、防止出砂等一系列问题，大大改善了初始完井效果，是一项集射孔和小型酸化压裂改造为一体的新型射孔工艺技术。

连续油管输送射孔管柱主要应用于高压气井、大斜度井和水平井完井中的射孔。在射孔时，电缆输送射孔方法由于受到电缆自身性能的限制，特别是在长射孔段的大斜度井和水平井作业中，除井的斜度限制外，较大的射孔枪重量是常规电缆输送射孔方法所不能实现的。该工艺的主要优点：在套管井中，可进行负压射孔或者带压射孔作业；在生产井中，可进行过油管射孔；在高压气井中，可在下完井生产管柱后射孔，安全可靠。连续油管与电缆输送射孔相比，可在大斜度井和水平井中进行过油管射孔作业；输送能力比较强，一次下井可输送射孔器长达几百米；与油管输送射孔相比，节省时间。

2.2.2 封隔器

2.2.2.1 封隔器的分类及发展

随着近些年油气田的开发生产不断向深井、超深井发展，钻采工艺也不断向较深地层方向发展，对封隔器的耐温耐压等各方面使用性能提出了新的挑战，以致封隔器今后的研制工作向更加专业化、多样化发展。在最近几年里，国内外先后研制出了多种新型封隔器以适应不同的工艺要求[112]。

封隔器是在套管里封隔油层的重要工具，它的主要元件是胶皮筒[113]，通过水力或机械的作用，使皮筒鼓胀密封油、套管环行空间，把上、下油层分开，达到某种施工目的[114]。封隔器的种类很多，按封隔器封隔件实现密封的方式分为自封式、压缩式、扩张式、组合式[115]。据记载，世界上最早使用的封隔器是美国的"种子袋"封隔器，由早期的油田经营者 J. Ruffners 兄弟等人开始应用，此时的封隔器结构简单，用途单一，性能低下。随着石油行业的发展，封隔器的规格也愈来愈多，但基本结构相差无几，主要包括密封、锚定、扶正、坐封、锁紧、解封六大部分，而每一部分又各自包含若干零、部件[110]（图2-8 至图 2-11，表 2-1 至表 2-6）。

图 2-8　封隔器实物图

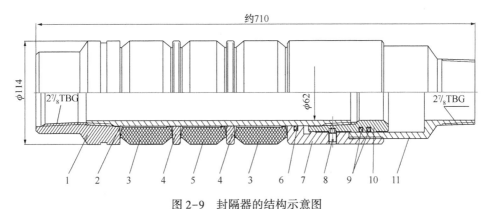

图 2-9　封隔器的结构示意图

1—上接头；2—中心管；3—长胶筒；4—隔环；5—短胶筒；6—盘根；

7—承压接头；8—剪断销钉；9—盘根；10—滑动接头；11—下接头等组成

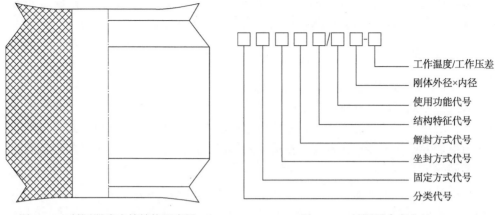

图 2-10 封隔器胶皮筒结构示意图　　　　图 2-11 封隔器命名方法

（1）密封部分：密封部分是在外力(机械力或液压力)的作用下，发生动作，最终密封环形间隙，防止流体通过的部分。它是封隔器的关键部件，主要由弹性密封元件、赖以安装密封元件的钢碗、隔环(挡圈)和各种防止密封元件"肩部突出"的"防突"部件构成。其中，密封元件是至关重要的核心部件，通常制作成"圆筒状"，所以也俗称胶筒。只是近来为了实现油管与封隔器之间的内密封，密封元件才制作成各种形状(如"V"形)的盘根；自封隔器问世以来，研究人员对密封元件(尤其是实现外密封的胶筒)进行了多方面的深入研究，进而带动了整个封隔器的研究工作，因此，封隔器密封元件的研究是一个重点[109]。

（2）锚定部分：锚定机构又称固定部分，其作用是将封隔器固定在井壁或管柱上，防止封隔器由于轴向力的变化产生位移而影响密封性能，将封隔器上的承压力作用在套管壁上。根据承受压力方向的不同，主要有单向锚定和双向锚定两种方式[116]。

单向锚定的结构设计方式主要有两种。

① 水力锚结构：此种结构一般是水力锚在封隔件的上部，防止上顶，承受来自封隔器下部的压力。早期的结构是与封隔器设计成一体，现在一般作为配套工具单独设计加工，连接在封隔器管柱中，根据工艺需要，可接在封隔器的上、下部。

② 单向卡瓦、单锥体结构：此种结构通常设计在封隔件的下部，通过下放封隔器管柱上方的悬重或下压，使锥体胀开卡瓦锚定在套管壁上。主要承受上压差。在早期的浅井应用中，也有将其反向设计在封隔件的上部，承受下压差，采用拉力坐封。但目前较少采用。

双向锚定的结构设计方式主要有三种。

① 水力锚、卡瓦组合结构：此种结构是指水力锚和单向卡瓦组合的锚定方式。通常水力锚设计在封隔件(胶筒)的上部，承受封隔器下部压差产生的上顶力。下部采用单向卡瓦支撑，承受封隔器上部压差产生的下压力。这种组合方式的封隔器中心管外套层较多，结构复杂，加工组装难度较大。

② 双卡瓦、双锥体组合结构：此种结构是由两套单向卡瓦、单锥体结构相对于封隔件(胶筒)上下两端正、反相对连接而成。这种结构与水力锚、卡瓦组合结构相比，结构紧凑，加工较容易。通常该结构用在永久式完井封隔器上。

③ 单卡瓦、双锥体结构：此种结构采用中间一套卡瓦、上下各一件锥体组成。封隔器的上下压差产生的作用力均由卡瓦承担，并作用到套管上。这种结构是目前双向锚定封隔器中锚定方式最为简单的一种，加工也较容易。但此种结构不宜用在永久式封隔器完井管柱中。

（3）扶正部分：扶正机构是通过扶正封隔器钢件本体及密封元件，以确保密封元件正常工作的机构。同时在井身质量不好的井中，也可起到初卡作用，便于机械封隔器的压缩坐封。这种机构通常由扶正块、弹簧座和弹簧组成。

（4）坐封部分：坐封机构是使封隔器完成坐封，实施密封并保持密封状态的机构。对于液压封隔器的坐封机构大致相同，一般由中心管、液缸、活塞等组成。大多数情况下，它位于封隔件的下部，以利于封隔器的解封。坐封机构的设计有内活塞和外活塞推动两种结构形式。

（5）锁紧部分：锁紧机构是封隔器完成坐封后，并使之长期保持坐封状态的机构。通常液压坐封封隔器，都会采用锁紧机构锁紧，以防封隔件回弹。由于封隔器锁紧机构及动作方式在很大程度上影响封隔器的长期承压密封性和解封可取性。因而设计时应充分重视。锁紧机构常用结构设计方式主要有马牙螺纹锁紧结构和锥面螺纹锁紧结构两种。

① 马牙螺纹锁紧结构：此种结构由内外面具有不同螺距的锯齿形螺纹的锁环（马牙）和锁环套及锁环座等组成。设计时，锁环内齿螺距小，外齿螺距大。这种结构的缺点是加工难度较大，锁环开口后要产生一定程度的变形。因此在设计加工时，尺寸和形状较难保证。用在永久式封隔器上，锁环、锁环套和锁环座三者之间须进行选配组装，逐套进行顺齿推力和逆齿锁紧力测试。

② 锥面螺纹锁紧结构：此种结构由内面带有特殊锯齿螺纹，外面带有锥面的锁环和锁环座、锁环套、限位套等组成。锁环可在锁环座上顺齿方向移动，逆齿方向锁紧。这种结构是在马牙螺纹锁紧结构的基础上改进演变形成的。具有结构紧凑，加工容易，组装方便，使用可靠的特点。设计时应优先选用锥面螺纹锁紧结构。

（6）解封部分：解封机构是使封隔器解除密封状态，油、套压沟通的机构。它通常由平衡活塞、常压腔室、循环孔（泄压通道）、解封环、解封剪钉等构成。目前封隔器的解封方式有液压解封、提放管柱、转动管柱、下工具和钻铣解封等几种方式。为了操作方便，降低作业费用，应优先考虑使用提放管柱解封方式。其解封负荷的设计应在保证封隔器工作压差和管柱安全的前提下，尽量设计较小为宜。

在射孔完井作业工况中，封隔器主要面临着以下一些问题：中途坐封、坐封后自行解封、密封失效、串封、错封等[108]。

在射孔完井作业工况中，封隔器主要面临着以下一些问题。

① 中途坐封：主要是由于下井过程中工具与套管壁摩擦碰撞或是管柱低端受到井液水击作用，导致产生的瞬时压差达到封隔器的启动坐封压差，从而产生坐封。目前解决方法主要有严格控制管柱的瞬时最大下放速度和制动时间；小活塞上行启动机构；下井过程避开套管接箍，做好套管内径刮削工作；下端防撞环。

② 坐封后自行解封：主要是封隔器尾管悬重和液压坐封力的合力大于封隔器的解封力造成。目前解决方法有控制下部管柱重量；增加液压平衡机构。

③ 串封：主要由于封隔器旁通打开或者是密封元件密封不到位，使其所封隔的区域发生压力或流体泄漏。目前解决方法有适当提高坐封压力；加水力锚，防止管柱转动。

④ 蠕动：主要是由于正常注水或停注，注水系统压力和温度等因素的波动产生受力的不平衡引起，可造成封隔器胶筒微小移动，使密封失效，甚至解封。目前解决方法有双向锚定结构、封隔器蠕动消除器、加水力锚、封隔器下端加水力卡瓦。

⑤ 密封失效：原因很多，主要有胶筒损坏、坐封压力太低、锁紧不到位。解决方法要具体问题具体分析，从结构设计和操作规范两个方面考虑。

⑥ 错封：主要是下井前定位井深不准确或了解井下地况工作不够。采用磁定位等先进手段可以达到要求。

其中，最主要的是射孔枪爆炸产生的冲击荷载，通过减振器、油管柱一直传递到上部的封隔器，使其受力过大会发生提早解封的问题，因此对管柱的动力学分析和封隔器受力情况分析[111]可以解决封隔器失效的问题，从而为封隔器的布置提供理论依据。

表 2-1　分类代号

分类名称	扩张式	压缩式	自封式	组合式
分类代号	K	Y	Z	用各式的分类代号组合表示

表 2-2　固定方式代号

固定方式名称	尾管支撑	单向卡瓦	悬挂	双向卡瓦	锚瓦	组合式
固定方式代号	1	2	3	4	5	用各式的分类代号组合表示

表 2-3　坐封方式代号

坐封方式名称	提放管柱	转动管柱	自封	液压	下工具	热力
坐封方式代号	1	2	3	4	5	6

表 2-4　解封方式代号

解封方式名称	提放管柱	转动管柱	自封	液压	下工具	热力
解封方式代号	1	2	3	4	5	6

表 2-5　结构特征代号

结构特征名称	插入结构	丢手结构	防顶结构	反洗结构	换向结构	自平衡结构	锁紧结构	自验封结构
结构特征代号	CR	DS	FD	FX	HX	PH	SJ	YF

表 2-6　使用功能代号

使用功能名称	测试	堵水	防砂	挤堵	桥塞	试油	压裂酸化	找窜找漏	注水
使用功能代号	CS	DS	FS	JD	QS	SY	YL	ZC	ZS

刚体最大外径用阿拉伯数字表示，单位为毫米（mm）。

工作温度用阿拉伯数字表示，单位为摄氏度（℃）。

工作压差用阿拉伯数字表示，修约到个数位，单位为兆帕(MPa)。

封隔器分类代号前可增加参考项(油田代号)，例如，JH，江汉；ZY，中原；DQ，大庆；HB，华北。

2.2.2.2　几种常用封隔器

(1) 耐高温(高压)封隔器。

随着石油及天然气的勘探开发不断向深部地层进军，地层条件复杂、苛刻，对封隔器的性能需求也越来越高。高温高压井完井工艺需要管柱能够适应长期生产的条件，为此主要采用永久式封隔器，而封隔器中常用的有 THT 封隔器。因此本文就以 7 寸 THT 封隔器为蓝本进行分析。THT 封隔器坐封原理如图 2-12 所示。下钻时，油管与套管内外压力相等如图 2-12(a)所示。管柱下到位后，井口投球于球座，油套环空隔离如图 2-12(b)所示。此时井口加压，油套之间形成压差，当压力升至第一压力台阶时(13.3MPa)剪断 THT 封隔器销钉活塞启动，上卡瓦伸出，限制管柱向上位移，如图 2-12(c)所示；继续加压，下卡瓦向上顶起楔形体，同时压缩胶筒，当压力达到第二台阶(40MPa)，胶筒被完全压开，油套环空隔离；再继续加压至设计坐封压力(47MPa)，胶筒完全张开，下卡瓦也完全咬如套管内壁，管柱位置被固定，封隔器完成坐封，如图 2-12(d)所示。泄掉压力，环空打压7MPa验封，若坐封成功，井口油管内打压55MPa，打掉球座，油管内畅通，完成整个坐封过程。

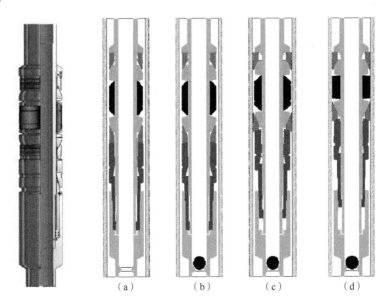

图 2-12　永久式封隔器坐封原理示意图

对于高温高压井，完井工艺采用永久式封隔器具有以下优点。

① 永久式封隔器采用了坐封、支撑、锚定、密封等机构的一体化创新设计，达到一次管柱下入完成施工作业，并且永久保护套管及安全生产的目的，优化了井下工具的坐封、施工及气井完井开采工艺。

② 该封隔器坐封牢靠，结构设计合理，井下密封锚定可靠，封隔器胶筒可承受高压，胶筒具有受挤而突的特点，而且简单实用，施工操作方便。

③ 能减少流体经过管柱时所引起的管柱振动，避免过激振动引起的井下事故。

④ 该封隔器在下部卡瓦部分有销钉剪切机构，可使封隔器承受下部更大的重量，大大减少了产生过早坐封现象的概率。

⑤ 与现有常规油田井下工具相比，该封隔器能缩短施工周期，从而大幅度节约施工费用。

（2）智能井用可穿越式封隔器。

随着数字油田的提出，并开始大力发展，智能完井技术也随着不断发展。智能完井技术中封隔器技术占据关键地位。目前开发用于智能完井封隔器主要为国外公司，如哈里伯顿、斯伦贝谢等。

① 哈里伯顿公司(Halliburton)。

哈里伯顿的穿越式封隔器已在现场成功的应用，最适应性的适应性强的封隔器底盘定制为穿越线的建立、回收、存放，同时表现出非常好的效果，适用于 ISO 标准 V0 等级。其穿越式的应用包括永久性油藏检测、化学注射、分布式温度传感器(DTS)、智能完井、电潜泵落成完井等，但是并不限于这些应用。永久式封隔器可用于超高压应用时需要控制线路旁路。用于智能完井的封隔器主要有 HF 系列封隔器、MC 系列层间隔离封隔器和 Feed-Through Seal Stack Assembly 叠层式密封系统。

HF 系列：HF 系列封隔器是一种单管柱、可取式、高性能套管封隔器。该封隔器是专门为 SmartWell 智能完井设计的封隔器，具有独特的旁路机构提供电力控制管线和液压控制管线通过而无需采用拼接接头。该封隔器既可作为上部生产封隔器，又可用作下部隔离层间封隔器。HF 系列封隔器设计的承受载荷和压力远高于标准生产封隔器，该设计是通过它独有的卡瓦机构和附加的封隔器主题锁紧圈实现的(图 2-13)。

图 2-13　HF 系列封隔器示意图

特征：通过控制管线或油管压力坐封；提高 1/4in 控制管线馈如接口的数量最多可达 5 个；液压联锁装置防止出现过早坐封；特有的全保险卡瓦装置；带抗挤压系统的 NBR 元件；全部采用高质量螺纹连接。

优点：具有控制管线馈入装置，无需拼接接头；能承受高强度的拉伸和挤压载荷；在拉伸或挤压过程中尾管被留下来；坐封过程中无运动部件。

坐封和解法机构：在油管压力作用或通过液压管线坐封，在两个方向上保持轴向载荷，工具就不能在油管压力作用下解法。通过移动和旋转解封套筒，就能实现封隔器解封，或者将工具按规定设计成冲压式解封。解封结构是凹陷的或可选择的，这样使得它对其他工具串的通过不敏感。该机构还包括备用紧急解封，由机械切割工作筒实现。

连接：通过整体式的高质量螺纹接头与油管柱直接连接在一起，内部工作筒同样采用高质量的螺纹连接，从而保持连贯性。

串联坐封：HF 系列封隔器旨在在拉伸、挤压或中性环境中实现带尾管串联坐封。坐封机构不依赖于油管运动或压力诱发的油管作用力。坐封动作不会将载荷施加到任何馈入装置或控制管线上或损坏任何馈入装置和控制管线。

防过早坐封机构：包含一个液压激活联锁系统，在下入井眼之前可在外部进行调节。联锁系统使得封隔器能下入高度偏斜井或水平井，消除了由于套管阻力而造成过早坐封的风险。

馈入接口：提供 1/4in 液压或电力控制管线馈入接口，依靠控制管线结构，这些馈入接口不需要对控制管线进行拼接，所以馈入接口采用金属—金属套环密封，并留有密封冗余。

整体式元件抗挤压系统：封隔器密封元件是带 NBR 密封元件的多片元件。它包含一个抗挤压系统，该系统具有高效的防抽空性能，这样允许在坐封之前增加下入速度和提高环空循环流速，利用水和氮气作为测试介质，该系统通过了多次热循环测试。

MC 系列穿越式封隔器：为满足人们对适用于中等井口的高质量、低成本 SmartWell 系统的不断需求，WellDynamics 公司开发了 MC 系列封隔器。在合适完井环境中，引入 MC 产品能够使作业者从 SmartWell 技术的一些关键特征中获得更多利益，以前认为在这种环境中使用智能井技术要么技术太先进，要么是费用太高，因此未采用这种技术。可靠地监测和选择性地隔离单个油藏层段，甚至精确地调节单个油藏层段流动能力目前正成为项目自觉预算或边际资源开发中的一种选择。MC 系列产品可用于生产或者层间隔离。

MC 系列封隔器是一种单管柱、套管隔离封隔器，旨在用于生产封隔器以下（如 HF 系列封隔器）的 SmartWell 完井中。拥有 8 条液压或电力控制管线馈入接口，允许与其他设备之间进行通信，而又不损坏隔离层段的整体性，可靠性达 ISO 14310 V3 等级（图 2-14）。

图 2-14　MC 封隔器三维模型示意图

特征：设计简单、经济有效；可为控制管线提供馈入接口数量最多达 8 个；采用油管或控制管线坐封；采用腈和氢化丁腈橡胶橡胶密封元件。

优点：在操作费用能供得起的情况下，在中等工作条件下能实现 SmartWell 功能；保持分层密封，允许与下部工具进行通信；控制管线坐封允许进行高压油管压力测试。

坐封和回收：MC 封隔器可化为控制管线坐封和油管压力坐封两种方式。这两种封隔器都有一系列尺寸和螺纹连接的产品。为防止封隔器在安装过程中出现过早坐封，封隔器上装配有一系列的剪切螺栓。螺栓数量和强度根据具体情况可以改变，因此能够有效地在现场定制初始坐封压力。为满足运输和主体耐压测试的需要，MC 封隔器与标准高强度螺栓配合形成一个整体元件。一旦封隔器解封，MC 封隔器就能简单地通过牵引提出井筒，实现回收。

密封元件：采用腈和氢化丁腈橡胶橡胶密封元件，该密封元件材料和 HF 系列一样，具有坚固耐用的特点。

适用井况：BHP(井底压力)<5000psi，不含 H_2S 和 CO_2 或含量甚微，BHT(井底温度)<275℉，压差为 5000psi。

叠层式密封系统：叠层式密封系统用于隔离 SmartWell 智能井中的单独层段，在不可能或不希望采用封隔器来进行隔离的环境中使用。叠层式密封系统能够使控制管线通过旁通与安装在完井管柱下部的设备进行通信。该密封系统允许通过控制管线数量最多可达 6 条，这样能够控制和监测其他下部的设备，如层间隔离阀和永久性压力计。该设备能在压差高达 7500psi 的条件下隔离层段(图 2-15)。

图 2-15　叠层式密封系统部分横截面示意图

特征：设计简单有效；采用多组黏结密封；供控制管线馈入的接口数量最多达 6 个；经现场验证，该产品可靠实用。

优点：能安装在 ICV 和永久性压力计以上；隔离储层层段，不需要封隔器；不需要坐封解封系统。

② 斯伦贝谢公司(Schlumberger)。

斯伦贝谢公司的多端口旁路液压套包装可回收封隔器允许光纤电缆电气和液压管道的通道，油管安装储层监测设备，井下流量控制阀，和要求连接到其他设备的表面。密封件放置在卡瓦上面，以方便检索，防止碎片弄脏卡瓦。各种配置提供了一系列的回收选项。包装可用于单一或多种服务应用多层完井，含 H_2S 和 CO_2 的环境。MRP-MP 模块化多端口封隔器：该类封隔器由油管传输，液压坐封生产隔离用于单层和多层完井。其具有多旁通配置用于作为液压控制线和电缆线的通道(图 2-16)。

图 2-16　MRP-MP 生产封隔器和层间隔离封隔器示意图

主要特点及优点：灵活的配置能适应变化的完井设计通过液压控制管线或电缆线实现井下设备与地面的交流；位于密封件下的卡瓦设计可以减少回收时的风险，可连接整个管柱系统；减小发展多储层生产的花费，通过经济的穿越式封隔平台减少完井成本。

QUANTUM MultiPort 砾石充填多端口封隔器：其液压坐封可回收式，封隔器用于砾石充填智能完井中上部封隔时井口控制井下流量和储层管理用的管线穿过[100]。其主要特点是拥有独特的防提前坐封设计、多封隔器同时坐封减少钻井时间、隔离压力的多端口结构、封隔元素防突环、设计测试已符合 ISO 14310 V3 。并且可用于 H_2S、CO_2 等恶劣环境，耐温达 250℉(121℃)(图 2-17)。

图 2-17　QUANTUM MultiPort 砾石充填多端口封隔器

XMP 附加多端口生产封隔器：该封隔器是通过油管传输液压坐封的可回收封隔器，为智能完井设计。主要特点是为通过液压控制管线和电缆控制线所配置的多旁通孔。该封隔器可通过过油管回收工具和油管上拉等多种方式回收。主要优点：可用于表面测试，直井斜井水平井都可以用；坐封机构设计可消除管移动，封隔器挤压拉伸等级与油管匹配，且封隔器自身长度较短；卡瓦设置在密封元件以下防止岩屑冲刷密封元件，整体式卡瓦设计和可回收式设计减少钻除磨铣时对套管造成伤害；多旁通端口设计可用于穿越控制管线，且可通过控制管线坐封封隔器(图 2-18)。

图 2-18　XMP 附加多端口生产封隔器

③ 威德福公司(Weatherford)。

HellCat 封隔器：该封隔器是一种多功能可取式液压坐封生产封隔器，主要应用于智能完井、水下(海底)完井、斜井和水平完井、油层分隔。该封隔器有一个大内径工作筒，控制管线馈入接口数量最多可达 8 个，是单管柱生产封隔器的理想选择。在 Q-125 套管中经过严格测试，达到 ISO14319 标准。

特征和优点：坐封压力低（3500psi），减少坐封过程中油管伸长，在许多情况下，利用钻井泵就能完成坐封，减少使用高压泵的费用；坐封过程中无工作筒运动，能够在单趟管柱上使用多个封隔器；转动解封能力使操作变得简单，同时降低在变载荷条件下过早损坏的风险；切断解封能力降低了在极端载荷条件下剪切型封隔器过早损坏的风险；封隔器也可在井口完工后坐封，具有更大的操作灵活性和安全性；一起起下作业系统节约钻机占用时间；额定压力值在5000~7500psi之间。

（3）封隔器的发展趋势。

① 应用于深井、超深井、高温高压井的新型智能可控封隔器：非常规油气藏开采日益增加，特别是深井、超深井、高温高压井。急需配套的开采工具，封隔器作为配套工具中最主要的工具之一，因此封隔器性能适用这些恶劣环境是必须的，必定会向这个方向发展。

② 针对小间隙井、大位移井、水平井等特殊井口研制封隔器及配套坐封工具，尤其是胶筒结构、胶筒防突机构和卡瓦机构的研究。

③ 高性能弹性体，以具备更高的耐温及防腐能力：随着复杂井数量的增多，井下温度将会进一步升高，环境更加恶劣，对封隔器的性能要求不断增加，而密封组件又是封隔器中最薄弱的部分，所以封隔器必定向能适应高温度和抵抗各种化学腐蚀的方向发展，以满足日益增加的复杂井况的需要。

（4）封隔器密封性的评判准则。

想要封隔器有效的上下窜气，必须在井下工作压差下，封隔器与地层产生足够大的接触压力，封隔性能想要效果好，就要做到在胶筒和地层强度允许的条件下的接触压力越大越好。建立一种井下压力下封隔器密封性的判定标准，为封隔器与地层之间封隔性能、地层不产生压裂破坏和剪应力破坏、胶筒不产生应力提供依据。

具体评判标准：

为了保证井壁不会产生破裂，封隔器与地层接触压力不能太大，还要保证井壁地层不发生应力破坏。如果胶筒与地层之间的接触压力大于任何一面的窜气压力，封隔器能有效切断窜气通道，有效封隔上下部压力，保证气体不通过胶筒与地层的接触面。在井下压差作用下，封隔器不产生应力破坏，安全封隔[117]。

2.2.3　减振器

自发现工业振动导致材料破坏之后，减振和隔振就引起了研究人员的广泛关注。减振器的主要目的是通过各种形式的阻尼阻碍能量的传递，达到减弱能量的传递能力。减振器的研究要追溯到20世纪，主要是汽车行业的发展，慢慢演变到其他工程上，直到现在各个工程都有各自的减振器，其原理现在比较明显，现在减振器的研究主要放在装置和结构的设计中，以达到更好的减振效果。

在有效的空间里减少巨大的冲击能量，使之能够达到不损坏仪器仪表的目的，线性振动理论中单自由度隔振器的力学模型为在宏观上把握冲击下的减振特性提供了最基本依据[118-122]。

振动与冲击的危害主要表现在以下两个方面：（1）在某一激振频率作用下产生共振，

最后因振动幅值超过设备的允许值，从而使设备失效或破坏，或者由于冲击所产生的冲击力超过设备的强度极限而破坏。(2)由于长期振动或反复冲击使设备疲劳损坏。

减小振动与冲击的危害性有三个主要途径。

(1)减小或消除振动源的激励。例如，改善机械设备的平衡性能，提高机械设备的静、动平衡要求；对具有较大辐射表面的薄壁结构涂以阻尼层，以减弱声激励的引起的振动；采用各种减振措施及减振器等。

(2)防止共振，减小动力响应。例如改变系统的固有频率或扰动频率；防止扰动特性和振动系统的共振特性之间的不良耦合等。

(3)采取隔振措施，以减小振动的传递。

研究射孔过程中的振动目的是如何在给定的工艺条件下，对有害的振动实施控制，使主振动的振幅衰减，保护射孔时设备不受损坏。通常要对一个系统的振动实施控制主要从两个方面着手，即对该系统的振源及激振力进行控制，或是对系统的响应进行控制。后者在工业上普遍采取隔振与吸振两种方式[123]。

(1)隔振。

隔振是在振源与研究的系统之间插入一个中间环节，使振源的激励必须通过中间环节才能传递到所研究的系统上，而中间的环节通常是一个刚度较小的弹性元件，弹性元件的作用是使系统的振动降低。隔振借助于控制振动能量的传递来减小振动，它是控制振动的主要途径之一。隔振器的主要用途在于：它具有一定的刚度，在振动时有一个和振动位移成正比的恢复力；它又有一定的阻尼，因此在振动时有一个和振动速度成正比的阻尼力，隔振器的设计是使这二力的矢量和为最小。根据振动传递方向不同，一般把隔振分为积极隔振和消极隔振。

(2)吸振。

吸振是在系统上加一个较小质量的弹性系统。当整个系统受到振源的激励时，主系统及附加的子系统都将产生同频率的响应，即振源的激励能量为主系统和小系统共同吸收。吸振是希望振源的激励主要由附加的子系统接受而使其对主系统的作用减小，吸收振动系统的动能，从而降低振体的振动强度。对机械系统附加动力吸振器是常用的振动控制措施，在增加一定重量的代价下可有效降低系统的窄频带响应。

从动力学理论方面看，隔振问题和吸振问题都是动力学系统的响应问题，是统一的，可是从工程实践方面看，由于应用场合不同，减振装置是各不相同的。

在工程实际中，隔振、减振的方式及目的是不同的[124]，因而，设计出的减振器形式差别很大，分为弹性减振器、摩擦减振器、冲击减振器、电磁减振器、水力减振器、平衡减振器等；根据材料的不同，又可分为橡胶减振器、弹簧减振器、空气减振器等。不同的减振器，其制作形式及工艺特点具有极大的差异。张阿舟在实用振动工程中系统地介绍了工程中常用的减振器及其减振特点。徐庆善在综述性论文中阐述了隔振技术和动力吸振技术的应用和发展动态。胡海岩、李岳锋在建立振动微分方程的基础上，采用非线性减振器的记忆恢复力并用双折线模型近似，分析了减振器的动力响应。庄表中，邢宏阐述了非线性隔振系统与线性隔振系统的不同，并提出用随机激励试验对非线性隔振系统进行动态特性描述和隔振效果计算的新定义。此外，国内外其他研究学者都在本构关系、实验建模、计算方法、减振性能指标、工程应用等方面进行了新型减振器的研究。在射孔作业工况中，强大的冲击振动波会在射孔器在射孔时产生，也就是在井下射孔器的做功方式为爆炸，爆炸点为中心，通过井内介质、管柱连接以及套管壁进行传播，为了保护在测试管柱串上的仪器仪表以及相关测试工具，一定要采取相关的消振、减振以及隔离的措施。只有这样，才能保证采集到的地层原始压力数据和样本的有效性。否则，会直接影响到油田的勘探周期，造成巨大的损失[108]。减振器的合理设置可以减弱射孔荷载的破坏能力，因此减振器的设置对井下工具的动力学行为有重要的影响。

结合减振器设计的原理，综合比较各种减振器的优缺点，以下为设计减振器的要点。

（1）减振器的弹性元件则是采用 3 个弹性较大的弹簧，还有 4 节高刚度高阻尼的橡胶圈，让这两者进行交替串联。射孔枪在井内射孔时，通过弹性大的弹簧和高阻尼高刚度的橡胶圈隔振的三次交替作用，来吸收所产生的激振能量，以及对于管柱纵向自振的频率进行调节。经过现场试验证明，较好的减振效果能够通过弹簧和橡胶件的组合来实现。一方面，衰减冲击能量可以通过橡胶件的高阻尼来实现，另外，这种效果又被高刚度有所抑制，因此，需要变形大、承载能力强以及刚度低的弹簧来配合，衰减多次冲击的弹簧的低阻尼并不能很好实现，也需要性能良好的橡胶件的配合。这种三级组合的二级减振器的串联，在实际使用效果能够满足要求，更好的吸振减振效果能够比非交替放置方式而实现，这也是设计的最大特点。

（2）为进一步提高阻尼减振效果，应该使得减振腔内充满液压油。当压缩减振腔过程中，衰减一部分冲击能量则会被液压油完成，同时形成阻力流动，为了更多的冲击能量也有所衰减。

（3）剪切销技术，通过设定剪切销，能够满足"质量隔振"的设想，从而使得第一波的冲击压力得到很大程度上的衰减。一般设定，剪切销的高温剪切强度系数为 0.9，销钉剪切压力不超过 30 MPa。经过计算，设定为直径 4 的剪切销 8 个。销钉则会在冲击压力超过 30 MPa 的情况下而被剪断，对液压装置、橡胶件、弹簧件开始工作。

由于射孔所使用的减振器[125]种类繁多，本节将系统介绍钻柱减振器的分类、具体型号参数和适用范围，以小见大（表 2-7，图 2-19）。让读者知道如何正确选择减振器。

井下钻柱在钻井过程中的振动对钻井工艺过程及其成本有着极其重要的影响，从而在近一二十年间受到普遍的重视，已经产生了大量的研究成果。显然，研究钻柱纵向振动的目的是如何使其趋利避害，即一方面利用钻柱振动的能量增强钻头的破岩效率，另一方面又要避免钻柱过大的振动造成的对钻井工作的危害。要达到这个目的，必须做到能对钻柱振动实现控制，即在给定的工艺条件下控制钻柱振动的振幅。

表 2-7　减振器分类

按工作环境介质分类	空气型减振器	按工作原理分类	液压减振器
	常规性减振器		机械减振器
按工作方向功能分类	双向减振器		液压机械减振器
	单向减振器		

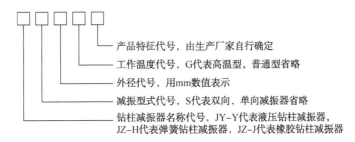

图 2-19　减振器命名方法

示例 1：JZ-YS178-I 表示外径为 178mm 的双向液压钻柱减振器，适用于工作温度不大于 120℃，改进一次。

示例 2：JZ-H203G 表示外径为 203mm 的单向弹簧钻柱减振器，适用于工作温度大于 120~180℃。

JZ-YH 型液压机械减振器作为一种新型的减振器，利用内部的碟形弹簧和可压缩液体，可以吸收或减缓钻进过程中产生的轴向振动和冲击负荷，从而维持正常的钻压（表 2-8）。

表 2-8　JZ-YH 型液压机械减振器技术参数

参数	JZ-YH121	JZ-YH159	JZ-YH165	JZ-YH178	JZ-YH203	JZ-YH229
外径（mm）	121	159	165	178	203	229
水眼直径（mm）	38	45	45	57	64	70
最大工作拉力（kN）	1000	1500	1500	1500	2000	2000
最大工作扭矩（kN·m）	10	15	15	15	20	20
最大工作压力（kN）	250	300	300	350	450	540
弹性刚度（kN/mm）	3.0~6.5					

此种减振器包含液压减振器与弹簧减振器。优点：阻尼大、耐腐蚀、不老化、受力更加合理、动态响应时间短、可允许一定的摆动。缺点：高温状态下容易失效、密封性要求高、高频时钢丝会传递振动容易产生摇摆、对径向扭转振动无效、价格较高。

表 2-9　JZ-YS 型双向减振器技术参数

参数	JZ-YS159-I	JZ-YH165-I	JZ-YH178-I	JZ-YH203-I	JZ-YH229-II
外径（mm）	159	165	178	203	229
水眼直径（mm）	45	45	50	64	70
最大工作拉力（kN）	1500	1500	1500	2000	2000
最大工作扭矩（kN·m）	15	15	15	20	20
最大工作压力（kN）	250	300	300	450	540
弹性刚度（kN/mm）	3.0~6.5				

JZ-YS 型双向减振器作为一种液压双向钻柱减振器，利用内部可压缩液体和机械螺旋机构，对于钻进过程中产生的轴向振动和冲击负荷，以及径向扭转振动和冲击负荷，可以

起到吸收和减缓的作用，从而维持正常的钻压和扭矩(表2-9)。

此种减振器作为一种液压减振器。优点：防腐性好、结构紧凑、阻尼力大、动态响应时间短、对轴向振动与径向扭矩可以起到减振效果。缺点：高温状态下容易失效、密封性要求高、对低幅高频或高幅低频的振动不能有效控制。

表2-10　JZ-H型机械减振器技术参数

参数	JZ-H159-I	JZ-H165-I	JZ-H178-I	JZ-H203-II	JZ-H229
外径(mm)	159	165	178	203	229
水眼直径(mm)	50	50	50	64	70
最大工作拉力(kN)	1500	1500	1500	2000	2000
最大工作扭矩(kN·m)	15	15	15	20	20
最大工作压力(kN)	300	300	300	450	540
弹性刚度(kN/mm)	3.0~6.5				

JZ-H型机械减振器作为一种机械式单向钻柱减振器，利用内部的碟形弹簧作为弹性元件，对于钻进过程中产生的轴向振动和冲击负荷，从而维持正常的钻压(表2-10)。

此种减振器作为一种液压减振器。优点：静态压缩量大、低频隔振性能好、不会老化、温度变化不影响性能。缺点：本身阻尼很小、高频时钢丝会传递振动、容易产生摇摆运动。

2.2.4　射孔枪

我国对射孔枪的研究主要起止于新中国成立之后，其中最早研制出聚能射孔弹的时间是在1955—1957年，并在四川等地区实验且取得成功，67-1型无枪身聚能射孔弹的研制在1966年实验成功。20世纪80年代后，我国射孔弹及射孔器在吸取国内外科研成果的基础上有了较大进步。1991年，西仪总厂、大庆射孔弹厂、山西新建机器厂的地层射孔深度全部突破400m，使国内射孔技术迈上了一个新台阶。同年，兵器工业总公司研制出使用于油气井射孔的耐热磁电雷管机器专用起爆器，并在国内推广应用。1994年后，国内各大研究所都在射穿地层深度方面寻求突破，且取得了巨大成果，极大地改进了射孔工艺技术。目前，国内射孔器品种多样、质量稳定，基本满足了国内市场需求，甚至向海外市场推广销售，国内射孔器正向低伤害、深穿透、多元化、系列化发展。

射孔完井工况中，射孔枪[126]起着一个重要的角色，其装药量的多少直接影响射孔孔眼的深度，同时也决定着冲击荷载的大小，因此研究射孔枪装药量的对射孔管柱动力学的影响，是管柱力学上急需解决的问题。

本节将介绍射孔枪的分类[127]、具体型号参数和适用范围。并介绍射孔枪、射孔弹、套管的匹配问题。

射孔枪分为电缆射孔枪和无电缆射孔枪，其中电缆射孔枪分为无枪身式绳式枪和有枪身式管式枪。电缆射孔枪是靠电缆或钢丝绳送入下井的，通过电点火击发。无电缆射孔枪是接在油管柱上送入井下的，一定有枪身，也称为油管传输射孔枪。

电缆射孔枪串由枪身、点火头、CCL校深仪和电缆接头组成。电缆接头有三种作用：

一是连接枪串和电缆，进行信号传输；二是作为电缆弱点，当电缆射孔枪遇卡时从电缆接头拉断，取出电缆；三是作为打捞头。CCL 校深仪：利用与井下套管短节的连接处产生的磁信号进行校深；枪头有 51mm、60mm、73mm、83mm、89mm、102mm、127mm 等多种规格；弹架用于安装射孔弹，一般为四相位，相位角度为 90°；枪尾主要起密封作用。

（1）有枪身式射孔枪。

有枪身式射孔枪按结构分能重复使用枪身和不能重复使用枪身。一次使用枪身是在油管传输射孔和过油管射孔时使用的。它的壁厚较薄，射孔弹是靠弹架固定的，固定方式简单，成本低。一次性枪身在射孔完成后就可丢弃在井底；多次使用的枪身是电缆射孔时使用的。它是厚壁圆筒，射孔弹用旋塞固定在枪身上，射孔弹按一定的角都排列在枪身的圆周上，以实现射孔时的相位角度。在纵向上以一定的密度排列，以实现射孔的密度要求。用电缆将枪送入井下，在地面控制用电击发射孔弹实现射孔。枪身有两种作用：一是射孔弹的载体，承受井筒中的液压力保护射孔弹不受损害，保证射孔弹的击发。能吸收射孔时射孔弹爆发时的反作用力。二是枪身可使射孔弹不与井筒中的液体相接触，免受井筒液体的侵蚀。有枪身射孔器穿透性能好、可靠性高、对套管及管外水泥环破坏小、耐温耐压性能高。是目前使用最广泛的技术。

（2）无枪身式射孔枪。

无枪身式射孔枪分为可销毁和不可销毁式两种类型。可销毁式射孔枪是用连结强铝外壳的射孔弹串联在一起，无弹架，无枪身。射孔完将联结和射孔弹外壳丢到井底。不可销毁式是一个钢丝架，在架上固定射孔弹。无枪身式射孔枪的特点是用电缆送入井下，电击发射孔弹射孔。钢丝架式射孔枪可做的很长，可用于长井段的射孔，弹架固定射孔弹不受枪身限制，射孔弹可用大威力的，弹径可大一些。钢丝弹架有一定挠性，在套管有一定弯曲和变形时容易通过。射孔后可回收。

射孔弹分为聚能射孔弹和子弹式射孔弹。聚能射孔弹原理：将炸药点燃，形成高压高温气流，冲击到套管壁上，将障碍物击穿。聚能式射孔弹的炸药是射孔弹的能量来源（图 2-20）。炸药以高能的硝基火药为主，通常是 TNT 火药等，用高压压成聚能的形式，装在金属药形罩内。金属药形罩以铝、铅等金属制成。

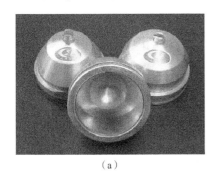
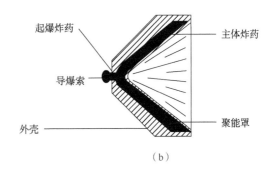

起爆炸药　主体炸药
导爆索　聚能罩
外壳

（a）　　　　　　　　　　　（b）

图 2-20 聚能射孔弹

聚能射孔过程：是由电发火雷管起爆，引燃起爆索和炸药包中的高速助燃剂，最后主炸药起爆。由炸药产生的高压使金属穴熔化形成一股类似针状的高密度的细小的金属粒子的高速喷流，其压力可达几万兆帕甚至几十万兆帕，其温度高达 3000~5000℃，喷流速度达 9000~12000m/s，所以它在穿过套管和水泥环后还能深深地射入地层(图 2-21)。

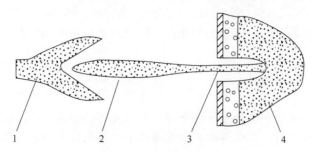

图 2-21　射流穿孔示意图
1—射孔弹；2—杵体；3—射流；4—地层

　　射孔弹按是否有枪分类，分为有枪身射孔弹和无枪身射孔弹。按所装的枪型不同分为 51、60、73、89、86、102、114、127、140、159、178 等，如习惯叫的 60 弹、73 弹、89 弹、127 弹、102 弹等。这种叫法是不科学的。按耐温不同分为，按射孔弹的 48 小时最高使用温度分为：普通级射孔弹，小于 121℃，RDX。高温级射孔弹，121~163℃，HMX。超高温级射孔弹，大于 163℃，PYX，HNS。按射孔性能分深穿透射孔弹和大孔径射孔弹。按射孔弹药型罩直径进行分类，这是目前行标的规定，也是多数国家所采用的通用命名方法(图 2-22)。其具体命名方法有以下几种。

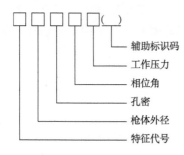

图 2-22　射孔枪命名方法

　　(1) 以射孔弹的特性、药型罩的开口直径、炸药类型、产品改型代号 等内容命名。其中，特性的含义为深穿透、大孔径、对无枪身射孔弹的工作压力等。

　　(2) 型号命名中所采用的代号采用英文词头缩写。

　　(3) 型号命名中所用的数码采用相应数字的整数位。

　　① 具体型号参数和适用范围。

　　② 特征代号：a. 常规射孔枪，省略；b. 水平井射孔枪，S；通径射孔枪，T；其他，商家标准规定。

　　③ 枪体外径：mm。

　　④ 孔密：每米长度上的孔数。

　　⑤ 相位角：相邻两孔的角度。

　　⑥ 工作压力：井下的最高使用压力，MPa。

　　⑦ 辅助标识码：生产厂家自选。

　　示例 1：S89-16-150-105-(BS)表示宝鸡石油机械有限责任公司生产的枪体外径为 89mm，孔密为 16 孔/m，相位角为 150°，工作压力为 105MPa 的水平井射孔枪。

　　示例 1：89-16-120-105-(DQ)表示大庆石油管理局射孔弹厂生产的枪体外径为 89mm，孔密为 16 孔/m，相位角为 120°，工作压力为 105MPa 的水平井射孔枪。

　　枪体外径、孔密和工作压力应该先选择符合表 2-11 中的规定，其他参数由制造商和用户商定。

表 2-11 射孔枪技术参数

参数	枪体外径(mm)	孔密(孔/m)	相位角(°)	工作压力(MPa)
数值	51, 63, 73, 89, 102, 114, 127, 159, 178, 其他	13, 16, 20, 32, 36, 40, 其他	60, 90, 120, 180, 45, 135, 其他	50, 70, 105, 120, 140, 175, 其他

以上海宝钢系列射孔枪性能指标为例(表 2-12)。

表 2-12 系列射孔枪性能指标

参数	73 射孔枪	89 夹层枪	89 射孔枪	102 射孔枪	127 射孔枪
材质	32CrMo4				
产地	上海宝钢				
直径(mm)	73	89	89	102	127
壁厚(mm)	5.5	7.1	8.8	9.5	11
重量(kg/m)	11.84	14.43	17.76	21.86	31.6
适用套管外径(in)	≥4½	≥5½	≥5½	≥5½	≥7½
射孔孔密(孔/m)	13、16	16	16	13、32	16、40
射孔弹型号	73、89	89、102	89、102	102、127	127
套管上孔眼直径(mm)	8	9~11	9~11	9~11	11~13
混凝土穿深(mm)	≥400	≥400	≥400	≥500	≥700
额定压力(MPa)	75	75~140	75~140	75~140	75~140
耐温指标(℃/2h)	150	150~220	150~220	150~220	150~220
执行标准	GB/T 20488—2006　　GB/T 20489—2006				

国外试验资料表明对于任何射孔器,枪身与套管存在间隙时候,穿透深度会受到影响。采用子弹式射孔器进行射孔时,当枪身和套管之间的间隙超过 12mm 时,子弹的输出速度和穿透能力将产生较大的损失。计算结果表明,当间隙为零时,其穿深比间隙为 12mm 时的穿深增加 15%;当间隙增大到 25mm 和 50mm 时,相应的穿深比间隙为 12mm 时的穿深降低了 25% 和 30%。采用聚能射孔器进行射孔时,如果射孔枪与套管间隙过大,其穿深、孔径和孔眼形状都将受到影响,即界面效应。会造成各个孔眼直径、孔径和形状等差异较大。如果在打套管井中选用小直径射孔器射孔,由于射孔枪与套管间间隙过大,会导致射孔后穿孔深度下降,孔眼在套管上分布不均匀、孔眼大小不一、孔的深浅差异较大、降低套管的承载能力等弊端[128]。因此枪与套管应当合理匹配(图 2-23、图 2-24,表 2-13)。

图 2-23　实际射孔模拟图

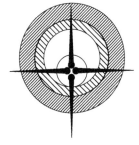

图 2-24　实际射孔示意图

表 2-13　常用的射孔器在套管内的间隙

枪型	套管外径（mm）	枪与套管的间隙（mm）	枪型	套管外径（mm）	枪与套管的间隙（mm）
89	7.72~9.17	32.3~35.2	102	9.19~11.51	57.4~52.8
102	7.72~9.17	19.3~22.2	127	9.19~11.51	32.4~27.8

对于射孔弹的选用[129-132]不仅应参考技术指标，还要与实用条件结合考虑。射孔器是在常温、常压条件下进行验收，与井下高温、高压条件相差很大。使用 5½in 套管内通用的 102 射孔弹为例，102 弹的验收炸高为 40mm，钢靶上的平均穿深为 169mm。而 102 弹在 102 枪内的实际炸高为 17mm。实验证明，在这个炸高下 102 射孔弹在钢靶上的穿深平均为 132.7mm，降低了 36.3mm，下降了 21.5%。

对于实际工作中枪、弹混装问题，根据实验得到了 127 弹的验收、实际、102 枪混装的炸高与穿深（表 2-14）。

表 2-14　炸高与穿深

结果	验收 127 弹	实际 127 弹	127 弹—102 枪混装
炸高（mm）	60	25.5	15
穿深（mm）	176	151.7	145.3

通过表 2-14 可知要想充分发挥射孔弹的能量就要适当扩大枪体的炸高。对于不使用大直径射孔枪，又要增加穿深，小枪装大弹是不合理的。上述问题对于进行动力学分析至关重要。

2.2.5　其他工具

2.2.5.1　桥塞

桥塞的作用是油气井封层，具有施工工序少、周期短、卡封位置准确的特点，分为永久式桥塞和可取式桥塞两种。

桥塞的标号规则如图 2-25 所示，见表 2-15 和表 2-16。

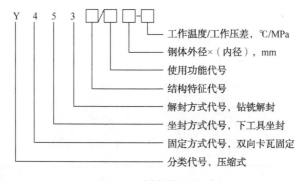

图 2-25　桥塞编号规则

表 2-15　结构特征代号

结构特征名称	插入结构	丢手结构	防顶结构	反洗结构	换向结构	自平衡向结构	锁紧结构	自验封结构
结构特征代号	CR	DS	FD	FX	HX	PH	SJ	YF

表 2-16 使用功能代号

使用功能名称	测试	堵水	防砂	挤堵	桥塞	试油	压裂酸化	窜找找漏	注水
使用功能代号	CS	DS	FD	JD	QS	SY	YL	ZC	ZS

示例：Y453DS/QS 114—120/50 表示丢手结构，使用功能为桥塞，钢体最大外径为 114mm，最高工作温度为 120℃，最大压差为 50MPa 的可钻桥塞。

2.2.5.1.1 永久式桥塞

永久式桥塞主要用于套变、带喷、结蜡及井况正常的油、气、水井，代替分层填砂及打水泥塞工艺。

（1）工作原理。

利用电缆或管柱将其输送到井筒预定位置，通过火药爆破、液压坐封或者机械坐封工具产生的压力作用于上卡瓦，拉力作用于张力棒，通过上下锥体对密封胶筒施以上压下拉两个力，当拉力达到一定值时，张力棒断裂，坐封工具与桥塞脱离。此时桥塞中心管上的锁紧装置发挥效能，上下卡瓦破碎并镶嵌在套管内壁上，胶筒膨胀并密封，完成坐封。

（2）结构特点。

永久式桥塞外观图如图 2-26 所示，永久式桥塞结构图如图 2-27 所示。

图 2-26 永久式桥塞外观图

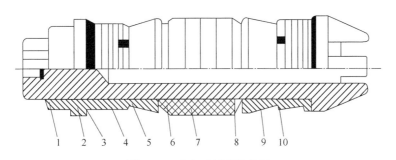

图 2-27 永久式桥塞结构图

1—销钉；2—锁环；3—上压外套；4—卡瓦；5—上坐封剪钉；
6—保护伞；7—封隔件；8—中心管；9—锥体；10—下坐封剪钉

永久式桥塞有以下特点。

① 结构简单，下放速度快，可用于电缆、机械或者液压坐封。

② 可坐封于各种规格之套管。

③ 整体式卡瓦可避免中途坐封。

④ 采用双卡瓦结构，齿向相反，实现桥塞的双向锁定，从而保持坐封负荷，压力变化亦可保证密封良好。

⑤ 球墨铸件结构易钻除。

⑥ 施工工序少、周期短、卡封位置准确、深度误差小于1m，特别是封堵段较深、夹层很薄时更具有明显的优越性。

（3）施工方式。

永久式桥塞根据下井方式，分为电缆输送和油管输送两种。

电缆输送可钻桥塞的施工步骤：

① 用电缆将专用的捕捞器下至桥塞坐封深度以下，目的是检查套管内径，捞出井内液体中影响顺利下入的杂物，捕捞器的外形尺寸等于或稍大于桥塞的外形尺寸；

② 将桥塞、坐封工具、安全接头、磁性定位器与电缆连接好，平稳下入井内，下放速度在4000m/h以内；

③ 测套管接箍，准确调整桥塞坐封位置；

④ 通电引爆，坐封桥塞，引爆5min后上提、下放电缆2~4m，判断桥塞是否已坐封；

⑤ 起出坐封工具，在工具提出井口前，须检查泄压头是否冲掉，防止拆卸时残余压力伤人；

⑥ 桥塞坐封后，井口密封接好试压管线按要求进行试压，验证其密封的可靠性；

⑦ 试压合格后，下倒灰筒，在桥塞顶部倒入一定量的水泥浆。

油管输送桥塞是针对大斜度井、定向井和稠油井下电缆桥塞常出现遇阻的情况而开发研制的。与电缆桥塞相比，仅仅是输送方式和坐封方式不同。

油管输送桥塞是用油管或钻杆将桥塞下至预定位置，由地面加压坐封，施工步骤与电缆桥塞大体相同。

2.2.5.1.2 可取式桥塞

可取式桥塞是随着永久式桥塞的出现而产生的，形成于20世纪80年代，作为一种油田用井下封堵工具，在油田勘探和开发中广泛用于对油水井分层压裂、分层酸化、分层试油施工时封堵下部井段。它较好地解决了坐封、打捞、解封操作复杂，使用成功率低的问题。功能上部分可以替代丢手+封隔器、永久式桥塞和注灰封堵，是一种安全可靠、成本低廉、功能齐全的井下封堵工具。

在中浅层试油施工中，对于封隔异常高压、高产、跨距大或者斜井等特殊层位，实现上返试油，双封封隔器施工的成功率较低，为方便后续试油，提高试油一次成功率，通常采用该类桥塞进行封层。

（1）工作原理。

可取式桥塞下井时通过拉断棒及拉断环与坐封工具连结，利用电缆或者管柱将其输送到井筒预定位置后，通过地面点火引爆或者从油管内打压实现桥塞坐封和丢手，既安全又可靠。打捞时只需下放打捞工具打开该桥塞上的中心管锁紧机构再上管柱即可实现解封。具有坐封、打捞、解封操作简单、施工方便、使用成功率高等特点。

（2）结构特点。

同永久式桥塞基本一样，也是由坐封机构、锚定机构和密封机构等部分组成。结构如图 2-28 所示。

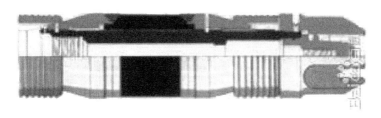

图 2-28　可取式桥塞结构图

可取式桥塞有以下特点：

① 桥塞坐封力由张力棒控制，保证坐封安全可靠；

② 能可靠地坐封在任何级别的套管内，可在斜井中安全使用，不易遇阻遇卡；

③ 锁紧装置保护坐封负荷，保证压力变化下仍可靠密封；

④ 双道密封胶筒能可靠密封；

⑤ 打捞头和平衡阀相配套容易解封；

⑥ 由于非正常原因不能捞出时，可较方便地钻除。

（3）施工方式。

可取式桥塞根据下井方式，分为电缆输送和油管输送两种。

电缆输送可取式桥塞的施工步骤：

① 桥塞下井前，应向投放器油室中灌满柴油，装好尼龙塞，分别装入火药柱、点火器，达到技术要求后，联接相关马龙头、磁性定位器、桥塞投放器、桥塞主体；

② 可取式电缆桥塞下井前，关闭井场所有动力设备，切断电源，并对投放器进行通断检查，并及时放电，阻值正常，保证完好；

③ 检查磁定位器的信号，使它的性能达到标准，再检查各部位的机械联接是否牢固可靠；

④ 桥塞下井时，电缆下放速度井口段不得超过 1800m/h，正常下放速度不超过 3000m/h，中途减速换挡操作要平稳；

⑤ 桥塞点火后，观察电流表、绞车电缆，以判断火药是否点燃，桥塞是否坐封(一般应控制在 30s 左右)。点火后电流表有大幅度摆动，电缆和绞车有明显晃动，证明桥塞坐封，此时电缆及投放器应静止 5min，待井下投放器内剩余气压完全泄完。

（4）可取式桥塞的打捞。

① 用油管连接桥塞专用打捞器下井，当管柱下放到桥塞坐封位置以上 50m 时，减速慢下，注意观察吨位表。

② 当吨位表有明显减小变化，打捞器已到鱼顶，立即停车，采用压裂车从油管和油套环空中进行正、反循环冲砂，将桥塞上部沉砂及杂物返出井口，然后正转油管使打捞器套铣进入桥塞上部。

③ 利用油管钻具重量缓慢下压打捞器，并观察吨位表和油管柱，若有变化证明打捞

器的衬管下推桥塞平衡阀，并使打捞器的爪子已抓住了打捞头。

④ 上提管柱，同时观察吨位表，若在原管柱悬重的基础上增加 2~3t，突然降止原悬重时，证明桥塞已成功解封，然后均速起出管柱和打捞器以及桥塞主体。

⑤ 若打捞器抓住桥塞后反复上提管柱不解封时，可将钻具悬重提起，正向转动油管，使桥塞上部安全帽自行脱开，起出管柱和打捞器，然后套铣桥塞本体。

2.2.5.2　筛管

我国近海油田多位埋藏较浅的疏松砂岩稠油油田，开采过程中出砂问题十分普遍和严重。目前，国内稠油热采井超过80%采用机械防砂技术，筛管以割缝筛管、绕丝筛管和金属棉筛管为主[133-135]。油气井出砂是油气田开采中一个很重要的问题，尤其是在疏松砂岩油气藏开采中更为严重。它能加剧井下设备和地面设备及管线的磨蚀程度，容易造成砂埋油层和卡泵现象，需要更换或维修设备，造成产量下降、成本上升。长期严重的出砂会在套管外形成巨大的空穴，使内外力受力不平衡，造成油井井壁的坍塌，从而被迫关井作业。因此，必须采取有效的措施解决油井的防砂问题，立足于早期防治，这样才能保证油田生产的高产、稳产。

近十年来，国内外在海上油田水平井的开发中，广泛采用高级优质筛管进行防砂。国外的防砂完井技术已经非常的成熟并迅速的发展，其中以砾石充填和膨胀管完井技术尤为突出，上述两种技术在实用性上和产能提升上都有非常大的效果，为油井的防砂和完井工作带来了巨大的效果[136-138]。而随着防砂完井技术的革新，智能完井和裸眼多层压裂填充技术都被提出并逐渐地完善，相信不久的将来可以大量的投入应用。

筛管是井下防砂中不可或缺的一部分，可单独进行防砂作业，也可与砾石充填、压裂砾石充填结合进行防砂作业。其目的在于起到最大的防砂作业的同时，最低程度的减小对油气井生产率的伤害。

（1）筛管的类型。

目前，国内外常见的防砂筛管有：绕丝筛管、预充填筛管、激光割缝筛管、复合缝腔筛管、膨胀筛管、TBS筛管、梯形割缝筛管、多层滤网筛管等。这些筛管通常可分为三类：缝隙类、孔喉类、缝隙孔喉复合、膨胀类[137,139]。前已有的筛管有以下五个大类：缝筛管、直缝筛管、梯形缝筛管和组合缝筛管；钻孔筛管；绕丝筛管；高级优质筛管；精密复合筛管[140]。

绕丝筛管防砂：绕丝筛管在20世纪70年代被提出来的，是一种较早应用的防砂筛管，主要的原料为不锈钢丝，轧制成为一定尺寸的绕丝与纵筋。在制造绕丝筛管的过程中，绕丝与纵筋在每个交叉点上都焊在一起形成了一个具有较高强度的整体结构，最后中心基管套入筛管，筛套两端都焊在中心基管上，完成整个加工过程[141]。绕丝筛管的优点是过流面积大，筛管的内外压差小，耐腐蚀程度高，但是其成本也比较高。

高级优质筛管防砂：高级优质筛管一般包括陶瓷滤砂管、烧结塑料筛管、环氧树脂砂粒滤砂管、金属棉滤砂管、多孔冶金粉末等类型[142]。这些高级优质筛管通常由防砂管柱加上滤砂层组成，滤砂管的核心部件就是滤砂层，滤砂层由特殊的材料经混合烧结或特殊加工而成，滤砂管材料胶结或烧结的好坏决定了其防砂效果。滤砂管防砂方法具有工艺简单和作业费用低的优点，但该类筛管方法与砾石填充方法相比防砂有效期短。

双层预充填筛管防砂：在绕丝筛管防砂和割缝筛管防砂基础上，相关机构研制出来双层预充填筛管防砂技术。双层预充填筛管由外层筛管、预充填砾石层、基管和内层筛网组成，原理是将双层筛管焊接在一起，环空内预充填好紧密的带涂层的砾石，这种复合式的结构能多层挡砂[143,144]。其优点是：①砾石充填及高温胶结在地面上完成，这样即节约了井下砾石充填的成本，同时也避免了充填过程中堵塞的现象；②筛管的抗压强度较高，渗透率较高，过流面积较大；③作用周期短，后面的处理较为容易；④管柱直径小，对缩井具有很好的适用性，同时也比较适用于普通的直井和小斜度井。

双层预充填防砂筛管存在的问题是：①防治粉砂效果不佳；②受到尺寸限制，不适用套损井等情况；③筛管从井下起出后，由于结构原因防砂的介质不能更换，现场要均按报废处理，造成较高的空置率。

割缝筛管防砂：割缝筛管是在套管与油管上直接开一些缝隙使原油可以通过，并将一定粒径的砾石阻止在筛管之外。割缝筛管最早采用的是矩形割缝，这种缝隙的加工是利用锯片铣刀在铣床上铣削套管制成，由于其取材容易成本较低，最初在油气田得到广泛的推广与应用。但在油气田应用的过程中发现砾石容易堵塞在矩形的缝隙外，影响筛管的使用寿命，并且割缝尺寸受到加工工艺的影响，不能完全保证与任何颗粒的粒径相吻合，这种工艺仅应用于地层砂粒径较大的地层防砂。随着激光加工以及更加新式的工艺的出现，割缝的加工发生了巨大的变化。首先，筛管缝隙的形状进行了改进设计，出现了梯形割缝，其缝隙形状外窄内宽具有自我清洁的作用，防止了砂砾的堆积堵塞割缝；其次提高了割缝的加工质量，并且在工艺的精度方面已经超过绕丝筛管，应用也越来越广泛。

可膨胀筛管防砂：1998年，可膨胀防砂筛管首次在阿曼Thayfut5井投入应用，投产两年半的时间未出现出砂的现象。此后，该技术在欧洲、中东、亚太地区、拉丁美洲等世界各地的油气田得到广泛应用[145,146]。膨胀筛管应用于多种油气田，其中也包括了大位移井、多分支井与水平井。可膨胀筛管(Expandable Sand Screen，Ess)防砂作为一种新型的防砂技术，是在壳牌石油公司膨胀割缝管专利技术基础上最初由威德福公司推出的[147]，这一技术近几年得到了飞速发展，成为各大石油公司及相关研究机构的研究热点[148]。被认为是21世纪石油钻采行业最具有发展前景的核心技术之一。

国内最早开展这方面的相关研究工作是西南石油学院与大港油田[149]。1999年，中国海油与美国菲利普斯公司在渤海海域合作开发蓬莱19.3油田，产层主要分布于明化镇底部与馆陶组，垂直深度1500m左右。根据油藏的特点，在渤海湾优化使用了膨胀筛管的防砂工艺(在套管内部射孔段或者裸眼的目的层段下膨胀防砂筛管，其次用膨胀锥膨胀筛管，使其紧紧地贴合在井壁或者套管)，获得了成功，为筛管的进一步广泛应用奠定了坚实的基础[150,151]。可膨胀割缝筛管一般来讲由三部分构成，内层是可膨胀的割缝管，中间覆盖编织的过滤材料，外层是筛管的外罩。当膨胀筛管下入到作业段以后，膨胀锥通过液压力通过防砂筛管，使得筛管整体的膨胀，中心管和保护外罩贴合在一起，同时外罩紧贴合井壁，实现防砂。由于筛管与井壁之间不存在环空，从而减小砂砾的运动，滤砂的面积也得到增加，并且可以对储层做进一步的处理和控制。

可膨胀筛管防砂的优点可总结为：①膨胀后紧紧地贴合井壁(或者套管)，防止地层砂运移和由此带来的筛管的堵塞，最大限度地减小砂砾的冲击；②防砂以后井下管柱内径较大，过流面积较大，减小了近井眼的压力降损耗，膨胀筛管还对地层起支撑作用；③ 现场的施工简单，不用大型的地面设备；④ 与管外的封隔器配合以实现分层采油与地层堵水操作，可用于多层油水分离的油田的开发；⑤ 缩短了完井的时间；⑥ 能够有效地降低表皮系数。统计表明，砾石充填防砂井的表皮系数一般都大于 10，然而膨胀筛管防砂井的一般都小于 5。

可膨胀筛管目前也存在着诸多的问题：① 如若井眼形状不规则，对于井径变小处，膨胀管会压实近井地层，并在生产时也不易恢复初始状态；对于井径扩大处，无法很好地实现筛管与井壁或者套管的"零环空"；② ESS 筛管膨胀需要非常大的膨胀力，通常由液压提供，对井下悬挂器和配套工具的强度提出了非常高的要求。

传统的防砂筛管由中心管和过滤层构成，这种筛管存在如下缺点。

① 过滤层抗压强度低。由于过滤层的内、外压差大，所以容易被刺穿，特别是在稠油热采多轮次注气井中，更容易出现套损和变形。

② 由于结构为单层过滤，故易堵塞，导致生产周期短。

③ 耐冲蚀、耐腐蚀、耐高温和抗冲刷能力低，导致使用寿命短。

（2）典型筛管。

国内的筛管产品主要是绕丝筛管、割缝筛管和高密冲缝筛管，各种筛管有各自的优缺点。

① 中海油服生产事业部完井中心。

中海油开孔泡沫金属作为挡砂介质制成新型筛管。通过对泡沫金属材料特征的定量描述，确定了其结构及材质的稳定性。该材料孔径分布均匀，不同型号之间孔径呈阶梯状递增分布，基本覆盖了渤海地区主力生产油组的地层砂粒径范围，可满足不同地层砂粒度分布对挡砂介质的需求。

在挡砂功能性试验中，泡沫金属材料具备了独立使用进行油气井防砂的功能，随着研究的不断深入，孔喉结构和制造工艺等不断改进完善，该类新型筛管必将会进入防砂完井领域推广应用。

高压玻璃钢管（国外称玻璃纤维增强塑料）筛管。玻璃钢管相对于金属管有以下优势：耐腐蚀性能优异；质量小，易于安装，密度为普通碳钢的 1/4，使用寿命长（设计使用寿命为 20 年），长期运行费用低；管体内壁光滑，流体阻力小；不易结垢，不易结蜡。玻璃钢管自身有以下缺点：弹性模量低，刚性不足，易变形；层间剪切强度低，搬运、安装时容易造成磕碰损伤；易老化，在阳光照射下紫外线对其有降解作用；机械强度相对金属管低；温度对产品使用影响较大，一旦超出使用温度后果严重。

CMS 筛管：CMS 筛管是一种卷裹金属网布筛管，是中海油的专利产品，其独特的过滤层结构能有效阻挡地层砂并保持筛管自身的过流能力，适用于各种防砂需求的油气井地层。

技术特点：双层 316L 不锈钢金属丝编织网过滤结构，防砂可靠性高，抗破坏能力强；在双层过滤网间设置有支撑泄流网，有效改善流体的流动特性；渗透率大，孔隙度高，有效过流面积大，挡砂精度高；耐酸碱腐蚀、耐高温、抗冲蚀，寿命长；结构紧凑，强度高，便于在长距离水平井段中下入；施工简单、操作方便，有利于降低施工费用、提高施工成功率；抗变形能力强，直径方向变形40%后，防砂性能依然完好；可提供60μm到350μm精度范围的产品。

适用条件：D10/D95≤10、D40/D90≤5且44μm以下砂粒含量不大于5%的油气藏；常规套管完井，尤其适用于裸眼完井，也可用于砾石充填和压裂充填防砂作业；对高产油气井，水源井和注水井；高温高压井和腐蚀性油气井；热采完井和大修再完井。

CMS-Slim筛管：属于CMS系列产品，通过采用加强型过滤材料保证防砂的有效性的同时减小了筛管外径尺寸，适用于对筛管外径有限制的油气井。

技术特点：单层加强型316L不锈钢金属丝编织网过滤结构，防砂可靠性高，抗破坏能力强；外径小，强度高，便于在长距离水平段中下入；渗透率大，孔隙度高，有效过流面积大，挡砂精度高；耐酸碱腐蚀、耐高温、抗冲蚀，寿命长；施工简单，操作方便，有利于降低施工费用、提高施工成功率；抗变形能力强，直径方向变形40%后，防砂性能依然完好；可提供60μm到350μm精度范围的产品。

适用范围：D10/D95≤10、D40/D90≤5且44μm以下砂粒含量不大于5%的油气藏；对筛管外径尺寸有特殊要求的井；常规套管完井，尤其适用于裸眼完井，也可用于砾石充填和压裂充填防砂作业；对高产油气井，水源井和注水井；高温高压井和腐蚀性油气井；热采完井和大修再完井。

CDWS筛管：CDWS筛管是金属网布筛管和绕丝筛管的结合体。依据实际应用条件，可将绕丝筛管套置于金属网布筛管外侧，也可将绕丝筛套置于金属网布筛套内侧。CDWS筛管具备优异的防砂性能和耐冲蚀性能，特别适用于热采井、高产井、严重腐蚀等条件苛刻的环境。

技术特点：金属网过滤层和绕丝过滤层提供双重过滤体系，服役寿命长；316L不锈钢金属丝编织网过滤结构，防砂可靠性高，抗破坏能力强；在过滤网间设置有支持泄流网，有效改善流体流动性；渗透率大，孔隙度高，有效过流面积大，挡砂精度高；强度高，耐酸碱腐蚀、耐高温、抗冲蚀；施工简单、操作方便，有利于降低施工费用、提高施工成功率；抗变形能力强，直径方向变形40%后，防砂性能依然完好；可提供60μm到350μm精度范围的产品。

适用范围：筛管简易防砂时，适用于D10/D95≤10、D40/D90≤5且44μm以下砂粒含量≤5%的油气藏；砾石充填防砂时，适用于D50<75μm或D10/D95>10或D40/D90>5或44μm以下砂粒含量>5%的油气藏；套管井或裸眼井，与砾石充填或压裂充填配合时防砂效果更佳。

高温高压井、热采井、腐蚀性油气井；其他苛刻条件油气井。

绕丝筛管：一种传统的防砂筛管，主要由不锈钢绕丝筛套和基管组成，广泛应用于油气井的防砂作业。一般与砾石充填工艺配合应用，防砂效果和服役寿命非常好。

技术特点："T"形自洁缝设计，不易堵塞，易于反洗；耐酸碱腐蚀，寿命长；全焊接结构，强度高；缝隙最小宽度达到0.1mm；开口率高，可达15%以上；防砂应用工艺成熟，适应性好；防砂效果好。

适用范围：厚度大于3m的单一产层和多产层；单独使用时，适用于D10/D95<10、D40/D90<3且44μm以下砂粒含量<2%的油气藏；与砾石充填配合使用时，适用于D50<

75μm 或 D10/D95>10 或 D40/D90>5 或 44μm 以下砂粒含量>5%的油气藏；对产量要求较高的中低压油气井、水源井、热采井、稠油井和腐蚀性井适用；

冲缝筛管：由冲缝筛套和基管组成，具备较好的耐腐蚀能力，外径小，可作为割缝筛管的升级产品广泛应用。

技术特点：筛管强度高，可防止井壁坍塌；筛套外径较接箍外径小，便于下入；缝宽范围为 0.15~2.0mm 缝隙精度高，缝隙公差为±0.05mm；抗腐蚀能力强，寿命长；开口率为 4%~8%；侧向缝隙，抗堵塞能力强。

适用条件：单一油层或压力岩性基本一致的多油层或不分采的多油层，产层长度不限；常规套管完井和裸眼完井；疏松中粗砂地层；对产量要求较高的油井、水源井；适用于热采井、稠油井和腐蚀性井。

割缝筛管：是一种传统机械防砂器材。是通过高能激光束在油套管上加工出缝隙的。在缝隙宽度一定时，通过优化缝隙长度、缝隙密度和分布形式，在保留最低强度要求的条件下使过流面积最大化，进而确保割缝筛管拥有最优的过流能力。

技术特点：管缝同体，便于下井；强度高，允许适当弯曲，适用于各种复杂井况；作为水平井完井管柱起到防砂和支撑水平井眼的作用；价格低廉，施工简单，作业成本低；最小缝隙宽度为 0.1mm，开口率为 1%~6%；缝隙均匀分布；选用适当管材（如超级 13Cr）时具备抗腐蚀能力。

适用条件：单一油层或压力岩性基本一致的多油层或不分采的多油层，产层厚度不大于 30m；常规套管完井和裸眼完井；疏松中粗砂地层；对产量要求较低的陆地油气井、水源井。

② 天津市奥凯石油机械有限公司。

全焊式绕丝筛管：全焊式绕丝筛管在世界范围内被广泛应用于油、气、水井防砂工业中，其在水井工业中的地位尤其突出，是各种水资源过滤筛管中应用最为广泛的一种。Aokai 筛管采用世界先进的全绕焊生产工艺，应用特制梯形丝绕组在呈圆周式排列的一组支撑丝上焊制而成。全程式焊接，保证了产品严格的连续整体性，从而使其形成理想的缝隙尺寸，并具备了最大量承受高压力的性能。

优势特点：梯形丝的应用，使筛管缝隙间形成"V"形开口。该设计形式比其他形式产品运作更高效，保证了水资源过滤的顺畅性；梯形丝持续绕组在呈圆周式排列的支撑丝上形成持续的高密度均匀缝隙，保证了筛管的开口面积和无阻塞性，并避免了沉淀物的高密度堆积，为提高生产效率及延长水井的使用寿命提供了保证；绕丝与所有支撑丝之间均通过电焊连接，结实耐用，工作寿命周期更长久；根据实际需求设计的支撑丝纵向排列及筛管的接续性缝隙形式，使得该产品具备更高的抗压性能；该产品的各项优势性能提高了水井的工作效率和使用周期，使得该产品成为水资源过滤设备中的佼佼者。

高密冲缝防砂筛管：高密冲缝筛管是由中心管、高密冲缝套、不锈钢配环组成，具有精密可控的孔隙，过流面积大，整体强度高和抗变形能力强，优良的抗腐蚀性，高可靠性等特点。

高密冲缝过滤套：冲缝可以沿管体轴线方向，采用直缝焊接；独有的冲缝螺旋分布，采用螺旋焊接形成，明显提高了过滤套强度。在局部受外部挤压时，受压部位在外力作用下，间隙减小或者闭合，保证防砂的可靠性。采用精密冲孔技术，不锈钢冲缝过滤套的冲缝开口在侧面，降低砂层对冲缝筛管的直接冲蚀作用。冲缝间隙加工范围在 0.20~0.7mm 之间。冲缝间隙均匀度能保证在 0.015mm 的加工误差范围之内，保证其过滤精度的要求。采用高密冲孔技术，有效开孔缝长是普通割缝管的 3~5 倍，普通冲缝筛管的 2~3 倍。

中心管独特螺旋布孔：高密冲缝筛管的中心管采用标准油、套管，中心管采用螺旋打孔形式，减少了管体横截面的开孔面积，在保证管体整体过流面积的基础上，使中心管强度得到最大限度的保留。地层砂被阻挡在冲缝筛管外，地层中的油、气或水经过冲缝间隙，再经过钻削孔进入到筛管内。达到防砂的途径。

优良的防腐性能：中心管采用 API 标准套管或油管，高密冲缝过滤套采用 304 不锈钢材料。对于含 H_2S、CO_2、高 Cl^- 井的特殊要求，中心管可以采用抗腐蚀套管或油管。筛管抗酸、碱、盐腐蚀。

适用范围：筛管可用于直井、斜井、水平井等套管完井和裸眼完井的各类油、气、水井，可单独作为防砂管柱使用，也可配合充填使用。

（3）筛管的发展趋势。

① 新型过滤介质筛管：虽然目前筛管的过滤介质非常多，但是随着油气藏变得越来越复杂，对过滤介质的性能要求非常高，因此急需新型高性能过滤介质筛管。

② 多种介质结合防砂筛管：随着油气藏变得越来越复杂，单一过滤介质的筛管基本上已经满足不了防砂要求，多种过滤介质相互结合，取长补短，可让筛管具有更加优越的性能。

③ 筛管控水一体化：目前市面上大部分都是防砂筛管与控水装置属于两个分开的装置，而实际井中出砂与出水关系密切，通常都是防砂筛管与控水装置结合使用。然而分开的防砂筛管和流体控制装置组合使用导致管柱长度增加，下入困难、完井成本增加等问题。因此筛管控水一体化装置是一个必然的发展趋势。

④ 适用于高温高压、高腐蚀、高含硫油气田的防砂筛管。

3　复杂油气井聚能射流及井筒超压分布与演化

聚能射孔作为一种技术先进的完井方式应用于油气井开发工程起始于 20 世纪中期，与炸药的聚能射流研究相比起步较晚[152]。许多学者借助实验和仿真手段开展了射孔弹的聚能射流形成机理的研究，但鲜有学者对聚能射流和射孔弹炸药转化率之间的联系开展研究。本章对射孔完井所涉及通用工具——射孔弹的聚能射流理论开展简要介绍，并对射孔后的环空超压开展理论分析。

3.1　射孔弹聚能射流机理

由前所述可知，油气井射孔完井作业管串结构是比较复杂的。造成这种结构复杂的因素有四个：（1）井身结构复杂；（2）井底作业环境恶劣；（3）测试联作等先进技术的应用；（4）射孔弹爆炸是强烈的能量释放。前三个因素造成油气井管柱受力复杂多变，第四个因素是射孔作业管串冲击振动的能量来源。只有分析清楚射孔弹爆炸的射流过程及转化机理，才能进一步分析射孔管串振动动力响应。

当前油气井射孔完井所用的射孔弹一般采用聚能射孔弹（图 3-1），射孔作业时利用聚能射孔弹爆炸时的聚能效应（图 3-2），将射孔弹中烈性炸药的一部分内能转化为聚能射孔弹药型罩金属射流的动能，高速金属射流沿井筒径向飞出依次将套管—水泥环—地层射穿。射孔弹爆炸到射穿地层的整个过程如图 3-3 所示。

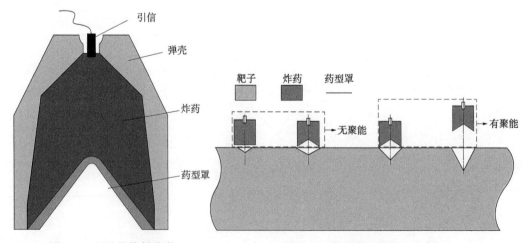

图 3-1　石油聚能射孔弹　　　　　　图 3-2　药型罩聚能效应示意图

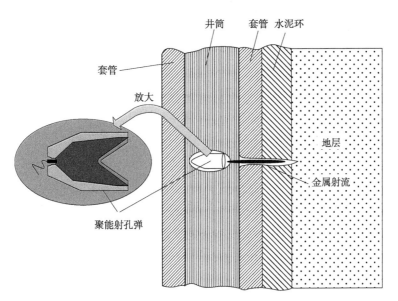

图 3-3　射孔弹贯穿地层示意图

　　射孔弹爆炸的瞬间，射孔弹内烈性炸药的内能基本上转化为燃烧生成物(水蒸气、碳氮氧化物等气体)的内能、光能、冲击波以及金属射流的动能，其中又以生成的气体、冲击波、金属射流占据绝大部分能量，能量转化见下式：

$$E_0 = E_s + \frac{1}{2}\left(m_{jet}V_{jet}^2 + m_{slog}V_{slog}^2\right) \tag{3-1}$$

式中　E_0——射孔弹所装炸药总能量，J；

　　　　E_s——爆轰产物占据的能量，J；

　　　　m_{jet}——药型罩金属射流质量，kg；

　　　　m_{slog}——药型罩金属杆体质量，kg；

　　　　V_{jet}——药型罩金属射流速度，m/s；

　　　　V_{slog}——药型罩金属射流速度，m/s。

　　释放的气体和冲击波直接作用于井筒环空井液造成环空超压，而射出的金属射流与环空超压无关，飞出后贯穿地层。进一步理清气体、冲击波以及金属射流占据炸药内能的比例将为后续分析井筒超压模型以及射孔弹贯穿冲击力提供依据。以射孔弹炸药选取 TNT 为例，其控制方程采用能较精确地描述爆轰产物膨胀驱动过程的 JWL 方程，状态方程见下式：

$$p = A\left(1 - \frac{\omega}{R_1 V}\right)e^{-R_1 V} + B\left(1 - \frac{\omega}{R_2 V}\right)e^{-R_2 V} + \frac{\omega E}{V} \tag{3-2}$$

式中　p——爆轰产物的压力 GPa；

　　　　V——爆轰产物的相对比容，$V = v/v_0$，$v = 1/\rho$ 是爆轰产物的比容，$v_0 = 1/\rho_0$ 是爆轰前炸药的比容；

　　　　E——单位体积炸药的初始内能，J；

　　　　A，B，R_1，R_2，ω——与材料性质有关的待定系数。

具体参数见表 3-1。

表 3-1　TNT 炸药参数

ρ（g/cm³）	p（GPa）	A（GPa）	B（GPa）	R_1	R_2	ω	E（J）
1.640	27.0	374.0	3.230	4.150	0.950	0.30	0.07

选定对应的参数，爆炸时带入爆轰产物的相对比容，由状态方程即可求得爆轰产物的压力。炸药完全爆燃后形成的爆轰产物一部分对金属药型罩冲击作用形成金属射流，另一部分则以冲击波的形式向外传播造成环空井液超压。由此，求得药型罩射流的动能后由能

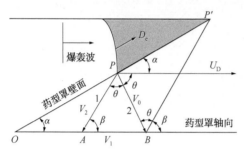

图 3-4　药型罩压垮示意图

量守恒即可求得冲击波的机械能量，而药型罩在冲击射出时同时并存射流和杵体，射流和杵体占据药型罩的质量差异较大，且两者的射出速度并不相同。Birkhoff 等于 1948 年首次系统阐述了聚能射流形成理论，该理论将金属药型罩作为一种非黏性的不可压缩流体来处理[2]，即假设一个定常压垮模型，认定金属药型罩的所有壁面压力近似相等，药型罩微元以恒定的速度 V_0 向内压垮，压垮过程示意图如图 3-4 所示。

如图 3-4 所示，α 表示药型罩半锥顶角，β 表示药型罩压垮角；其中"1"表示药型罩微元向外压垮方向，向外压垮的药型罩沿"2"方向射出同已压垮的药型罩作用形成杵体和高速射流体。P 点为药型罩正在压垮点，V_0 表示静坐标 P 点处药型罩向外压垮速度，V_1 为动坐标中轴线罩流速度，V_2 为动坐标中罩微元向轴向聚拢速度。对于聚能炸药，Chou 等[153]人给出了压垮速度的近似计算公式：

$$V_0 = \sqrt{2E}\left(\frac{3}{4\mu^2 + 5\mu + 1}\right)^{\frac{1}{2}} \tag{3-3}$$

式中，$\mu = M/W$，M 为金属罩质量，W 为炸药质量。常数 $\sqrt{2E}$ 称为 Gurney 比能[154]，假定炸药的爆速为 D_e，则 Gurney 比能方程式为

$$\sqrt{2E} = 0.52 + 0.28D_e \tag{3-4}$$

由图 3-4 药型罩压垮速度矢量图可知：

$$\begin{cases} V_1 = \dfrac{V_0\cos[(\beta-\alpha)/2]}{\sin\beta} \\ V_2 = V_0\left\{\dfrac{\cos[(\beta-\alpha)/2]}{\tan\beta} + \sin\left(\dfrac{\beta-\alpha}{2}\right)\right\} \\ D_e = \dfrac{V_0\cos[(\beta-\alpha)/2]}{\sin(\beta-\alpha)} \end{cases} \tag{3-5}$$

在静坐标中，药型罩射流和杵体的速度分别为

$$\begin{cases} V_{jet} = V_1 + V_2 \\ V_{slog} = V_1 - V_2 \end{cases} \tag{3-6}$$

根据药型罩射流和杵体的质量守恒和动量守恒可以确定射流和杵体的质量分布。设 m 为单位长度药型罩的质量，由质量守恒和动量守恒有

$$m = m_{jet} + m_{slog} \tag{3-7}$$

$$mV_2\cos\beta = m_{slog}V_2 - m_{jet}V_2 \tag{3-8}$$

联立式(3-3)至式(3-8)即可求得聚能射孔弹的射流和杵体的动力参数如下所示：

$$\begin{cases} m_{jet} = \dfrac{1}{2}m(1 - \cos\beta) \\[2mm] m_{slog} = \dfrac{1}{2}m(1 + \cos\beta) \\[2mm] V_{jet} = V_0\left\{\dfrac{\cos\left[(\beta - \alpha)/2\right]}{\sin\beta} + \dfrac{\cos\left[(\beta - \alpha)/2\right]}{\tan\beta} + \sin\left(\dfrac{\beta - \alpha}{2}\right)\right\} \\[3mm] V_{slog} = V_0\left\{\dfrac{\cos\left[(\beta - \alpha)/2\right]}{\sin\beta} - \dfrac{\cos\left[(\beta - \alpha)/2\right]}{\tan\beta} - \sin\left(\dfrac{\beta - \alpha}{2}\right)\right\} \\[3mm] \beta = \alpha + 2\arcsin\left(\dfrac{V_0}{2D_e}\right) \end{cases} \tag{3-9}$$

3.2　射孔井筒超压及压力场时程演化

前面已讨论了聚能射孔弹爆炸时药型罩射流形成机理，射流的同时伴随着射孔弹内炸药急速爆燃形成爆轰产物向外膨胀形成爆轰冲击波。在药型罩开始垮塌至全部形成射流和杵体的整个过程中，爆轰波膨胀和药型罩相互作用的过程是极其复杂的，很难用理论来描述爆轰波的状态参数，在前述求得药型罩射流及杵体的动力参数下，不考虑药型罩变形所消耗的能量，依据能量守恒有

$$\begin{cases} E_s = E_0 - \dfrac{1}{2}(m_{jet}V_{jet}^2 + m_{slog}V_{slog}^2) \\[2mm] E_0 = WQ_v \end{cases} \tag{3-10}$$

式中　Q_v——射孔弹所装炸药的爆热，J/kg；

　　　　E_s——爆轰产物所占据的能量。

在药型罩完全压垮形成射流及杵体瞬时，爆轰冲击波正向外传播作用于井筒环空井液，依据爆轰产物膨胀所占射孔弹锥体积 V_{cone}、射孔弹原装炸药体积 V_{load} 及爆轰产物内能 E_s，代入式(3-2)即可求得作用于环空井液冲击波波阵面的状态参数，井筒横截面冲击波传播如图3-5所示。

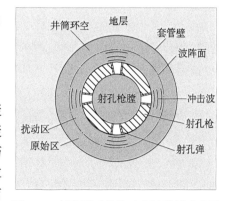

图3-5　射孔瞬时井筒冲击波传播示意图

3.2.1　冲击波的初始参数

对于在井筒中环空井液传播的冲击波，波阵面的厚度一般为几十个分子程。依据图 3-2 中井筒冲击波波阵面扰动前后微元环面质量、动量和能量守恒可得基本方程：

$$\begin{cases} \rho(D - u) = \rho_0(D - u_0) \\ p - p_0 = \rho_0(D - u_0)(u - u_0) \\ E - E_0 = \frac{1}{2}(p + p_0)\left(\frac{1}{\rho_0} - \frac{1}{\rho}\right) \end{cases} \quad (3-11)$$

式中 u, ρ, p, E ——冲击波通过瞬时环空井液介质的速度、密度、压力及内能；

u_0, ρ_0, p_0, E_0 ——未经扰动前环空井液介质的速度、密度、压力及内能；

D ——冲击波波阵面的传播速度，解得上述基本方程为

$$\begin{cases} u - u_0 = \sqrt{(p - p_0)\left(\frac{1}{\rho_0} - \frac{1}{\rho}\right)} \\ D - u = \frac{1}{\rho_0}\sqrt{(p - p_0)\left(\frac{1}{\rho_0} - \frac{1}{\rho}\right)^{-1}} \\ E - E_0 = \frac{1}{2}(p + p_0)\left(\frac{1}{\rho_0} - \frac{1}{\rho}\right) \end{cases} \quad (3-12)$$

上述方程中含有 u, ρ, p, E, D 共 5 个未知量，研究感兴趣集中在 p, D 两个未知量。对于井筒冲击波传播下作用的流体，假定传播过程是绝热的，则在高压下流体的 Gruneisen 状态方程[155]为

$$p = \frac{\rho_0 C_0^2 \mu [1 + (1 - \gamma_0/2)\mu - a\mu^2/2]}{[1 - (S_1 - 1)\mu - S_2\mu^2/(\mu + 1) - S_3\mu^3/(\mu + 1)^2]^2} + \rho_0(\gamma_0 + a\mu)(E - E_0)$$

$$(3-13)$$

式中 C_0 ——无扰动流体中的声速，大小为 1480m/s；

S_1, S_2, S_3 ——待定常系数，一般取 $S_1 = 1.75$，$S_2 = S_3 = 0$；

μ ——流体的压缩度，表达式为

$$\mu = \frac{\rho}{\rho_0} - 1 \quad (3-14)$$

对于井筒液体冲击波波阵面的传播速度，在不同的冲击波强度其传播速度是不一样的，依据爆炸力学[156]可知对于不同强度冲击波，其波阵面的传播速度为

$$\begin{cases} D = \sqrt{\frac{4250(\rho^{6.29} - \rho_0^{6.29})}{\rho_0(1 - \rho_0/\rho)}}, \ p \geqslant 100\text{MPa} \\ D = 1460 \times (1 + 9.36 \times 10^{-4}p), \ p < 100\text{MPa} \end{cases} \quad (3-15)$$

联立式(3-12)至式(3-15)即可求得从射孔弹释放的爆轰产物与井筒流体介质相作用界面上冲击波波阵面各个初始参数。求得上述参数后，冲击波以井筒流体介质分子相互作用的形式向外传播。

3.2.2 井筒冲击波的传播

对于在井筒流体中爆炸释放的冲击波的传播，由于波阵面前后的流体介质的压力、密度、速度均发生改变，所以冲击波传播过程中介质的运动是符合非定常流流动模型。因此，依据可压缩、理想流体(传播过程绝热)流动的连续性，有

$$\frac{\partial \rho}{\partial t} + \rho \frac{\partial u}{\partial R} + \frac{2\rho u}{R} = 0 \tag{3-16}$$

依据传播前后动量守恒，则有

$$\frac{\partial \rho u}{\partial t} + \frac{1}{R^2} \frac{\partial (R^2 \rho u^2)}{\partial R} + \frac{\partial p}{\partial R} = 0 \tag{3-17}$$

依据传播过程能量守恒，则有

$$\frac{\partial E}{\partial t} + \frac{1}{R^2} \frac{\partial (R^2 E u^2)}{\partial R} + \frac{1}{R^2} \frac{\partial (R^2 p u^2)}{\partial R} = 0 \tag{3-18}$$

联立式(3-16)至式(3-18)，代入初始边界参数即可求得冲击波传播过程中流体介质的压力、密度等参数，其中求解的压力便是与井筒超压模型。由于实际中初始时刻冲击波波阵面的参数很难求解且式(3-16)至式(3-18)构成非线性偏微分方程组，求解起来极其困难，且研究感兴趣的物理量只有井筒的压力场 p，故采用其他方法进行研究压力场。由于流体介质中冲击波的传播与空气中冲击波传播具有高度的相似性，影响井筒中超压分布演化的物理量主要有射孔弹装药量 W，量纲为 M；射孔弹所装炸药的爆热 Q_v，量纲为 L^2/T^2；未经扰动水的压力 p_0，量纲为 M/LT^2；未经扰动水的密度 ρ_0，量纲为 M/L^3；未经扰动水的声速 C_0，量纲为 L/T；离射孔弹中心的距离 R，量纲为 L；时间 t，量纲为 T。

依据 π 定理及相似律，则井筒压力场函数模型可写为

$$p = f(W, Q_v, C_0, p_0, \rho_0, R, t) \tag{3-19}$$

选取 W、R、t 为基本量，依据 π 定理则有 5 个量纲为 1 的参数，于是式(3-19)可改写为

$$f\left(\frac{p}{W^1 R^{-1} t^{-2}}, \frac{Q_v}{W^0 R^2 t^{-2}}, \frac{C_0}{W^0 R^1 t^{-1}}, \frac{p_0}{W^1 R^{-1} t^{-2}}, \frac{\rho_0}{W^1 R^{-3} t^0}, 1, 1, 1\right) = 0 \tag{3-20}$$

由于未扰动井筒中水的密度、压力以及其中的声速在井筒径向方向各处近似不变，且所装炸药的爆热只与材料性质相关，所以式(3-20)可以再变为

$$f\left(\frac{p}{W^1 R^{-1} t^{-2}}, \frac{Q_v}{W^0 R^2 t^{-2}}\right) = 0 \tag{3-21}$$

射孔弹所装炸药类型选定时，式(3-21)中爆热 Q_v 即为常数，所以选定射孔弹不同装药量时，射孔弹爆炸后井筒沿径向方向压力相等的爆心距满足：

$$R_1^{-3} W_1 = R_2^{-3} W_2 \Longleftrightarrow \frac{\sqrt[3]{W_1}}{R_1} = \frac{\sqrt[3]{W_2}}{R_2} \tag{3-22}$$

由前述可知射孔弹装药及爆心距满足式(3-22)时波阵面上流体介质具有相同的流动物理性质。忽略井筒径向方向压力场的时间变化，只考虑冲击波波阵面通过瞬时的压力峰值，则可以进一步改写式(3-21)为

$$p_m = k\left(\frac{\sqrt[3]{W}}{R}\right) \tag{3-23}$$

依据 Taylor series 展开式，可将式(3-23)展开为如下多项式形式：

$$p_m = A_0 + A_1 \frac{\sqrt[3]{W}}{R} + A_2 \left(\frac{\sqrt[3]{W}}{R}\right)^2 + A_3 \left(\frac{\sqrt[3]{W}}{R}\right)^3 + \cdots + A_n \left(\frac{\sqrt[3]{W}}{R}\right)^n \tag{3-24}$$

上述公式中参数 A_0，A_1，A_2，A_3，$\cdots$，A_n 通过大量的爆炸试验确定。式(3-24)与 Josef Henrych、Cole 所求 TNT 炸药水下爆炸的超压实验经验式(3-25)、式(3-26)形式上具有高度的相似性[11]，式(3-24)描述的是冲击波波阵面通过瞬时井筒流体的压力峰值，而 Josef Henrych、Cole 公式则描述的是冲击波波阵面通过瞬时超压值。说明通过 π 定理所求式(3-24)描述的射孔弹爆炸冲击波波阵面通过瞬时井筒压力峰值与实验拟合结果具有较高的吻合度。

$$\Delta p_{\mathrm{m}} = \begin{cases} 35.5\left(\dfrac{R}{\sqrt[3]{W}}\right)^{-1} + 11.5\left(\dfrac{R}{\sqrt[3]{W}}\right)^{-2} - 0.244\left(\dfrac{R}{\sqrt[3]{W}}\right)^{-3}, & 0.05 \leqslant \left(\dfrac{R}{\sqrt[3]{W}}\right) \leqslant 10 \\[4mm] 29.4\left(\dfrac{R}{\sqrt[3]{W}}\right)^{-1} + 13.8\left(\dfrac{R}{\sqrt[3]{W}}\right)^{-2} - 178.3\left(\dfrac{R}{\sqrt[3]{W}}\right)^{-3}, & 10 \leqslant \left(\dfrac{R}{\sqrt[3]{W}}\right) \leqslant 50 \end{cases}$$

$$(3-25)$$

$$\Delta p_{\mathrm{m}} = \begin{cases} 44.1\left(\dfrac{W^{1/3}}{R}\right)^{1.5}, & 6 \leqslant \dfrac{R}{R_0} \leqslant 12 \\[4mm] 52.27\left(\dfrac{W^{1/3}}{R}\right)^{1.13}, & 12 \leqslant \dfrac{R}{R_0} \leqslant 240 \end{cases} \qquad (3-26)$$

实际中射孔弹爆炸爆轰产物膨胀形成冲击波的同时，爆轰产物也于井筒形成多次脉动的气泡，且冲击波波阵面通过后由于流体介质的流动惯性，前后波阵面之间的流体介质由于过流从而产生负压(低于井筒原压力)。多次脉动的气泡和流体介质流动惯性会对井筒压力的衰减产生影响，且这种影响很难用理论分析求得数学模型，一般采用实验拟合的方法来获得压力衰减的数学模型。描述水下自由场爆炸压力场衰减的数学模型以 Cole 和 Yakovlev 衰减模型[11]使用最广，衰减模型为

$$p(R,\ t) = \begin{cases} p_{\mathrm{m}}\mathrm{e}^{-t/\theta}, & t < \theta \\[2mm] 0.368 p_{\mathrm{m}}\dfrac{\theta}{t}, & \theta \leqslant t < 50 \end{cases} \qquad (3-27)$$

其中，θ 为时间衰减指数，t_p 为冲击波波阵面正压作用时间，数学模型如下：

$$\theta = 0.084 \times W^{1/3}\left(\frac{W^{1/3}}{R}\right)^{-0.23} \qquad (3-28)$$

3.2.3　井筒冲击波的反射

冲击波沿井筒径向或轴向向外传播时，传播至套管壁时发生反射，将套管壁视为刚性壁面，冲击波反射过程如图 3-6 所示。

图 3-6 中入射与反射冲击波流体介质物理参数如下：

p_0，ρ_0，u_0 分别为未扰动的流体介质压力、密度和流速；

p_1，ρ_1，u_1 为入射波阵面同时也为反射波波前的流体介质压力、密度和流速；

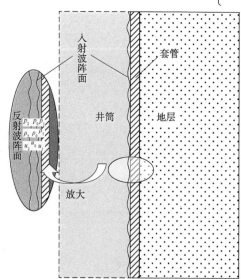

图 3-6　冲击波遇套管反射

p_2，ρ_2，u_2 为反射波波阵面流体介质的压力、密度和流速。

冲击波遇井筒发生反射的过程是非常复杂的，反射的过程在微秒级，正反射的同时伴随着非正规则反射。为分析其反射特性，忽略与套管壁面发生的斜反射和黏性的影响，由于套管壁为刚性壁面即：$u_0\big|_{R=R_0}=u_2\big|_{R=R_0}=0$，J. Henkych 提出流体介质中冲击波的反射超压的经验公式[157]为

$$\Delta p_2 = (2\Delta p_1 + 25\Delta p_1^2)/(\Delta p_1 + 190) \tag{3-29}$$

冲击波反射后，重新以初始压力 $p' = p_0 + \Delta p_2$，从套管壁开始沿井眼中心或轴线处传播，传播规律满足前述推导的数学模型。

3.2.4 井筒密闭空间爆炸超压的时程演化

一般石油射孔弹装药为小装药，在井筒中的形成的冲击基本为弱冲击。由式(3-15)可知，冲击波沿井筒径向方向传播速度与井筒压力呈线性关系，故冲击波传播至各位置处的时间为

$$t_{R_0\to R_1} = \frac{2(R_1 - R_0)}{(D_{R_0} + D_{R_1})} \tag{3-30}$$

式中　R_0、D_{R_0}——射孔枪半径和枪壁处波阵面的传播速度；

　　　D_{R_1}——离井筒中心 R_1 波阵面的传播速度，而对于油气井筒等密闭空间中的射孔超压，压力的分布是极其复杂的，由式(3-23)可知超压峰值与距离呈非线性关系，进而由式(3-30)所求各位置处冲击波抵达时间是非常复杂的。对于流体等近似不可压缩体，近似认为冲击波在介质中传播速度等于未扰动时流体介质声音的传播速度，此时冲击波传导至井筒各处的时间为

$$t_{R_0\to R_1} = \frac{R_1 - R_0}{C_0} \tag{3-31}$$

故结合式(3-24)、式(3-27)至式(3-31)可得井筒射孔作业时压力场为

$$\begin{cases} p(R,\ t) = \begin{cases} p_0,\ t < t_R \\ p_m e^{-t/\theta},\ t_R \leqslant t < \theta \\ 0.368 p_m \dfrac{\theta}{t},\ \theta \leqslant t < 50 \end{cases} \\ \theta = 0.084 \times W^{1/3}\left(\dfrac{W^{1/3}}{R}\right)^{-0.23} \\ p_m = k\left(\dfrac{\sqrt[3]{W}}{R}\right) = A_0 + A_1\dfrac{\sqrt[3]{W}}{R} + A_2\left(\dfrac{\sqrt[3]{W}}{R}\right)^2 + \cdots + A_n\left(\dfrac{\sqrt[3]{W}}{R}\right)^n \\ t_R = \dfrac{R - R_0}{C_0} \end{cases} \tag{3-32}$$

式中　C_0——无扰动流体中的声速，大小为 1480m/s。

待确定参数 A_0，A_1，A_2，$\cdots$，A_n 后便可确定井筒中压力场的分布及演化数学模型。

4 复杂油气井井筒射孔超压的数值仿真分析

第3章通过理论分析探讨了单发射孔弹爆炸时在井筒中形成的爆炸压力场数学模型，此模型未考虑炸药的光、声、热等能量耗散，是一个理想的井筒超压模型。考虑到实际射孔弹在井筒下爆炸是一个伴随光、声、热、振动以及复杂的高速化学反应和力学应变的相互作用过程，在此过程中伴随着光、声、热等能量耗散。剔除射孔弹爆炸时射流总动能以及爆炸过程中光、声、热等能量耗散，高能炸药余下的能量作用于井筒环空井液形成超压。用于产生超压的高能炸药占据射孔弹总装炸药的比例是射孔管串动力学中的重要参数，是后续分析研究中射孔冲击载荷计算的基本参数。

在实际的射孔完井作业时，射孔枪上沿枪身轴向往往布置多发、异相位的高能聚能射孔弹，射孔时涉及多点爆炸冲击波的干涉、耦合效应，井筒环空超压场的时程演化规律极其复杂，目前还无法通过理论对其进行准确描述。受实际射孔完井作业条件限制，真实环境下井底射孔的实验测试基本上是在几千米深的井底进行，考虑到实验工作量大、周期长、成本高，很难开展相应现场试验进行测量，故利用现代计算机技术，通过数值仿真计算的手段来模拟射孔爆炸超压过程。

井底射孔时射孔弹的爆炸涉及高能炸药的剧烈燃烧以及爆轰产物在水中的强加压传播，燃烧以及传播时间是几十、几百微秒。对于在爆炸和冲击领域内涉及的瞬时剧变物理力学过程，基本上采用有限元计算分析软件 LS-DYNA 来进行数值仿真分析。借助ANSYS/LS-DYNA 软件进行三维建模前处理以及 LS-PREPOST 软件进行计算模型关键字的定义，再结合 LS-DYNA 求解器进行求解计算，便可再现射孔井筒超压演化过程。

4.1 球形装药在自由水域中爆炸与传播

射孔爆炸冲击波是以球面波的形式沿外围传播，冲击波的传播规律是建立射孔冲击载荷的基础，考虑自由水域的爆炸传播是密闭空间中爆炸传播的基础，故对自由水域下的爆炸超压开展研究。对于自由水域中爆炸冲击波的传播，涉及炸药、水、爆轰产物等流体材料的相互作用及流动，因此采用 ALE(Arbitrary Lagrange-Euler)算法，在计算过程中，ALE 网格的空间位置始终保持不变，材料在网格间流动。以 1000g 球形 TNT 炸药在自由水域中爆炸传播为研究对象，计算模型采用 cm-g-us 单位制，建立 1/8 仿真计算模型如图 4-1 所示。

如图 4-1 所示 1/8 模型中炸药的半径为 5.26cm，水域的半径为 120cm。选用的炸药为 TNT 高能炸药，在 LS-DYNA 中的材料模型为 MAT_ HIGH_ EXPLOSIVE_ BURN，炸药的控制方程采用 EOS_ JWL 方程，方程形式见式(3-2)，各项参数见表 3-1。水域在 LS-DYNA 中的材料模型为 MAT_ NULL，该材料模型用 EOS_ GRUNEISEN 状态方程来描述其动态响应过程，方程的形式见式(3-13)，各项参数见表 4-1。

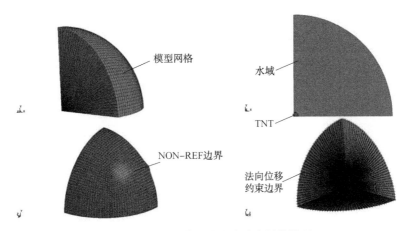

图 4-1 TNT 炸药在自由水域中爆炸模型

表 4-1 水的 GRUNEISEN 状态方程参数

C（cm/μs）	S_1	S_2	S_3	γ_0	A	E_0	V_0
0.165	1.92	−0.096	0.0	0.35	0.0	0.0	0.0

模型中水域外球面采用 NON-REF 边界，可以完美地模拟冲击波透射过程。TNT 和水域大径圆界面采用法向位移约束边界。炸药爆炸传播的最终仿真模型是以 k 文件的形式输入 LS-DYNA 求解器中进行求解计算，仿真建模过程就是编辑和完善 k 文件的过程，对于此模型，贴出模型中主要关键字如图 4-2 所示，通过关键字 * INITIAL_ DETONATION 定义 TNT 炸药的起爆点和起爆时间；通过关键字 * ALE_ MULTI-MATERIAL_ GROUP 定义流体域网格中可以相互流动的材料，本模型包含炸药和水；通过关键字 * CONTROL_ TERMINATION 和 * CONTROL_ TIMESTEP 来控制模型计算时间及结果输出步长。

```
Spherical propagation.k
$
*CONTROL_ALE
$#     dct      nadv      meth      afac      bfac      cfac      dfac      efac
         2         1         2 -1.000000     0.000     0.000     0.000     0.000
$#   start       end     aafac     vfact      prit       ebc      pref   nsidebc
    0.0001.0000E+20  1.000000     0.000         0         0     0.000         0
$#    ncpl      nbkt    imascl    checkr
         1        50         0     0.000
*CONTROL_TERMINATION
$#  endtim    endcyc     dtmin    endeng    endmas
  500.00000         0     0.000     0.000     0.000
*CONTROL_TIMESTEP
$#  dtinit    tssfac      isdo    tslimt     dt2ms      lctm     erode     ms1st
     0.000  0.600000         0     0.000     0.000         0         0         0
$#  dt2msf   dt2mslc     imscl
     0.000         0         0
*PART
$# title
Part              1 for Mat          1 and Elem Type          1
$#     pid     secid       mid     eosid     hgid      grav    adpopt      tmid
         1         1         1         1        0         0         0         0
*SECTION_SOLID_ALE
$#   secid     elform       aet
         1        11         1
$#    afac      bfac      cfac      dfac     start       end     aafac
     0.000     0.000     0.000     0.000     0.000     0.000     0.000
*MAT_HIGH_EXPLOSIVE_BURN
$#     mid        ro         d       pcj      beta         k         g      sigy
         1  1.630000  0.693000  0.270000     0.000     0.000     0.000     0.000
*EOS_JWL
```

图 4-2 TNT 炸药在自由水域中爆炸模型主要关键字

由关键字定义设定爆炸传播总时长 500μs，计算的模型中水域在不同时刻的超压分布如图 4-3 所示。

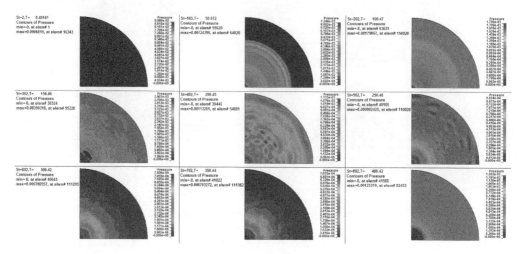

图 4-3　TNT 爆炸时不同时刻水域的超压分布

沿模型径向方向抽取距 TNT 不同距离(爆心距)上流体介质的压力时程响应和速度时程响应如图 4-4 和图 4-5 所示。

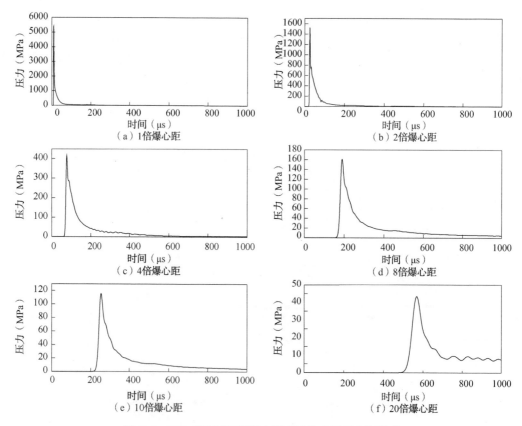

图 4-4　TNT 爆炸时不同爆心距上流体介质的超压演化

　　由图 4-4 可知距爆炸中心越近，超压峰值越大且衰减越快，超压衰减后变化平稳，而距爆心较远处的流体介质处的超压则在衰减后还呈现出比较剧烈的变化，这是由于爆轰产物形成的气泡向外膨胀形成压力脉动，此时超压峰值不大，但是作用时间较长，压力冲量比较显著。不同爆心距上的流体介质上的冲击速度演化如图 4-5 所示，可以看出不同爆心距上的流体介质基本上都是一瞬时达到极值，这说明冲击波波阵面达到不同位置时驻留作用时间极短。波阵面通过后流体介质中的含气量快速增多，且爆轰产物膨胀再次驱动流体介质压缩，这也解释了介质冲击速度曲线后半时程流体介质速度小且振荡缓慢的规律。

　　对于射孔管柱动力响应的研究，环空超压直接与管柱所受冲击载荷相关。当前水下爆炸超压场的分布模型基本上沿用 Cole 通过大量的水下爆炸实验总结出的经验公式，即式（3-26）。在本模型结果中提取不同爆心距处流体介质峰值超压，利用 Origin 函数拟合功能，拟合绘制超压分布曲线如图 4-6 所示。

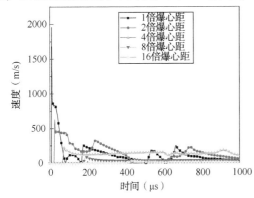

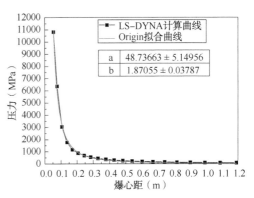

图 4-5　TNT 爆炸时不同爆心距上流体介质的冲击速度演化

图 4-6　TNT 爆炸时不同爆心距峰值超压大小及曲线拟合

　　如图 4-6 所示，在 Origin 中以式（3-23）为峰值超压分布的目标拟合函数，拟合得到的超压分布数学模型为

$$p_{\mathrm{m}} = 43.74 \times \left(\frac{\sqrt[3]{W}}{R} \right)^{1.84} \tag{4-1}$$

　　拟合得到的水下爆炸超压分布数学模型与 Cole 通过实验分析总结的超压分布数学模型基本一致，说明前述 LS-DYNA 模拟水下爆炸模型的数值计算方法是正确有效的。

4.2　聚能射孔弹射流形成及能量转化数值分析

　　前述分析已经说明确定射孔弹主装炸药能量的转化分布是计算射孔时管串所受冲击载荷计算的基础，略去炸药燃烧时释放的光、声、热等无法分析计算的耗散能量，主装炸药能量基本上只转化到射孔弹药型罩射流的动能以及用以形成环空超压的爆轰产物的内能，通过数值计算射孔弹射流总动能即可得转化于爆轰产物的内能，再通过式（3-2）便可求得初始时刻爆轰产物与环空流体介质上的力学参数（压力、速度、密度等）大小。考虑到射孔弹相较于射孔枪和井筒而言尺寸非常小，且环空井液对于射流过程影响很小，在不失计算精度的前提下，略去射孔弹外部环空井液，建立模拟聚能射孔弹射流的仿真模型如图 4-7 所示。

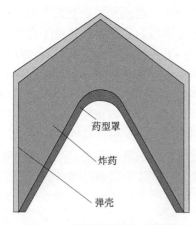

图 4-7　聚能射孔弹仿真模型

如图 4-7 所示，参考文献［123］所列的石油聚能射孔弹装药结构，本次数值计算所建模型结构尺寸为：药型罩锥顶角 60°，药罩壁厚为 1mm，开口直径为 46.6mm，材料采用射流侵彻效果最好的紫铜；炸药选用 TNT，结构为对称的圆锥形，装药高度由内部高度 2cm 变化为外部高度 4cm；弹壳采用刚体材料。

在 LS-DYNA 中定义模型关键字，药型罩的材料为紫铜，模型选择能在非常高的应变率下模拟材料形变的 MAT_ STEINBERG 材料模型，选用 EOS_ GRUNEISEN 状态方程来描述药型罩射流形变过程；炸药类型为 TNT，模型选用 MAT_ HIGH_ EXPLOSIVE_ BURN 材料模型，选用 EOS_ JWL 状态方程来描述爆轰过程各状态参数；弹壳则用刚体材料模型 MAT_ RIGID 来进行定义，通过 LCO_ OR 数据卡约束相应的自由度；对于炸药燃烧膨胀时与弹壳和药型罩的相互作用通过加入关键字 ＊CONTACT_ 2D_ AUTOMATIC_ SURFACE_ TO_ SURFACE 来进行控制，而药型罩剧烈变形则通过关键字 ＊CONTACT_ 2D_ AUTOMATIC_ SINGLE_ SURFACE 来进行控制，避免变形后的药型罩相互侵彻贯入。为解决药型罩材料严重扭曲变形带来的计算错误或终止，对药型罩采用自适应网格划分技术，通过关键字 ＊CONTROL_ ADAPTIVE 来定义药型罩网格形变时的容差和自适应频率。贴出此模型主要关键字如图 4-8 所示。

```
Jet-Flow.k
*CONTROL_ADAPTIVE
$# adpfreq      adptol     adpopt     maxlvl     tbirth     tdeath      lcadp     ioflag
  1.000000    0.030000          8          2      0.000      0.000          0          0
$# adpsize      adpass     ireflg     adpene      adpth     memory     orient      maxel
     0.000           0          0      0.000          0          0          0          0
$# ladpn90      ladpgh     ncfred     ladpcl     adpctl     cbirth     cdeath      lclvl
         0           0          0          1      0.000    0.0001.0000E+20          0
$#    cnla
         0
*CONTROL_CONTACT
$#  slsfac      rwpnal     islchk     shlthk     penopt     thkchg      orien     enmass
  1.000000       0.000          1          0          0          0          1          0
*CONTACT_2D_AUTOMATIC_SURFACE_TO_SURFACE_ID
$#     cid                                                                         title
         1
$#    sids        sidm      sfact       freq         fs         fd         dc      membs
         1           2      0.000          0      0.000      0.000      0.000          0
$#  tbirth      tdeath        sos        som        nds        ndm        cof       init
     0.000       0.000      0.000      0.000          0          0          0          0
*CONTACT_2D_AUTOMATIC_SURFACE_TO_SURFACE_ID
$#     cid                                                                         title
         2
$#    sids        sidm      sfact       freq         fs         fd         dc      membs
         1           3      0.000          0      0.000      0.000      0.000          0
$#  tbirth      tdeath        sos        som        nds        ndm        cof       init
     0.000       0.000      0.000      0.000          0          0          0          0
*CONTACT_2D_AUTOMATIC_SINGLE_SURFACE_ID
$#     cid                                                                         title
         3
$#    sids        sidm      sfact       freq         fs         fd         dc      membs
         2           0      0.000          0      0.000      0.000      0.000          0
$#  tbirth      tdeath        sos        som        nds        ndm        cof       init
     0.000       0.000      0.000      0.000          0          0          0          0
*MAT_STEINBERG
$#     mid          ro         g0       sigo       beta          n       gama       sigm
         2    8.930000   0.477000   0.001200  36.000000   0.450000      0.000   0.006400
$#       b          bp          h          f          a        tmo       gamo         sa
  2.830000    2.830000  3.7700E-4   0.001000  63.500000  1798.0000   2.020000   1.500000
$#      pc       spall         rp       flag        mmn        mmx        eco        ec1
 -9.000000    3.000000      0.000      0.000      0.000      0.000      0.000      0.000
$#     ec2         ec3        ec4        ec5        ec6        ec7        ec8        ec9
     0.000       0.000      0.000      0.000      0.000      0.000      0.000      0.000
*EOS_GRUNEISEN
$#   eosid           c         s1         s2         s3      gamao          a         e0
         2    0.394000   1.490000      0.000      0.000   2.020000   0.470000      0.000
$#      v0
  1.000000
*MAT_RIGID
$#     mid          ro          e         pr          n     couple          m      alias
         3    8.930001.0000E+12      0.000      0.000      0.000      0.000
$#     cmo        con1       con2
  1.000000           7          7
$# lco or a1         a2         a3         v1         v2         v3
     0.000       0.000      0.000      0.000      0.000      0.000
```

图 4-8　射孔弹爆炸聚能射流仿真模型主要关键字

在 LS-DYNA 求解器中导入模型关键字计算得到的药型罩网格自适应网格重构过程、射流过程中药型罩速度分布和应力分布如图 4-9 至图 4-11 所示。

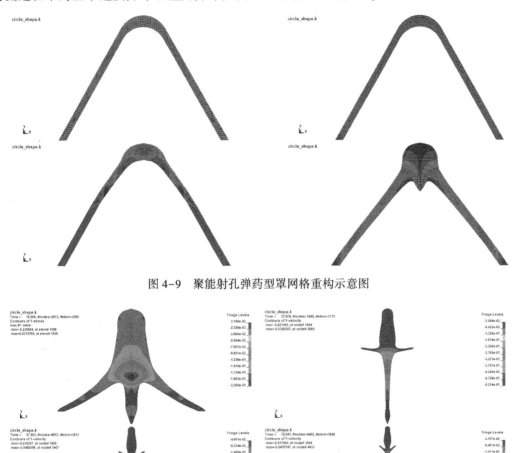

图 4-9　聚能射孔弹药型罩网格重构示意图

图 4-10　射流过程中药型罩速度分布图

图 4-9 显示了药型罩网格重构的过程，由于发生剧烈形变，每一次网格重构后网格越致密，计算所耗时间相应加剧。图 4-10 显示了聚能射流过程和药型罩上各处沿射孔弹轴向速度分布图。可以清楚地看出，爆轰波压垮药型罩，使药型罩各个部分以较大的速度向轴线处闭合，聚能射流逐渐形成并逐渐沿射孔弹轴向收敛，药型罩上杵体占据大部分药型罩质量且速度低分布均匀，而高速射流体占据小部分药型罩质量且速度高但分布不均匀。依据 LS-DYNA 数值计算结果，可知通过式（3-9）计算射孔弹射流时药型罩型总动能总体上偏大。图 4-11 则显示了药罩压垮形成射流时 Mises 应力分布图，应力云图最大应力出现在药罩挤压压垮处也即爆轰波前沿导爆处，该处为药型罩应力集中区且高速射流体上应力总体比杵体高，总体的应力分布规律基本与实际相符。考虑射孔弹装药总能转化去向

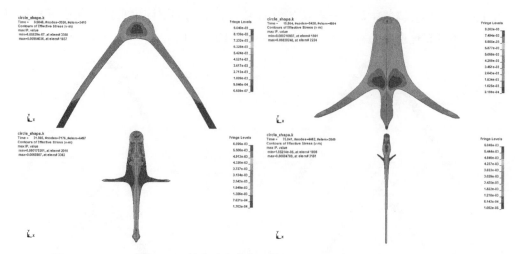

图 4-11　射流过程中药型罩 Von-Mises 应力云图

及占比，绘制射流过程中药型罩总能量时程曲线和炸药总能量时程曲线分别如图 4-12 和图 4-13 所示。

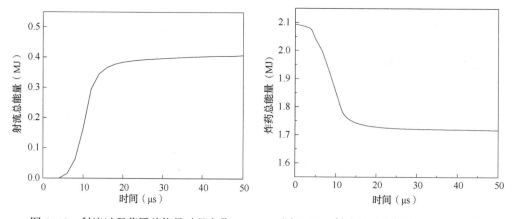

图 4-12　射流过程药罩总能量时程变化　　　　图 4-13　射流过程炸药总能量时程变化

结合图 4-12 和图 4-13 可知炸药能量转化完成与药罩射流完成基本同时完成，此期间忽略炸药不可计能量的耗散，计算得到的射孔弹装药总能转化到爆轰产物总能的转化率为

$$\eta_0 = \frac{E_0 - E_s}{E_0} = \frac{1.69349}{2.09357} \times 100\% = 80.9\%$$

对比文献[158]自由水域下射孔弹当量质量炸药实验得出的 79.8% 转化率，可以看出仿真计算得到的转化率与实验所得结果很接近，高于实验结果是由于爆炸模型中未计光、热等耗散能量所致。

在实际的油气井完井作业中，针对不同的地质环境、井底工况，射孔时所用的射孔弹主装炸药装药量、炸药类型、射孔弹结构是各不相同的，由此可知射孔弹主装炸药转化率也是各不一样，考虑到射孔弹的内部结构未有统一标准，而射孔弹的主装炸药类型基本上局限于 TNT、RDX(参数见表 4-2)、HMX(参数见表 4-3)三种，且不同装药量可以通过不同装药密度来实现，具体在仿真建模时，参考如图4-8所示的模型关键字，更改关键字中相应参数即可实现。设置同一装药量密度为 $1.79 \mathrm{g/cm^3}$ 的条件下，射孔弹所装 TNT、RDX、HMX 三种不同类型炸药射流时计算得总能变化时程曲线如图4-14所示。设置射孔弹所装 TNT 炸药装药密度分别为 $1.63 \mathrm{g/cm^3}$、$1.79 \mathrm{g/cm^3}$、$1.95 \mathrm{g/cm^3}$ 时，计算得总能变化时程曲线如图4-15所示。

表4-2　RDX（黑索金）炸药参数

ρ（$\mathrm{g/cm^3}$）	D（$\mathrm{cm/\mu s}$）	p（GPa）	A（GPa）	B（GPa）	R_1	R_2	ω	E
1.69	0.8310	30.45	850	18	4.60	1.3	0.38	0.1

表4-3　HMX（奥克托金）炸药参数

ρ（$\mathrm{g/cm^3}$）	D（$\mathrm{cm/\mu s}$）	p（GPa）	A（GPa）	B（GPa）	R_1	R_2	ω	E
1.89	0.991	42	778.3	7.1	4.1	1.0	0.30	0.105

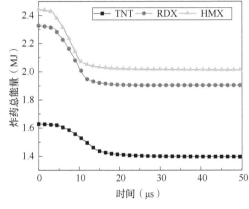 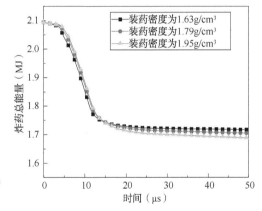

图4-14　主装炸药分别为 TNT、RDX、　　　　图4-15　TNT 主装炸药不同装药密度时
HMX 时炸药总能时程变化　　　　　　　　　　　炸药总能时程变化

由图4-14可知随着主装炸药的烈性增大（HMX>RDX>TNT），炸药总能越高且炸药燃烧至射流完成所需时间越短。计算得到的转化率分别为 85.7%（TNT）、81.8%（RDX）、82.3%（HMX），这说明采用高烈性炸药装填射孔弹时可以相应减少射流完成时间和降低炸药转化率。由图4-15可知随着装药密度的增大，射流完成时间无明显变化，但是炸药转化率有相应降低。

所以综合而言，射孔完井时射孔弹采用烈性高的炸药以及提高装药密度可以降低主装炸药的转化率，也即降低爆轰产物的总能，从而相应降低环空超压幅值以降低对射孔管串的冲击作用。受限于相关资料的缺少不足，例如射孔弹开口直径、装药高度等几何参数的变化对炸药转化率有何影响与本文的重点相关性不大，故未展开研究。

4.3　实际井筒射孔时环空超压的数值分析

前述两节分别研究了自由水域下冲击波的传播特性和射孔弹装药转化率，这是分析实际井筒环境中射孔时环空超压场大小分布及演化的基础，也是计算射孔管串所受冲击载荷的基础。采用 114 型复合射孔器进行射孔完井作业，依据 3.1 节 LS-DYNA 水下爆炸建模方法，设定射孔弹主装炸药为 TNT，单发射孔弹的装药量为 45g，炸药转化爆轰产物转化率为 80.9%。射孔枪中射孔弹安装密度为 16 发/m，也即射孔弹轴向间隔距离大约为 6.25cm，连接相邻两发射孔弹的导爆索引爆时间间隔为 10μs。

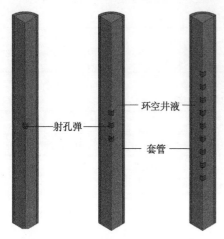

图 4-16　不同射孔弹数井下射孔超压的仿真模型

在求得 TNT 炸药转化爆轰产物转化率为 80.9%的基础上，略去射孔枪枪身，简化射孔枪上射孔弹为井筒轴向方向安装的圆柱形裸药柱，射孔弹安装密度为 16 发/m，考察 1 发、3 发、9 发射孔弹进行射孔作业，在 LS-DYNA 建立 1/4 射孔超压仿真模型如图 4-16 所示。

模型中井筒底部为地层，套管也与地层相连，设定其上边界为 REF，也即反射边界；井筒上部为射孔管串，长度一般为数百米，设定其上边界为 NON-REF，也即非反射边界，冲击波可以沿井筒轴向上自由传播；爆轰产物与环空井液介质间的流动通过定义网格截面算法为 ALE 算法，也即通过关键字 * SECTION_ SOLID_ ALE 来实现；爆轰波与环空井液以及环空井液与套管间的相互作用通过关键字 * CONTACT_ AUTOMATIC_ SURFACE_ TO_ SURFACE 来实现。设定爆炸响应时间为 3000μs，射孔弹自下往上引爆，相邻射孔弹的引爆时间间隔为 10μs，在 LS-DYNA 求解器中导入模型关键字，求得 1 发、3 发、9 发射孔弹射孔爆炸时不同时刻井筒环空超压分布云图分别如图 4-17 至图 4-19 所示。

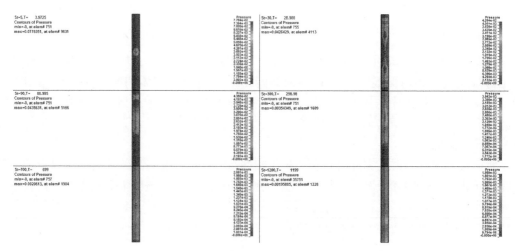

图 4-17　1 发射孔弹射孔爆炸井筒环空超压分布

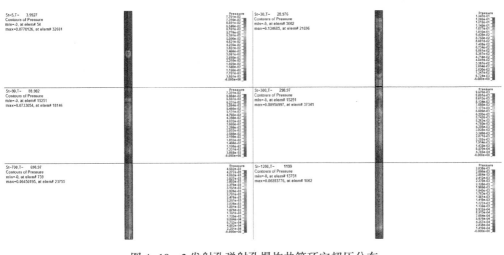

图 4-18　3 发射孔弹射孔爆炸井筒环空超压分布

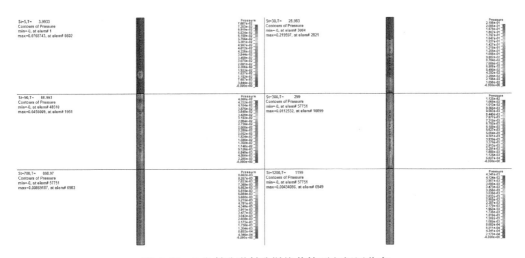

图 4-19　9 发射孔弹射孔爆炸井筒环空超压分布

如图 4-17 至图 4-19 所示，不论是 1 发、3 发还是 9 发射孔弹，环空井液的高超压基本上集中分布在靠近井筒底部也即射孔枪底部区域，这是由于井筒底部地层对井液的冲击起反射作用，且径向由于对称分布以及井筒上部对冲击波透射作用，才使得射孔枪射孔完井时管柱才受到轴向向上的强冲击过载作用，进一步才引起射孔管串的强冲击振动。分析清楚射孔管串的冲击部位及能量来源，提取模型底部离射孔枪底端 0.15m 处超压数据，其时程演化如图 4-20 所示。

如图 4-20 所示，在 $0 \sim 500 \mu s$ 时间段，三种射孔弹配置方案所计算得到的枪尾环空超压峰值大且变化非常复杂，无规律可循，但总体呈现先上升后骤减的变化趋势，这一过程中由于井底密闭且冲击波急速向井底传播压缩周围环空流体介质，加上径向套管壁面的聚能作用，套管和井底起到了挡墙作用，由式 (3-29) 可知此时井底压力相当于数倍装药量的爆炸作用，造成流体介质超压很大，达到 900MPa 左右，但是超压作用时间很短，只有 $20 \mu s$ 左右，冲量向下作用对管柱振动无影响。

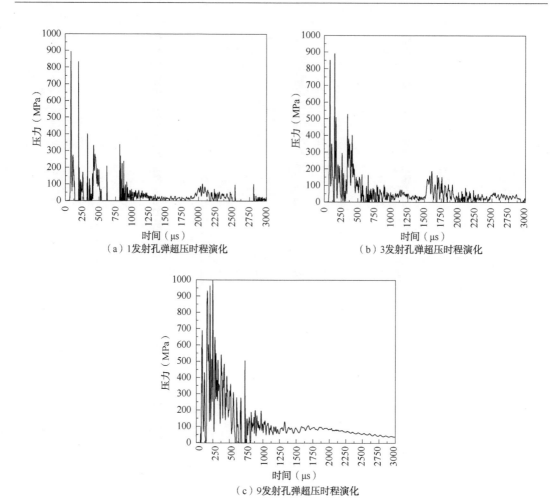

图 4-20　不同射孔弹数时射孔爆炸距枪尾 0.15m 处超压演化

在之后的 2500μs 时间内，三种射孔弹配置方案所计算的环空超压基本上稳定在 100～180MPa 区间内，且呈现出无规律振荡，这是冲击波的反射传播、爆轰产物的脉动膨胀以及射孔弹时序引爆引起爆轰波叠加和干扰共同造成的，且射孔弹数越多振荡频率越高，这种由冲击波反射传播和爆轰产物膨胀共同作用引起的超压称为二次压力波，此时压力向上传播作用于枪尾，作用的时间较长，对射孔管柱的冲击作用显著。参考自由水域的超压分布规律，用式(4-1)所计算超压峰值为。

$$p_\mathrm{m} = 43.74 \times \left(\frac{\sqrt[3]{W}}{R}\right)^{1.84} = 43.74 \times \left(\frac{\sqrt[3]{0.045 \times 0.809}}{0.15}\right)^{1.84} = 188.1\mathrm{MPa}$$

看出三种配置方案仿真计算的二次压力波峰值压力相差不大，大小在 180MPa 左右，可以看出式(4-1)对于实际井筒射孔环空超压的计算也是适用的，进一步可知在实际射孔完井过程中，距射孔枪底端间隔一定距离的某一位置上的爆炸峰值压力大小只取决于单发射孔弹井下爆炸当量炸药质量，与射孔弹的数量、射孔枪长以及相邻射孔弹引爆间隔时间无关，只与单发射孔弹主装炸药的当量质量有关，主装炸药的当量质量表示为

$$W_0 = W\eta$$

式中　W——单发射孔弹的名义装药量；

　　　η——射孔弹主装炸药能量转化率，%。

前述分析可知对于实际井筒中的射孔环空超压，只有二次压力波才有实际意义，二次压力波的峰值的大小可以通过拟合公式[式(4-1)]来进行计算。而波阵面通过后环空流体介质由于流体黏滞作用和爆轰产物脉动作用逐渐振荡衰减卸压，衰减过程时间长短可以利用式(3-27)和式(3-28)进行描述。所以综上所述，实际井筒射孔完井时，井底环空压力场可以表示为

$$
\begin{cases}
p(R,\ t) = \begin{cases} p_0,\ t < t_R \\ p_\mathrm{m}\mathrm{e}^{-t/\theta},\ t_R \leq t < \theta \\ 0.368p_\mathrm{m} \times \dfrac{\theta}{t},\ \theta \leq t < 50 \end{cases} \\
\theta = 0.084 \times W_0^{1/3}\left(\dfrac{W_0^{1/3}}{R}\right)^{-0.23} \\
p_\mathrm{m} = 43.74 \times \left(\dfrac{\sqrt[3]{W_0}}{R}\right)^{1.84} \\
t_R = \dfrac{(R - R_0)}{C_0} \\
W_0 = W\eta
\end{cases}
\tag{4-2}
$$

4.4　井筒射孔爆炸压力场实例井测试及超压模型验证

4.4.1　实验方案介绍

本实验选择中海油某井中进行，此井采用的外套式复合射孔，外套式复合射孔系统主要由复合射孔器、P-T测试仪器和模拟软件三部分组成。

(1) 外套式复合射孔器则主要由常规射孔器、保护接头、复合火药筒和保护环组成。其主要作用分别：保护接头外圆一般设计为大于药筒外径，主要是为保护复合火药筒在下井过程中与井筒摩擦而破裂，保护环主要作用是将药筒固定在射孔枪上。如图4-21所示。

扶正接头　　限位圈　　定位螺钉　　复合火药筒

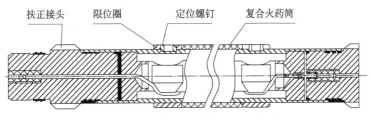

图4-21　外套式复合射孔器示意图

（2）P-T测试仪用于复合射孔器在井筒内产生的压力，以便于为复合射孔的压裂作用进行评价，并为模拟软件提供数据支持，为不断优化模拟软件的计算准确性提供数据，其结构如图4-22所示，其基本性能指标见表4-4。

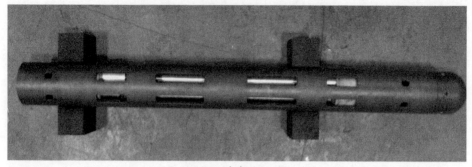

（a）

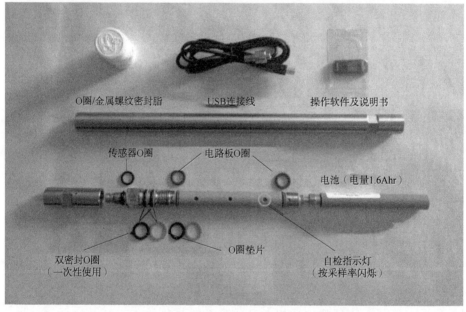

（b）

图4-22　P-T测试仪实物图

表4-4　P-T测试仪基本性能指标

名称	参数
直径、长度	1.00in（25.4mm）、21.0in（50cm）
耐温、耐压	150℃、15kpsi（104MPa），射孔瞬间可耐20kpsi（138MPa）
内存	8MB
内存特性	固态抗震内存可以保证即使电池失效或压力计损坏，已经监测到的数据也不会丢失

续表

名称		参数
采样模式	慢速	20~32piont/s（全通道）
	中速缓存	10~1250piont/s（全通道）
		1250piont/s（压力）
	快速	40000piont/s（压力）
		2500piont/s（温度和加速度）

（3）模拟软件主要作用是在射孔前对射孔方案进行优选，包括射孔弹的药量、复合火药筒的装药量，射孔枪类型，并根据地层地质参数确定合适的射孔工艺，提前进行射孔作业时管柱上各关键部位的受力分析，保证作业安全性，其基本界面如图4-23所示。

（a）软件主界面　　　　　　　　　　　（b）井下工具选择界面

（c）射孔枪参数设置界面　　　　　　　　　　（d）油管柱参数设置界面

图4-23　地面模拟计算软件界面图

外套式复合射孔方式比起其他的射孔方式具有以下几个特点：

① 外套式复合火药筒套在射孔枪外面，直接与井液接触，火药的耐腐蚀、耐高温性能好；

② 安全性高，在地面射孔弹射流都不能点燃复合火药筒；

③ 由射孔弹射流点燃，在井筒中产生高压气体直接作用于地层，对地层压裂的效果好；

④ 装药量多，燃烧时间长，压力作用时间长；

⑤ 外套式复合火药燃烧产生的压力在井筒和射孔枪之间，而且产生的压力可以由模拟软件进行预估，可确保作业安全；

⑥ 压裂作用明显，特别适用对于低孔隙、低渗透地层。

外套式复合射孔的主要技术对比见表 4-5。

表 4-5 不同射孔方式的主要技术对比表

名称	外套式复合射孔	内置式复合射孔	下挂式复合射孔（爆燃压裂）
与普通射孔相比	孔密不受限制，射孔弹药量与原射孔弹相同、装配简单，装枪流程与普通射孔基本相同	射孔枪孔密受限制、射孔弹药量要与对应装配的内置式火药配套	射孔枪孔密不受限制，装配简单
药量	5~300kg	5~50g	5~100kg
压力作用时间	50~400ms	3~20ms	10~100ms
安全性	①火药本身安全性高、耐温高、钝感、在空气不能持续燃烧。②有模拟软件，可根据井筒参数、管柱状况进行模拟计算，可规避安全风险。③可带封隔器作业	①火药中含有 AP、耐温低、在空气中受热或者遇明火易燃烧。②没有模拟软件。现场使用前需在厂家进行整枪模拟试验。使用不当容易炸枪。③不能带封隔器作业	①火药中含有硝酸铵等易燃易爆物质、耐温低、在空气中受热或者遇明火易燃烧。②没有模拟软件。现场使用前无法在厂家进行整枪模拟试验。装药量只有靠经验。③不能带封隔器作业
作用效果	①压力直接作用在射孔孔道，效果好。②可由 P-T 测试仪器进行井下作业压力曲线测试，可根据压力曲线评估压裂效果	①火药燃烧的压力释放在射孔枪中，再由枪眼释放到井筒中，火药作用效率低。②无配套 P-T 测试仪	①火药燃烧的压力不是正对射孔眼，火药作用效率低。②无配套 P-T 测试仪
国外应用情况	应用较为成熟、普遍	较少使用	完全不使用

管柱设计是根据实例井的标准来选定的，具体参数如图 4-24 所示，见表 4-6。

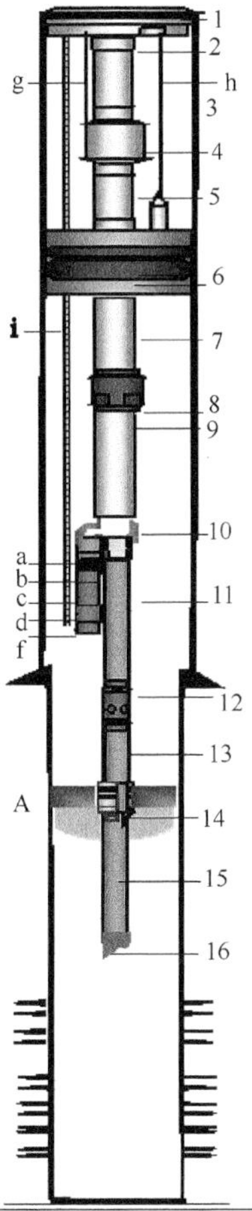

| 最大井斜: | 34.06°@1455.39m | 油管: | 3½ | 9.2 | L-80 | BGT2 |
| 井名: | B7 | | 2⅞ | 6.4 | L-80 | BGT2 |

No	Description	OD (in)	ID (in)	L (m)	Depth (m)
1	油管挂3½inEUEB×B	11.020	2.992		
2	双公短节3½inBGT2 P×3½inEUEP	3.500	2.992		
3	3½inBGT2 13Cr9.2#油管	3.500	2.992		
4	变扣3½inBG T2 B×3½inBGT1P	3.500	2.992		
	惟其信3½inBGT1井下安全阀	5.200	2.813		200m
	变扣3½inBGT2 P×3½inBGT1B	3.500	2.992		
5	3½inBGT2 13Cr9.2#油管	3.500	2.992		
6	变扣3½inBGT2 B×3½inBGT1P	3.500	2.992		
	惟其信9⅝inESP进电缆封隔器	8.500	2.918		500m
	变扣3½inBGT2 P×3½inBGT1 B	3.500	2.992		
7	3½inBGT2 13Cr9.2#油管	3.500	2.992		
8	变扣3½inBGT2 B×3½inBGT1P	3.500	2.992		
	惟其信2.813i "WX" 座落接头	3.970	2.813		
	变扣3½inBGT2 P×3½inBGT1B	3.500	2.992		
9	3½inBGT2 13Cr9.2#油管	3.500	2.992		
10	变扣3½inBG T2 B×3½inEUP	3.500	2.992		
	Model "210" Y接头	8.504	2.441		
	工作筒2⅞inEUP×P	3.543	2.402		
11	变扣2⅞inBGT2 P×2⅞inEUB	2.875	2.441		
	2⅞inBGT2 13Cr6.4#油管	2.875	2.441		
12	变扣2⅞inBGT2 B×2⅞inBGT1 P	3.500	2.441		
	惟其信2.313in循环滑套（打开）	2.875	2.441		
	变扣2⅞inBGT2 P×2⅞inBGT1B	2.875	2.441		
13	2⅞inBGT2 13Cr 6.4#油管	2.875	2.441		
14	变扣2⅞inBGT2 B×2⅞inEUP	2.875	2.441		
	4in加长定位密封	4.000	2.441		
15	2⅞inNUJ5 5 6.4#厚壁倒角油管	3.250	2.440		
16	2⅞inNU斜口引鞋	2.875	2.441		
A	Baker 7inSC-1R顶部封隔器（带引鞋）				
a	2⅞inEU油管短节	f	电机		
b	2⅞inEU单流阀	g	井下安全阀控制管线		
c	泵头	h	井下放气阀控制管线		
d	分离器	i	动力电缆		
e	保护器				

图 4-24 射孔管柱的参数

表 4-6 井身结构参数

井眼直径(in)	斜深(m)	垂深(m)	套管直径(in)	下入深度(m)
21½	200.5	200.5	18	199.4
16	2059.0	1852.10	13⅜	2054.8
12¼	3462.0	3051.52	9⅝	3457.02
8½	4063.0	3566.05	7	4050.5

4.4.2 井筒基本概况

4.4.2.1 储层特征

沙河街储层为扇三角洲沉积，以长石砂岩和岩屑长石砂岩为主，粒径范围变化较大，分选中等，结构成熟度低，平均孔隙度为11.7%，渗透率为30.0mD，具有中低孔隙—低渗透特征。

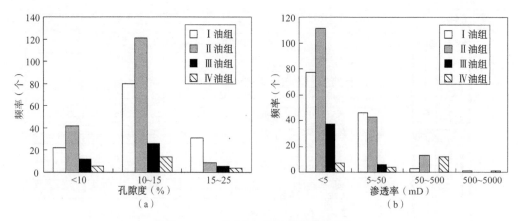

图 4-25 不同油组的孔隙度和渗透率

通过图 4-25 显示得出：

沙河街 I 油组平均孔隙度为 12.5%，平均渗透率为 12.4mD，泥质含量在 0.5%～40.0% 之间，平均泥质含量为 7.7%；

II 油组平均孔隙度为 11.0%，平均渗透率为 15.7mD，泥质含量在 0.3%～27.0% 之间，平均泥质含量为 9.1%；

III 油组平均孔隙度为 11.1%，平均渗透率为 3.5mD，泥质含量在 1.0%～25.0% 之间，平均泥质含量为 9.4%；

IV 油组平均孔隙度为 13.2%，平均渗透率为 23.7mD，泥质含量在 0.5%～20.0% 之间，平均泥质含量为 11.5%。

同时通过专门的实验仪器记录得出：射孔段 II、III 油组岩性为细砂岩，成分以石英为主，次为长石，荧光显示较好，如图 4-26 所示。

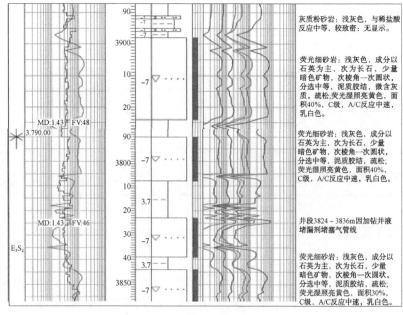

图 4-26 录井显示图

4.4.2.2 孔渗数据

通过对周围土层的研究，得出这口井的射孔段测井孔隙度为 12.3%～13.2%；测井渗透率为 39.3～150.4mD，属于中低孔隙、中低渗透储层。储层物性差是导致产量低的主因。类似于中海油已经实施外套式复合射孔的几口井的井况，具体参数见表 4-7。

表 4-7　不同井的渗透率参数

名称	Ⅱ油组	Ⅲ油组
渗透率（mD）	111.23	68.25
孔隙度（%）	14.63	14.1
泥质含量（%）	10.37	8.9

4.4.2.3 流体性质分析

通过工作人员分析得出流体性质。

（1）地面脱气原油性质。

渤中 34-2/4 油田地面原油具有低密度、低黏度、低含硫、高含蜡、高凝固点的特点。

原油密度：$0.842～0.868g/cm^3$。

原油黏度：$3.10～5.45mPa·s$。

含蜡量：12.7%～17.4%。

凝固点：23.0～28.0℃。

含硫量：0.08%～0.46%。

（2）地层原油性质。

油田地层原油具有黏度低，溶解气油比高，地饱压差大的特点。

原油黏度：$0.35～0.76mPa·s$。

地饱压差：3.0～15.3MPa。

溶解气油比：$115.5～182.1m^3/m^3$。

（3）天然气性质。

渤中 34-2/4 油田天然气为溶解气，所有气样均不含 H_2S。

（4）地层水性质。

渤中 34-2/4 油田地层水为 $NaHCO_3$ 型，总矿化度为 7349～14205mg/L。

（5）地层的压力和温度。

根据 FMT 测压和 DST 测试资料，渤中 34-2/4 油田压力梯度为 0.96MPa/100m，温度梯度为 3.4℃/100m，属正常压力、温度系统。地层压力约为 33.1MPa，地层温度为 123.9～125.7℃。

4.4.3　实验方案的安全性分析

4.4.3.1　套管安全性分析

由于实验具有一定的风险，因此需要对实验进行安全性评估。通过分析，造成套管损伤的可能因素有两个：一是补射孔孔眼；二是套管内火药产生的压力。经分析，可发现：①本次射孔孔眼加上次射孔孔眼，共 32 孔/m，不足以损伤套管；②本井套管去年已经射

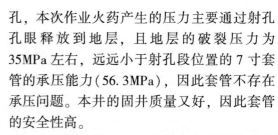

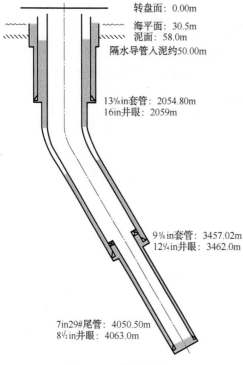

图 4-27 井身结构图

孔，本次作业火药产生的压力主要通过射孔孔眼释放到地层，且地层的破裂压力为35MPa左右，远远小于射孔段位置的7寸套管的承压能力(56.3MPa)，因此套管不存在承压问题。本井的固井质量又好，因此套管的安全性高。

由于隔水管在工程实际中为非等截面管柱，且杆件在变截面处所受的轴向应力变化较大，因此，在隔水管动力学时域分析中，为了较精确地获得管柱纵向振动动力学行为，需结合隔水管的工程实际背景，将隔水管串视为具有相同材料属性的非等截面管柱，井身结构如图4-27所示。

4.4.3.2 井口压力安全性分析

通过模拟计算出火药爆燃后产生的最大压力峰值按 p_m 为 129MPa 计算。用软件模拟的各点的压力曲线如图 4-28 所示，再根据波动压力与距离的规律曲线图(图4-29)得到数据见表4-8。

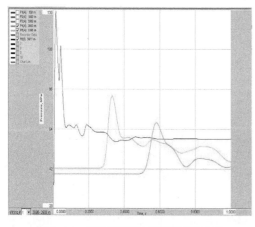

图 4-28 射孔瞬间井下模拟计算曲线

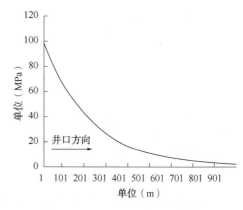

图 4-29 压力随距离的变化曲线

表 4-8 不同测压点的峰值压力

测压点(m)	火药爆燃峰值压力(MPa)	套管尺寸(in)
0	0.0609	
100	1.18	
1000	19	7
2000	68	
3000	82	
3911	129	9⅝

通过上述分析得到井口控制措施：

（1）注意井口不能坐卡瓦，采用双吊环压住，防止钻杆上窜。

（2）密切关注钻井泵压力表的变化，压力突降为开孔起爆器起爆，等候延时起爆的同时在3分钟内打开钻杆与钻井液池之间的阀门，使得火药压裂压力波动时钻杆内的液体流至钻井液池。

（3）生产甲板上，将采油树卸掉，安装井口防喷器，压井、节流阀门打开连接管线至钻井液池。

4.4.4 实验结果分析

本次实验分两组进行，通过安装在射孔段中部的高速 P-T 测试仪采集到了射孔瞬间 P-T 仪周边的压力曲线如图4-30和图4-31所示，数据显示：射孔弹爆炸20~40ms 后火药开始燃烧，火药燃烧达到峰值压力时间约为600ms，火药燃烧产生的压力峰值为65MPa。本井地层破裂压力为43MPa，火药燃烧产生的压力大于地层破裂压力。

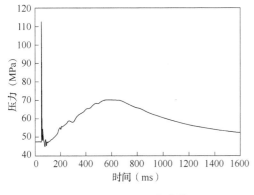
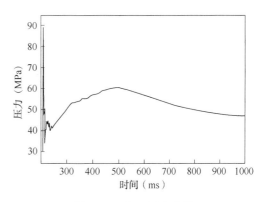

图 4-30　组 1 压力曲线　　　　　　　图 4-31　组 2 压力曲线

根据理论计算公式，计算出装药量为16g时的压力曲线如图4-32(a)所示，通过与实测压力曲线相对比，得出理论计算公式有以下不足：实际射孔压力存在上升阶段，并趋势持续一段时间(一般约为600ms)，对井下工具的动态受力的影响是不可忽略的。实际压力最终趋于一个稳定值(主要由井下液体的静压力及射孔爆炸残余压力引起)，而理论计算却趋于静水压力。根据上面的分析，对射孔冲击荷载经验计算公式进行修正，得到如下计算公式：

$$
p_t = \begin{cases} \left(\dfrac{p_m - p_0}{0.6}\right) \cdot t + p_0, & 0 \leqslant t < 0.6 \\ p_m \cdot e^{-t/\theta} + p_r, & t \geqslant 0.6 \end{cases} \tag{4-3}
$$

式中　p_m——爆炸产生压力峰值；

　　　p_0——井下液体静压力；

　　　p_r——井下液体静压力和射孔爆炸残余压力。

本文方法计算出压力变化曲线(装药量为16g)如图4-32(b)所示，通过本文方法计算结果与理论结算结果对比，发现本文计算方法得到的压力值更加符合实际。因此开展井下工具动力学响应机理研究采用本文荷载计算方法。

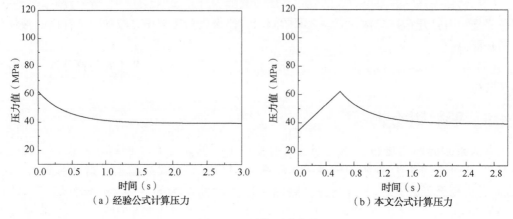

图 4-32　计算压力曲线

5 复杂油气井油管输送射孔管串井筒通过能力分析

在未进行压裂作业的页岩气水平井中，水平井筒与地层之间没有液流通道，无法进行桥塞与射孔管串的泵送作业，因此第一段射孔多数采用连续油管射孔[159]。同时在常规高温高压油气井，常采用油管输送射孔管串完成射孔—联作完井工艺。在连续油管输送分簇射孔管串下入过程中，不仅管串容易遇卡，而且连续油管容易发生屈曲甚至自锁，从而导致射孔管串无法下入到目的层进行正常作业。因此本章针对连续油管输送射孔管串遇卡问题，建立连续油管输送射孔管串通过性模型和连续油管通过性模型，采用现场实测数据验证模型的准确性。

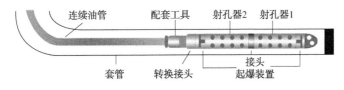

图 5-1　连续油管传输射孔示意图

5.1　水平井三维井眼轨迹模拟方法

钻井最终形成的空间轨迹称为井眼轨迹，实指井眼轴线。实钻井眼轨迹都是三维的，是一条复杂的三维空间曲线。三维井眼内的电缆摩阻分析需要考虑每个测点参数，而现场实测井眼轨迹测点数目有限，不能有效与电缆计算单元一一对应，因此，有必要对实际井眼轨迹测点数据进行插值计算。本文采用三次样条插值方法计算井眼轨迹参数。

5.1.1　井眼轨迹描述方法

井眼轨迹是一条连续光滑的空间曲线，常用空间直角坐标系 $Oxyz$ 和自然坐标系 $O_s tnb$ 两种坐标系描述井眼轨迹，如图 5-2 所示。

用于描述井眼轨迹空间挠曲形态的三个基本参数。

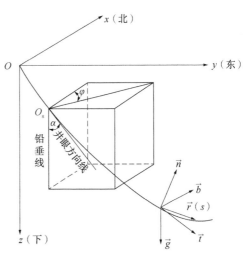

图 5-2　三维井眼轨迹的空间几何关系示意图

（1）井深（s）。

井口（通常以转盘面为基准）至测点的井眼长度，它是一条曲线的长度，所以也称为斜深。对于实钻井眼轨迹来讲，测点处的井深称为测量深度，通常用钻柱长度或测量电缆的长度来测量它的。

（2）井斜角（α）。

过井眼轴线上某测点作井眼轴线的切线，该切线向井眼前进方向延伸的部分称为井眼方向线。井斜角指测点处的井眼方向线与重力线之间的夹角，如图 5-2 所示的 α，表示了井眼轨迹在该测点处倾斜的大小。

（3）方位角（φ）。

以正北方向为始边，顺时针旋转至井眼轨迹方向在水平面上的投影所转过的角度，称为该点处的方位角，如图 5-2 所示的 φ。此时正北方位线是指地理子午线沿正北方向延伸的线段。

5.1.2　井眼轨迹的插值计算

由于测井得到的井眼轨迹测点数量十分有限，只用这些数据不能表示井眼轨迹的实际形态。只有借助插值计算方法，对相关参数进行拟合，才能获得更多点来绘制连续光滑的井眼轨迹曲线。本文采用三次样条插值方法对测点参数进行插值处理，三次样条插值既有分段插值精度高的优点，又能保持节点处光滑连续，因此用三次样条函数来插值计算井眼轨迹具有较高的精度[160]。

设测深 S_0 开始至 S_N 测深，共测得 $N+1$ 个点的井深、井斜角和方位角：

$$\begin{cases} S_0, \ S_1, \ S_2, \ \cdots, \ S_N \\ \alpha_0, \ \alpha_1, \ \alpha_2, \ \cdots, \ \alpha_N \\ \varphi_0, \ \varphi_1, \ \varphi_2, \ \cdots, \ \varphi_N \end{cases} \tag{5-1}$$

井深是井眼轨迹的一个基本参数，也是测点位置的标志。因此，在井眼轨迹计算中将井深作为自变量，而将井斜角和方位角表达为井深的函数。根据三次样条函数的定义和性质，可以构造出区间 $[S_{k-1}, \ S_k]$（$k=1$，2，$\cdots$，N）上井斜角函数 $\alpha(S)$ 和方位角函数 $\varphi(S)$ 的表达式：

$$\alpha(S) = \frac{M_{k-1}(S_k - S)^3}{6L_k} + \frac{M_k(S - S_{k-1})^3}{6L_k} + C_k(S - S_{k-1}) + C_{k-1}(S_k - S) \tag{5-2}$$

$$\varphi(S) = \frac{m_{k-1}(S_k - S)^3}{6L_k} + \frac{m_k(S - S_{k-1})^3}{6L_k} + c_k(S - S_{k-1}) + c_{k-1}(S_k - S) \tag{5-3}$$

其中

$$\begin{cases} C_k = \dfrac{\alpha_k}{L_k} - \dfrac{M_k L_k}{6}, \ \ C_{k-1} = \dfrac{\alpha_{k-1}}{L_k} - \dfrac{M_{k-1} L_k}{6} \\[2mm] c_k = \dfrac{\varphi_k}{L_k} - \dfrac{M_k L_k}{6}, \ \ c_{k-1} = \dfrac{\varphi_{k-1}}{L_k} - \dfrac{M_{k-1} L_k}{6} \\[2mm] M_k = \alpha''(S_k), \ \ M_{k-1} = \alpha''(S_{k-1}) \\[2mm] m_k = \varphi''(x_k), \ \ m_{k-1} = \varphi''(x_{k-1}) \end{cases} \tag{5-4}$$

式中　　k——测点序号；

　　　　L_k——测段长度，$L_k = S_k - S_{k-1}$，m；

　　　　S——插值点处的井深，m；

　　　　N——测点个数。

系数 M_k 和 m_k 既与井斜角和方位角的测量值有关，又与井口和井底的边界条件有关。设井口和井底的井斜角和方位角的二阶倒数为常数，则有

$$M_0 = M_N = m_0 = m_N = 0$$

对于全井的 $N+1$ 个测点，可以得到两组含有 $N-1$ 个未知数 M_k 和 m_k($k = 1$，2，…，$N-1$)的线性方程组：

$$\begin{bmatrix} 2 & \lambda_0 & 0 & \cdots & 0 & 0 \\ \mu_1 & 2 & \lambda_1 & \cdots & 0 & 0 \\ 0 & \mu_2 & 2 & \cdots & 0 & 0 \\ \cdots & \cdots & \mu_3 & \cdots & \cdots & \cdots \\ 0 & 0 & 0 & \cdots & 2 & \lambda_{N-1} \\ 0 & 0 & 0 & \cdots & \mu_N & 2 \end{bmatrix} \begin{bmatrix} M_0 \\ M_1 \\ M_2 \\ \vdots \\ M_{N-1} \\ M_N \end{bmatrix} = \begin{bmatrix} D_0 \\ D_1 \\ D_2 \\ \vdots \\ D_{N-1} \\ D_N \end{bmatrix} \tag{5-5}$$

$$\begin{bmatrix} 2 & \lambda_0 & 0 & \cdots & 0 & 0 \\ \mu_1 & 2 & \lambda_1 & \cdots & 0 & 0 \\ 0 & \mu_2 & 2 & \cdots & 0 & 0 \\ \cdots & \cdots & \mu_3 & \cdots & \cdots & \cdots \\ 0 & 0 & 0 & \cdots & 2 & \lambda_{N-1} \\ 0 & 0 & 0 & \cdots & \mu_N & 2 \end{bmatrix} \begin{bmatrix} m_0 \\ m_1 \\ m_2 \\ \vdots \\ m_{N-1} \\ m_N \end{bmatrix} = \begin{bmatrix} d_0 \\ d_1 \\ d_2 \\ \vdots \\ d_{N-1} \\ d_N \end{bmatrix} \tag{5-6}$$

其中

$$\begin{cases} D_k = \dfrac{6}{L_k + L_{k+1}} \left(\dfrac{\alpha_{k+1} - \alpha_k}{L_{k+1}} - \dfrac{\alpha_k - \alpha_{k-1}}{L_k} \right) \\[3mm] d_k = \dfrac{6}{L_k + L_{k+1}} \left(\dfrac{\varphi_{k+1} - \varphi_k}{L_{k+1}} - \dfrac{\varphi_k - \varphi_{k-1}}{L_k} \right) \\[3mm] \lambda_0 = 1, \ \mu_N = 0, \ \lambda = \dfrac{L_{k+1}}{L_k + L_{k+1}}, \ \mu_k = 1 - \lambda_k \end{cases} \tag{5-7}$$

上述方程组是对角线方程组，采用追赶法求解。将解 M_k 和 m_k($k = 1$，2，…，$N-1$)分别代入 $\alpha(s)$ 和 $\varphi(s)$ 的表达式中，即可求出 $[s_{k-1}, s_k]$($k = 1$，2，…，N)井段上任意井深处的井斜角和方位。用三次样条插值方法求出井段上任意一点井斜角和方位角后，就可以计算出相应点的北坐标和东坐标，从而确定井眼轨迹的空间挠曲形态[161,162]。在全井段中任选 $[a, b]$ 井段，其中各点的井斜角和方位角已经通过三次样条插值计算确定，现在 $[a, b]$ 井段任选相邻点 1 和点 2，求解其北坐标和东坐标，如图 5-3 所示。

根据井眼轨迹实际形状和图 5-3，分以下四种情况进行讨论。

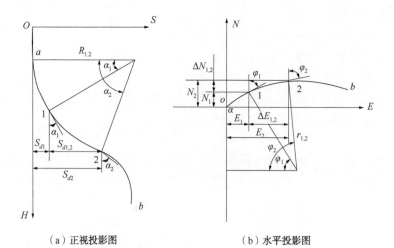

（a）正视投影图　　　　　　（b）水平投影图

图 5-3　定向井井眼轨迹刨面图

（1）当 $\alpha_1 \neq \alpha_2$，$\varphi_1 \neq \varphi_2$ 时：

$$\begin{cases} R_{1,2} = \dfrac{S_2 - S_1}{\alpha_2 - \alpha_1} \\[2mm] r_{1,2} = \dfrac{R_{1,2}(\cos\alpha_1 - \cos\alpha_2)}{\varphi_2 - \varphi_1} \\[2mm] \Delta E_{1,2} = r_{1,2}(\cos\varphi_1 - \cos\varphi_2) \\[2mm] \Delta N_{1,2} = r_{1,2}(\sin\varphi_2 - \sin\varphi_1) \end{cases} \tag{5-8}$$

（2）当 $\alpha_1 \neq \alpha_2$，$\varphi_1 = \varphi_2$ 时：

$$\begin{cases} R_{1,2} = (S_2 - S_1)/(\alpha_2 - \alpha_1) \\[2mm] \Delta E_{1,2} = R_{1,2}(\cos\alpha_1 - \cos\alpha_2)\sin\varphi_2 \\[2mm] \Delta N_{1,2} = R_{1,2}(\cos\alpha_1 - \cos\alpha_2)\cos\varphi_2 \end{cases} \tag{5-9}$$

（3）当 $\alpha_1 = \alpha_2$，$\varphi_1 \neq \varphi_2$ 时：

$$\begin{cases} \Delta E_{1,2} = \dfrac{(S_2 - S_1)\sin\alpha_2}{\varphi_2 - \varphi_1}(\cos\varphi_1 - \cos\varphi_2) \\[2mm] \Delta N_{1,2} = \dfrac{(S_2 - S_1)\sin\alpha_2}{\varphi_2 - \varphi_1}(\sin\varphi_2 - \sin\varphi_1) \end{cases} \tag{5-10}$$

（4）当 $\alpha_1 = \alpha_2$，$\varphi_1 = \varphi_2$ 时：

$$\begin{cases} \Delta E_{1,2} = \dfrac{(S_2 - S_1)\sin\alpha_2}{\varphi_2 - \varphi_1}(\cos\varphi_1 - \cos\varphi_2) \\[2mm] \Delta N_{1,2} = \dfrac{(S_2 - S_1)\sin\alpha_2}{\varphi_2 - \varphi_1}(\sin\varphi_2 - \sin\varphi_1) \end{cases} \tag{5-11}$$

式中　α_1、α_2——点 1 和点 2 处的井斜角，rad；

　　　φ_1、φ_2——点 1 和点 2 处的方位角，rad；

　　　S_1、S_2——点 1 和点 2 处的井深，m；

$R_{1,2}$——点 1 和点 2 之间井段的曲率半径，m；

$r_{1,2}$——点 1 和点 2 之间井段水平投影的曲率半径，m；

$\Delta E_{1,2}$——点 1 和点 2 之间井段水平投影的东坐标轴投影，m；

$\Delta F_{1,2}$——点 1 和点 2 之间井段水平投影的北坐标轴投影，m。

5.1.3 实例井计算结果

基于前面的井眼轨迹插值方法，采用 Fortran 编写计算程序，根据四口实测井的井深、井斜角和方位角，计算出其井眼轨迹数据，并绘制出井眼轨迹如图 5-4 所示，其中 A1H 和 A6H 井为水平井，A3 和 B5 井为定向井。

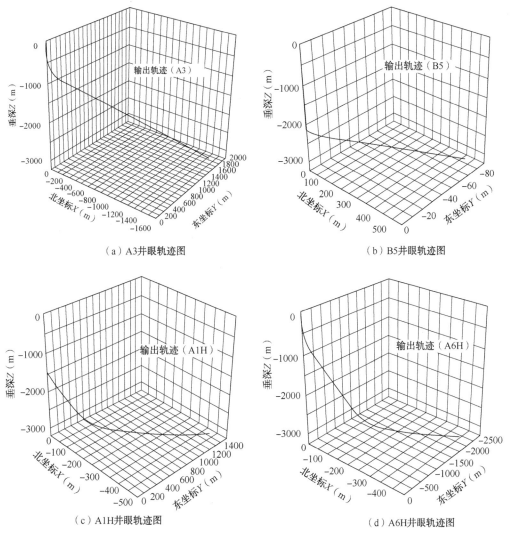

（a）A3井眼轨迹图　　　　　　　　（b）B5井眼轨迹图

（c）A1H井眼轨迹图　　　　　　　　（d）A6H井眼轨迹图

图 5-4　井眼轨迹示意图

5.2 连续油管轴向力计算

假设水平井有 $n+1$ 个测点，则有 n 个井段，第 i 个井段对应圆心角为 θ_i，第 i 个测点（ $0 \leqslant i \leqslant n$ ）对应井斜角为 α_i。以一个井段长度作为连续油管一个单元长度，当连续油管在造斜段与水平段中不发生屈曲时，单元连续油管受力分析如图 5-5 所示。在第 i 个单元里，R_i 为单元曲率半径，q_i 为单元油管净重，F_{bi} 为单元油管所受井液阻力，f_i 为单元油管所受摩擦阻力，N_i 为支反力，T_i 和 T_{i+1} 为单元油管两端拉力。

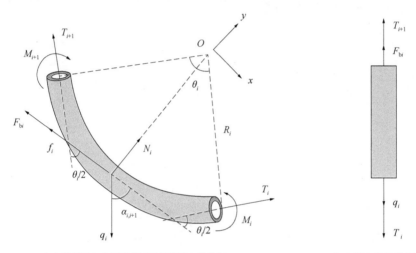

（a）造斜段与水平段单元连续油管力学分析　　（b）竖直段单元连续油管力学分析

图 5-5　全井段连续油管力学分析

在射孔管串下入过程中，连续油管与井液存在相对运动，在油管外壁必将产生流体摩阻，连续油管单元长度所受井液摩阻 F_{bi} 为[163]

$$F_{bi} = \frac{\pi}{2} d_{gw} f_o \rho_u l v_c^{\,2} \tag{5-12}$$

式中　v_c——流体速度，m/s；

　　　　d_{gw}——连续油管外径，m；

　　　　ρ_u——井液密度，kg/m³；

　　　　l——单元油管长度，m；

　　　　f_o——流体摩擦系数。

　　　其中：

$$f_o = \frac{1}{4} \left(\frac{1}{0.87\ln \dfrac{D_a - d_{gw}}{2e} + 1.74} \right)^2 \tag{5-13}$$

式中　D_a——套管内径，m；

　　　　e——连续油管外表面绝对粗糙度。

连续油管单元长度所受净重 q_i 为

$$q_i = \left[\frac{\rho_g \pi (d_{gw}^2 - d_{gn}^2)}{4} - \frac{\rho_u \pi d_{gw}^2}{4} \right] g l_g \qquad (5\text{-}14)$$

式中　ρ_g——连续油管密度，kg/m^3；

　　　d_{gw}——连续油管外径，m；

　　　d_{gn}——连续油管内径，m。

单元连续油管与井壁间摩擦力 f_i 为

$$\begin{cases} f_i = \left[q_i \sin\alpha_{i,\,i+1} - (T_i + T_{i+1}) \sin\dfrac{\theta_i}{2} \right] \mu_g \\ \alpha_{i,\,i+1} = (\alpha_i + \alpha_{i+1}) / 2 \\ \theta_i = 2 \cdot \bar{l}_i / (R_i + R_{i+1}) \end{cases} \qquad (5\text{-}15)$$

式中　T_i——第 i 个测点处油管拉力，N；

　　　μ_g——油管与井壁之间的摩擦系数；

　　　$\bar{l}_i$——i 个井段长度，m。

根据牛顿第二定律，建立单元连续油管在造斜段与水平段受力平衡方程：

$$T_{i+1} = \frac{- F_{bi} + q_i (\cos\alpha_{i,\,i+1} - \sin\alpha_{i,\,i+1} \cdot \mu_g) + T_i \left(\cos\dfrac{\theta_i}{2} + \sin\dfrac{\theta_i}{2} \cdot \mu_g \right)}{\cos\dfrac{\theta_i}{2} - \sin\dfrac{\theta_i}{2} \cdot \mu_g} \qquad (5\text{-}16)$$

当连续油管在竖直段时，其平衡方程为

$$T_{i+1} = T_i + q_i - F_{bi} \qquad (5\text{-}17)$$

式中　T_1——电缆头拉力，通过反复迭代可以求出任意测点处的连续油管轴力。

则第 i 个单元管串的轴向力 p_i 为

$$p_i = \frac{T_i + T_{i-1}}{2}, \ 1 \leqslant i \leqslant n \qquad (5\text{-}18)$$

5.3　水平井分簇射孔管串井筒通过能力分析

在连续油管输送分簇射孔作业过程中，连续油管受到不规则井眼的约束而产生弹性变形，如图 5-6 所示。在匀速下入射孔管串过程中，连续油管与井壁将产生 $n+1$ 个接触点，即将连续油管分为 n 个管柱段。每段连续油管管柱受到轴向力、两端弯矩和横向载荷作用，可把每段管柱视为纵横弯曲梁，整个连续油管视为纵横弯曲连续梁，其中轴向力随着管串下入由拉力转变为压力。

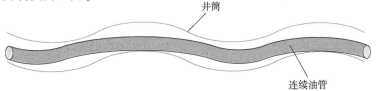

图 5-6　连续油管在井筒内通过示意图

5.3.1 横向均布载荷作用下梁柱的变形

受轴向力和横向载荷作用的简支梁如图 5-7 所示，取梁左部分进行受力分析，可得图 5-8。通过受力分析可以推导出纵横弯曲梁挠曲线的挠度方程。

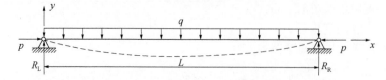

图 5-7　横向均布载荷作用下梁柱力学分析图

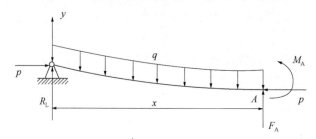

图 5-8　左部分横向均布载荷作用下梁柱力学分析图

如图 5-7 所示，根据静力平衡可以得出梁两端支座支反力：

$$R_L = R_R = \frac{qL}{2} \tag{5-19}$$

式中　R_L、R_R——梁左端和梁右端支反力，N；

　　　　q——单跨梁分布载荷，N/m；

　　　　L——单跨梁长度，m。

如图 5-8 所示，对其 A 点取力矩平衡，可得单跨纵横弯曲梁任一点 x 处弯矩：

$$M(x) = R_L x + py - \frac{1}{2}qx^2 \tag{5-20}$$

梁柱变形挠曲线微分方程为[164]

$$EI\ddot{y} = -M(x) \tag{5-21}$$

即纵横弯曲梁挠曲线近似微分方程为

$$EI\ddot{y} = -R_L x - py + \frac{1}{2}qx^2 \tag{5-22}$$

式(5-11)通解为

$$y = A\sin kx + B\cos kx - \frac{R_L}{p}x + \frac{q}{2p}x^2 - \frac{EIq}{p^2} \tag{5-23}$$

式中，$k = \sqrt{\dfrac{p}{EI}}$，$p \geq 0$。

根据边界条件 $y(0) = 0$，$y(L) = 0$ 可得

$$A = \frac{EIq}{p^2}\frac{1 - \cos kL}{\sin kL}, \quad B = \frac{EIq}{p^2} \tag{5-24}$$

令 $u = \dfrac{kL}{2}$，则 $A = \dfrac{EIq}{p^2}\tan u$。将 A，B 代入式（5-12）中得

$$y = \frac{qL^4}{16EIu^4}\left[\frac{\cos\left(u - \dfrac{2u}{L}x\right)}{\cos u} - 1\right] - \frac{qL^2 x}{8EIu^2}(L - x) \tag{5-25}$$

对式（5-13）求导可得梁柱转角方程：

$$\theta = \frac{qL^2}{8EIu^2}\left[\frac{L\sin\left(u - \dfrac{2u}{L}x\right)}{u\cos u} - (L - 2x)\right] \tag{5-26}$$

梁柱两端转角为

$$\theta^{\mathrm{L}} = \theta^{\mathrm{R}} = y'\,\big|_{x=0}^{x=\mathrm{L}} = \frac{qL^3}{24EI}\frac{3(\tan u - u)}{u^3} \tag{5-27}$$

5.3.2　端部有力偶作用下梁柱的变形

受轴向力和端部力偶作用的简支梁如图 5-9 所示，通过受力分析可以推导出纵横弯曲梁挠曲线的挠度方程。

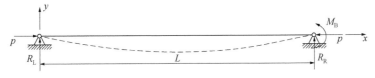

图 5-9　端部力偶梁柱力学分析图

根据图 5-9 力学分析易知端部有力偶作用时梁柱变形微分方程：

$$EI\ddot{y} = -\frac{M_{\mathrm{B}}}{L}x - py \tag{5-28}$$

根据边界条件 $y(0) = 0$，$y(L) = 0$ 可得式（5-16）通解为

$$y = \frac{M_{\mathrm{B}}L}{4EIu^2}\left(\frac{L\sin\dfrac{2u}{L}x}{\sin 2u} - x\right) \tag{5-29}$$

对式（5-17）求导可得梁柱转角方程：

$$\theta = \frac{M_{\mathrm{B}}L}{4EIu^2}\left(\frac{2u\cos\dfrac{2u}{L}x}{\sin 2u} - 1\right) \tag{5-30}$$

梁柱两端转角为

$$\theta^{\mathrm{L}} = y'\big|_{x=0} = \frac{M_{\mathrm{B}}L}{6EI}\frac{3}{u}\left(\frac{1}{\sin 2u} - \frac{1}{2u}\right) \qquad (5-31)$$

$$\theta^{\mathrm{R}} = -y'\big|_{x=0} = \frac{M_{\mathrm{B}}L}{3EI}\frac{3}{2u}\left(-\frac{1}{\tan 2u} + \frac{1}{2u}\right) \qquad (5-32)$$

5.3.3　均布载荷和端部力偶作用下梁柱的变形

当有多个横向载荷同时作用在受轴向力的梁柱时，梁柱的总变形可以由每个载荷分别与轴向载荷共同作用所产生的变形线性叠加得到[165]。利用此叠加原理和式(5-13)、式(5-17)可以得到在横向均布载荷和端部力偶共同作用下的梁柱挠度方程：

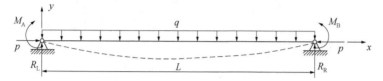

图 5-10　均布载荷和端部力偶作用下梁柱力学分析图

$$
\begin{aligned}
y = \frac{qL^4}{16EIu^4}\left[\frac{\cos\left(u - \frac{2u}{L}x\right)}{\cos u} - 1\right] - \frac{qL^2 x}{8EIu^2}(L - x) + \\[2mm]
\frac{M_{\mathrm{A}}L}{4EIu^2}\left[\frac{L\sin\frac{2u}{L}(L - x)}{\sin 2u} - L + x\right] + \frac{M_{\mathrm{B}}L}{4EIu^2}\left(\frac{L\sin\frac{2u}{L}x}{\sin 2u} - x\right)
\end{aligned} \qquad (5-33)
$$

通过式(5-16)、式(5-20)和式(5-20)可求出梁柱两端转角：

$$
\begin{cases}
\theta^{\mathrm{L}} = \dfrac{qL^3}{24EI}\dfrac{3(\tan u - u)}{u^3} + \dfrac{M_{\mathrm{A}}L}{3EI}\dfrac{3}{2u}\left(\dfrac{1}{2u} - \dfrac{1}{\tan 2u}\right) + \dfrac{M_{\mathrm{B}}L}{6EI}\dfrac{3}{u}\left(\dfrac{1}{\sin 2u} - \dfrac{1}{2u}\right) \\[3mm]
\theta^{\mathrm{R}} = \dfrac{qL^3}{24EI}\dfrac{3(\tan u - u)}{u^3} + \dfrac{M_{\mathrm{B}}L}{3EI}\dfrac{3}{2u}\left(\dfrac{1}{2u} - \dfrac{1}{\tan 2u}\right) + \dfrac{M_{\mathrm{A}}L}{6EI}\dfrac{3}{u}\left(\dfrac{1}{\sin 2u} - \dfrac{1}{2u}\right)
\end{cases} \qquad (5-34)
$$

$$
\begin{cases}
X(u) = \dfrac{3}{u^3}(\tan u - u) \\[3mm]
Y(u) = \dfrac{3}{2u}\left(\dfrac{1}{2u} - \dfrac{1}{\tan 2u}\right) \\[3mm]
Z(u) = \dfrac{3}{u}\left(\dfrac{1}{\sin 2u} - \dfrac{1}{2u}\right)
\end{cases} \qquad (5-35)
$$

则式(5-22)可写为

$$
\begin{cases}
\theta^{\mathrm{L}} = \dfrac{qL^3}{24EI}X(u) + \dfrac{M_{\mathrm{A}}L}{3EI}Y(u) + \dfrac{M_{\mathrm{B}}L}{6EI}Z(u) \\[3mm]
\theta^{\mathrm{R}} = \dfrac{qL^3}{24EI}X(u) + \dfrac{M_{\mathrm{B}}L}{3EI}Y(u) + \dfrac{M_{\mathrm{A}}L}{6EI}Z(u)
\end{cases} \qquad (5-36)
$$

式中，$u = \dfrac{kL}{2} = \dfrac{L}{2}\sqrt{\dfrac{p}{EI}}$ ，定义为纵横弯曲梁柱稳定系数。当 $p=0$，即梁柱轴向力为 0 时，$X(u) = Y(u) = Z(u) = 1$；当 $p>0$，即梁柱轴向力为压力时，$X(u)$、$Y(u)$ 和 $Z(u)$ 均大于 0，当压力 p 趋近于临界载荷 p_{cr} 时，$X(u)$、$Y(u)$ 和 $Z(u)$ 均趋向于无穷大，如图 5-11 所示。

当 $p<0$，即梁柱轴向力为拉力时，u 为复数，令 $u = \dfrac{L}{2}\sqrt{\dfrac{p}{EI}} = \dfrac{L}{2}\sqrt{\dfrac{p_b}{EI}}i = u_1 i$ ，其中 i 为虚数单位，结合式（5-32）和复数三角变换 $\sin ik = i\,\mathrm{sh}x$ 和 $\cos ik = \mathrm{ch}x$ 可得

$$\begin{cases} X(u) = \dfrac{3}{u_1^2} - \dfrac{3\mathrm{sh}u_1}{u_1^3\mathrm{ch}u_1} \\[2mm] Y(u) = \dfrac{3\mathrm{ch}2u_1}{2u_1\mathrm{sh}2u_1} - \dfrac{3}{4u_1^2} \\[2mm] Z(u) = \dfrac{3}{2u_1^2} - \dfrac{3}{u_1\mathrm{sh}2u_1} \end{cases} \qquad (5\text{-}37)$$

当 $p<0$ 时，$X(u)$、$Y(u)$ 和 $Z(u)$ 均小于 0，当 p 趋近于无穷小时，$X(u)$、$Y(u)$ 和 $Z(u)$ 趋近于 0，如图 5-12 所示。

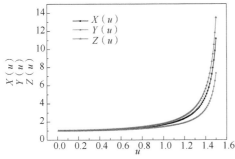
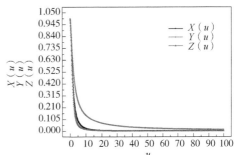

图 5-11 $p>0$ 时 $X(u)$、$Y(u)$ 和 $Z(u)$ 随 u 变化示意图

图 5-12 $p<0$ 时 $X(u)$、$Y(u)$ 和 $Z(u)$ 随 u 变化示意图

5.3.4 连续油管三弯矩方程

连续油管在下入过程中可视为具有 $n+1$ 个支座的 n 跨连续梁，如图 5-13 所示。

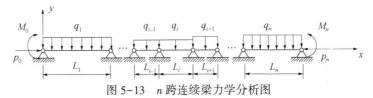

图 5-13 n 跨连续梁力学分析图

结合任意中间支座的连续性条件 $\theta_i^R = -\theta_{i+1}^L$ 和式（5-13）可得 n 跨连续梁第 i 个支座的三弯矩方程：

$$M_{i-1}Z(u_i) + 2M_i\left[Y(u_i) + \frac{L_{i+1}I_i}{L_iI_{i+1}}Y(u_{i+1})\right] + M_{i+1}\left[\frac{L_{i+1}I_i}{L_iI_{i+1}}Z(u_{i+1})\right]$$

$$= -\frac{q_i\sin\alpha_iL_i^2}{4}X(u_i) - \frac{q_{i+1}\sin\alpha_iL_{i+1}^2}{4}\frac{L_{i+1}I_i}{L_iI_{i+1}}X(u_{i+1}) \qquad (5\text{-}38)$$

对于已知两端弯矩的 n 跨连续梁，为求出 $n-1$ 个中间支座的弯矩，根据式(5-26)可得矩阵形式方程组：

$$\boldsymbol{HX} = \boldsymbol{b} \tag{5-39}$$

式(5-27)中各项为

$$\boldsymbol{H}_{(n-1)\times(n-1)} = \begin{pmatrix} D_1 & E_1 & 0 & 0 & 0 & \cdots & 0 & 0 & 0 & 0 & 0 & 0 & 0 \\ C_2 & D_2 & E_2 & 0 & 0 & \cdots & 0 & 0 & 0 & 0 & 0 & 0 & 0 \\ 0 & C_3 & D_3 & E_3 & 0 & \cdots & 0 & 0 & 0 & 0 & 0 & 0 & 0 \\ 0 & 0 & C_4 & D_4 & E_4 & \cdots & 0 & 0 & 0 & 0 & 0 & 0 & 0 \\ \vdots & \vdots & \vdots & \vdots & \vdots & & \vdots & \vdots & \vdots & \vdots & \vdots & \vdots & \vdots \\ 0 & 0 & 0 & 0 & 0 & \cdots & C_i & D_i & E_i & 0 & 0 & 0 & 0 \\ \vdots & \vdots & \vdots & \vdots & \vdots & & & & & & \vdots & \vdots & \vdots \\ 0 & 0 & 0 & 0 & 0 & 0 & 0 & 0 & 0 & \cdots & C_{n-2} & D_{n-2} & E_{n-2} \\ 0 & 0 & 0 & 0 & 0 & 0 & 0 & 0 & 0 & \cdots & 0 & C_{n-1} & D_{n-1} \end{pmatrix}$$

$$\tag{5-40}$$

$$\boldsymbol{X}_{n-1} = \begin{pmatrix} M_1 & \cdots & M_i & \cdots & M_{n-1} \end{pmatrix} \tag{5-41}$$

$$\boldsymbol{b}_{n-1} = \begin{pmatrix} F_1 - M_0 C_1 & F_2 & \cdots & F_i & \cdots & F_{n-2} & F_{n-1} - M_n E_{n-1} \end{pmatrix} \tag{5-42}$$

其中

$$\begin{cases} A_i = \dfrac{L_{i+1} I_i}{L_i I_{i+1}} \\ B_i = \dfrac{q_i \sin\alpha_{i,\,i+1} L_i^2}{4} \\ C_i = Z(u_i) \\ D_i = 2\left[Y(u_i) + A_i Y(u_{i+1}) \right] \\ E_i = A_i Z(u_{i+1}) \\ F_i = -B_i X(u_i) - B_{i+1} A_i X(u_{i+1}) \end{cases}$$

通过式(5-7)可以求出轴向力 p_i，因此可得 $X(u)$、$Y(u)$ 和 $Z(u)$，再代入式(5-27)中可求出任意中间支座的弯矩。

5.3.5　射孔管串井筒通过能力分析模型

连续油管输送分簇射孔管串下入时，管串不仅受式(5-22)中各种力作用，还受到连续油管作用。为方便计算，假设连续油管作用在分簇射孔管串上的力只有弯矩 M_n，管串受力如图 5-14 所示。

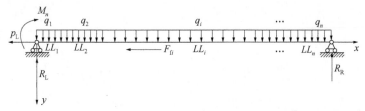

图 5-14　连续油管输送分簇射孔管串通过弯曲井段受力分析

在连续油管射孔管串正常下入过程中，连续油管在井筒中的边界条件难以准确描述，在现有研究中，连续油管边界条件通常简化为铰支或者固支约束。相关文献表明，当连续油管无量纲长度大于 5π 时，可以视其为无限长管柱而忽略两端约束条件[166,167]。无量纲长度 ζ_L 可由下式表示：

$$\zeta_L = \left(\frac{q}{EIr_c}\right)^{0.25} \cdot L$$

式中　　q——油管单位长度重量，N/m；

　　　　E——杨氏模量，Pa；

　　　　I——惯性矩，m⁴；

　　　　r_c——油管与井筒的间隙大小，m；

　　　　L——油管长度，m。

通常对于管串井筒通过能力的研究，指的是管串能否通过造斜段与水平段。当连续油管分簇射孔管串到达造斜段与水平段时，连续油管无量纲长度 ζ_L 一般能大于 5π，因此可以将连续油管视为无限长管柱而忽略两端约束条件。本文主要分析连续油管分簇射孔管串在井筒中的变形，为了简化计算，在计算连续油管弯矩时视射孔管串为连续油管一部分，连续油管上端和射孔管串下端视为铰支约束，即两端弯矩为0：

$$M_1 = 0, \quad M_{n+1} = 0 \tag{5-43}$$

由式(5-28)已知无外部弯矩作用时的纵横弯曲变截面梁的变形微分方程，由此易得有弯矩作用时的微分方程：

$$\begin{cases} y_i = A_i \sin k_i x + B_i \cos k_i x - \dfrac{N_i(x) + M_n}{p_i} - \dfrac{EI_i q_i}{{p_i}^2}, \quad L_{i-1} \leq x \leq L_i \\[3mm] y_i' = A_i k_i \cos k_i x - B_i k_i \sin k_i x - \dfrac{N_i'(x)}{p_i}, \quad L_{i-1} \leq x \leq L_i \end{cases} \tag{5-44}$$

求解式(5-32)的方法与式(5-33)至式(5-38)相似，只与将式(5-36)改为下式：

$$\boldsymbol{BR}_{2n\times 1} = \begin{pmatrix} b_1 & b_2 & \cdots & b_i & \cdots & b_{2n-1} & b_{2n} \end{pmatrix}^{\mathrm{T}} \tag{5-45}$$

$$\begin{cases} b_1 = \dfrac{N_1(0) + M_n}{p_1} + \dfrac{EI_1 q_1}{{p_1}^2} \\[3mm] b_2 = \dfrac{N_n(L_n) + M_n}{p_n} + \dfrac{EI_n q_n}{{p_n}^2} \\[3mm] b_3 = \dfrac{N_1(L_1) + M_n}{p_1} - \dfrac{N_2(L_1) + M_n}{p_2} + \dfrac{EI_1 q_1}{{p_1}^2} - \dfrac{EI_2 q_2}{{p_2}^2} \\[2mm] \vdots \\[1mm] b_{n+1} = \dfrac{N_{n-1}(L_{n-1}) + M_n}{p_{n-1}} - \dfrac{N_n(L_{n-1}) + M_n}{p_n} + \dfrac{EI_{n-1} q_{n-1}}{{p_{n-1}}^2} - \dfrac{EI_n q_n}{{p_n}^2} \\[3mm] b_{n+2} = \dfrac{N_1'(L_1)}{p_1} - \dfrac{N_2'(L_1)}{p_2} \\[2mm] \vdots \\[1mm] b_{2n} = \dfrac{N_{n-1}'(L_{n-1})}{p_{n-1}} - \dfrac{N_n'(L_{n-1})}{p_n} \end{cases} \tag{5-46}$$

5.4 水平井连续油管通过能力分析

连续油管是由若干柔性管焊接而成，与常规作业管柱相比刚度较小，在进入井眼过程中极易发生弹性变形导致下入深度降低，因此在使用连续油管作业时有必要考虑下入性问题[168]。

5.4.1 直井段连续油管屈曲临界载荷计算模型

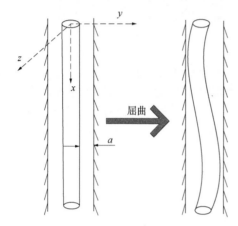

图 5-15 直井段连续油管屈曲变形图

直井段连续油管在自身重力作用下可能会发生屈曲变形，如图 5-15 所示。本文采用能量法建立直井段油管的屈曲分析模型，得到连续油管发生屈曲变形时的临界荷载，以竖直向下为 x 轴，水平向右为 y 轴，z 轴满足右手定则。且假设连续油管与井筒发生接触，其横向位移满足以下公式：

$$\omega = a\sin(\frac{\pi x}{l}) \tag{5-47}$$

式中　ω ——连续油管发生屈曲的横向位移，m；

　　　a ——连续油管与井筒之间的间隙，m；

　　　l ——油管的长度，m。

根据能量原理，在任意微小的侧向挠动下，连续油管处于临界状态，其能量变化为 0，即

$$\Delta U = \Delta T \tag{5-48}$$

当连续油管发生屈曲变形，其势能变化主要由弯曲变形产生，转动动能的变化主要是由重力和轴向力产生，具体的推导如下：

$$\begin{cases} \Delta U = \dfrac{1}{2}EI\displaystyle\int_0^l (\dfrac{d^2\omega}{dx^2})^2 dx = \dfrac{1}{2}EI\displaystyle\int_0^l (\dfrac{\pi}{l})^4 a^2 \sin^2(\dfrac{\pi x}{l}) dx \\[3mm] \Delta T = \dfrac{F}{2}\displaystyle\int_0^l (\dfrac{d\omega}{dx})^2 dx + \dfrac{q_e}{2}\displaystyle\int_0^l x(\dfrac{d\omega}{dx})^2 dx = \dfrac{F}{2}\displaystyle\int_0^l (\dfrac{\pi}{l})^2 a^2 \cos^2(\dfrac{\pi x}{l}) dx \\[3mm] + \dfrac{q_e}{2}\displaystyle\int_0^l x (\dfrac{\pi}{l})^2 a^2 \cos^2(\dfrac{\pi x}{l}) dx \end{cases} \tag{5-49}$$

式中　F ——连续油管的轴向力，N；

　　　q_e ——微元段连续油管的重力，N/m；

　　　E ——连续油管的弹性模量，Pa；

　　　I ——连续油管的极惯性矩，m^4。

由三角函数变换和分布积分原理可得

$$\begin{cases} \displaystyle\int_0^l \sin^2(\frac{\pi x}{l})\,\mathrm{d}x = \int_0^l \frac{1-\cos(\frac{2\pi x}{l})}{2}\,\mathrm{d}x = \frac{l}{2} \\[3mm] \displaystyle\int_0^l \cos^2(\frac{\pi x}{l})\,\mathrm{d}x = \int_0^l \frac{1+\cos(\frac{2\pi x}{l})}{2}\,\mathrm{d}x = \frac{l}{2} \\[3mm] \displaystyle\int_0^l x\cos^2(\frac{\pi x}{l})\,\mathrm{d}x = \int_0^l x\frac{1+\cos(\frac{2\pi x}{l})}{2}\,\mathrm{d}x = \int_0^l \frac{x}{2}\,\mathrm{d}x + \int_0^l \frac{x}{2}\cos(\frac{2\pi x}{l})\,\mathrm{d}x = \frac{l^2}{4} \end{cases} \tag{5-50}$$

把式(5-37)代入式(5-36)，化简可得

$$\begin{cases} \Delta U = \dfrac{1}{2}EI\left(\dfrac{\pi}{l}\right)4a^2 \cdot \left(\dfrac{l}{2}\right) \\[3mm] \Delta T = \dfrac{F}{2}\left(\dfrac{\pi}{l}\right)^2 a^2 \cdot \left(\dfrac{l}{2}\right) + \dfrac{q_e}{2}\left(\dfrac{\pi}{l}\right)^2 a^2 \cdot \left(\dfrac{l^2}{4}\right) \end{cases} \tag{5-51}$$

将式(5-38)代入式(5-35)可得

$$EI\frac{\pi^2}{l^2} = F + \frac{1}{2}q_e l \tag{5-52}$$

由此，可得到直井段连续油管临界弯曲荷载为

$$F_{cr} = EI\frac{\pi^2}{l^2} - \frac{1}{2}q_e l \tag{5-53}$$

连续油管发生屈曲时，可能弯曲成多个正弦半波的形式，取 n 为半波个数，l_e 为半波波长，则式(5-53)变为

$$F_{cr} = EI\frac{\pi^2}{(nl_e)^2} - \frac{1}{2}q_e nl_e \tag{5-54}$$

临界荷载 F_{cr} 与 n 的个数有关，则最小临界屈曲荷载由式(5-42)求得

$$\frac{\partial F_{cr}}{\partial n} = 0 \tag{5-55}$$

$$(nl_e)^3 = -\frac{4EI\pi^2}{q_e} \tag{5-56}$$

将式(5-43)代入式(5-41)中有

$$F_{cr} = \left(\frac{27EIq_e^2\pi^2}{16}\right)^{\frac{1}{3}} \approx 2.55\,(EIq_e^2)^{\frac{1}{3}} \tag{5-57}$$

式(5-44)的结果与学者 J. Wu[169]推导的结果一致。对于螺旋屈曲临界载荷公式，也可以通过能量法原理推导出来，见式(5-45)。

$$F_{cr} = 5.55\,(EIq_e^2)^{\frac{1}{3}} \tag{5-58}$$

根据学者陈康[170]所建立的管柱屈曲状态下的接触方程可得直井段单位长度连续油管

发生屈曲变形后与井筒的接触载荷计算公式：

$$N = \frac{aF^2}{4EI} \tag{5-59}$$

5.4.2 造斜段连续油管屈曲临界荷载计算模型

在连续油管输送分簇射孔管串过程中，假设单元连续油管与井筒处接触，如图5-16（a）所示。建立整体坐标系 xyz，x 轴沿该段井眼上部底端的切向，y 轴沿该段井眼下部底端的法向，z 轴服从右手定则。为了方便分析问题，在连续油管任一截面形心建立局部坐标系 $OUVW$。

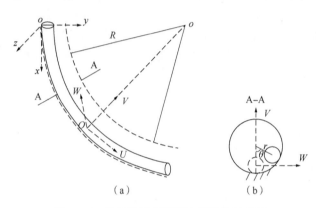

图5-16 造斜段单元连续油管结构示意图

连续油管达到临界状态时，在微小的侧向挠动作用下，将产生微小的侧向位移。由于自重的存在，可假设发生微小的侧移后，管柱仍然与井壁接触，如图5-16（b）所示。因此连续油管任意截面的位移在局部坐标系中可表示为

$$\begin{cases} u = s^2k/2 + r(1 - \cos\theta) \\ v = r(1 - \cos\theta) \\ \omega = r\sin\theta \end{cases} \tag{5-60}$$

式中 r ——管柱截面形心至井眼轴心的径向距离，m；

u ——沿 U 方向的位移，m；

v ——沿 V 方向的位移，m；

ω ——沿 W 方向的位移，m；

θ ——连续油管在 $V - W$ 平面内的偏转角，rad；

k ——造斜井段曲率，1/m。

单位长度连续油管的重力在局部坐标系中可表示为

$$\begin{cases} q_u = q_e\sin\alpha \\ q_v = q_e\cos\alpha \end{cases} \tag{5-61}$$

式中 α ——管柱的井斜角，rad；

q_e ——单元连续油管的净重，N/m。

假设管柱发生屈曲变形后呈现多个半波形，由此偏转角 θ 表示为

$$\theta = \theta_0\sin\frac{n\pi s}{l}, \quad n = 1, 2, 3, \cdots \tag{5-62}$$

式中 θ_0 ——微量系数；

n ——正弦半波数，且为待定量；

l——单元连续油管长度，m。

根据能量守恒原理，管柱发生微小的侧向挠动下，处于临界状态时，其动能和势能也满足式(5-35)，其中包括连续油管三个方向上的弯曲势能变化和由连续油管与井筒间摩擦力引起的动能变化，具体推导如下：

$$\begin{cases} \Delta U = \Delta U_1 + \Delta U_2 + \Delta U_3 = \dfrac{1}{2}EI\int_0^l\left[\left(\dfrac{\mathrm{d}^2u}{\mathrm{d}s^2}\right)^2 + \left(\dfrac{\mathrm{d}^2v}{\mathrm{d}s^2}\right)^2 + \left(\dfrac{\mathrm{d}^2\omega}{\mathrm{d}s^2}\right)^2\right]\mathrm{d}s \\[2mm] \Delta T = \Delta T_1 + \Delta T_2 + \Delta T_3 = \int_0^l q_u\left\{\int_0^l\left[\dfrac{1}{2}\left(\dfrac{\mathrm{d}v}{\mathrm{d}s}\right)^2 + \dfrac{1}{2}\left(\dfrac{\mathrm{d}\omega}{\mathrm{d}s}\right)^2 + rk(1-\cos\theta)\right]\mathrm{d}s\right\}\mathrm{d}s \\[2mm] \quad - q_v\int_0^l r(1-\cos\theta)\,\mathrm{d}s + (F-f)\int_0^l\left[\dfrac{1}{2}\left(\dfrac{\mathrm{d}v}{\mathrm{d}s}\right)^2 + \dfrac{1}{2}\left(\dfrac{\mathrm{d}\omega}{\mathrm{d}s}\right)^2 + rk(1-\cos\theta)\right]\mathrm{d}s \end{cases}$$

$$(5-63)$$

式中 f——连续油管—井筒之间的摩擦力，N，$f=q_e\sin\alpha\mu_g$；

F——连续油管轴向载荷，N；

q_u，q_v——微元段连续油管在 U，V 方向的重力分量，N/m；

k——造斜段单元连续油管的曲率。

由式(5-47)可得

$$\begin{cases} \dfrac{\mathrm{d}u}{\mathrm{d}s} = sk - r\dfrac{\mathrm{d}\cos\theta}{\mathrm{d}s} & \dfrac{\mathrm{d}^2u}{\mathrm{d}s^2} = k - r\dfrac{\mathrm{d}^2\cos\theta}{\mathrm{d}s^2} \\[2mm] \dfrac{\mathrm{d}v}{\mathrm{d}x} = r\sin\theta\dfrac{\mathrm{d}\theta}{\mathrm{d}x} & \dfrac{\mathrm{d}^2v}{\mathrm{d}x^2} = r\cos\theta\left(\dfrac{\mathrm{d}\theta}{\mathrm{d}x}\right)^2 + r\sin\theta\dfrac{\mathrm{d}^2\theta}{\mathrm{d}x^2} \\[2mm] \dfrac{\mathrm{d}\omega}{\mathrm{d}x} = r\cos\theta\dfrac{\mathrm{d}\theta}{\mathrm{d}x} & \dfrac{\mathrm{d}^2\omega}{\mathrm{d}x^2} = -r\sin\theta\left(\dfrac{\mathrm{d}\theta}{\mathrm{d}x}\right)^2 + r\cos\theta\dfrac{\mathrm{d}^2\theta}{\mathrm{d}x^2} \end{cases}$$

$$(5-64)$$

将式(5-51)代入式(5-50)中得

$$\begin{cases} \Delta U = \dfrac{1}{2}EI\int_0^l\left\{\left[k^2 - 2kr\dfrac{\mathrm{d}^2\cos\theta}{\mathrm{d}s^2} + r^2\left(\dfrac{\mathrm{d}^2\cos\theta}{\mathrm{d}s^2}\right)^2\right] + r^2\left[\left(\dfrac{\mathrm{d}^2\theta}{\mathrm{d}s^2}\right)^2 + \left(\dfrac{\mathrm{d}\theta}{\mathrm{d}s}\right)^4\right]\right\}\mathrm{d}s \\[2mm] \Delta T = \int_0^l q_u\left\{\int_0^l\left[\dfrac{1}{2}r^2\left(\dfrac{\mathrm{d}\theta}{\mathrm{d}s}\right)^2 + rk(1-\cos\theta)\right]\mathrm{d}s\right\}\mathrm{d}s - q_v\int_0^l r(1-\cos\theta)\,\mathrm{d}s \\[2mm] \quad + (F-f)\int_0^l\left[\dfrac{1}{2}r^2\left(\dfrac{\mathrm{d}\theta}{\mathrm{d}s}\right)^2 + rk(1-\cos\theta)\right]\mathrm{d}s \end{cases}$$

$$(5-65)$$

由于 θ 是微小量，满足下面变形公式：

$$\begin{cases} 1 - \cos\theta = 2\sin^2\left(\dfrac{\theta}{2}\right) = \dfrac{\theta^2}{2} \\[3mm] \dfrac{\mathrm{d}^2\cos\theta}{\mathrm{d}s^2} = \dfrac{\mathrm{d}^2\left(1 - 2\sin^2\dfrac{\theta}{2}\right)}{\mathrm{d}s^2} = \dfrac{\mathrm{d}^2\left(1 - \dfrac{\theta^2}{2}\right)}{\mathrm{d}s^2} = -\dfrac{\mathrm{d}^2\theta^2}{2\mathrm{d}s^2} = -\left[\left(\dfrac{\mathrm{d}\theta}{\mathrm{d}s}\right)^2 + \theta\dfrac{\mathrm{d}^2\theta}{\mathrm{d}s^2}\right] \end{cases}$$

$$(5-66)$$

根据积分性质，可得

$$
\begin{cases}
\displaystyle\int_0^l \sin^2(\frac{kn\pi s}{l})\,\mathrm{d}s = \int_0^l \frac{1-\cos(\frac{2kn\pi s}{l})}{2}\mathrm{d}s = \frac{l}{2}, \quad k=1,2,3,\cdots \\[3mm]
\displaystyle\int_0^l \cos^2(\frac{kn\pi s}{l})\,\mathrm{d}s = \int_0^l \frac{1+\cos(\frac{2kn\pi s}{l})}{2}\mathrm{d}s = \frac{l}{2}, \quad k=1,2,3,\cdots \\[3mm]
\displaystyle\int_0^l \cos^4(\frac{n\pi s}{l})\,\mathrm{d}s = \int_0^l \left[\frac{1+\cos(\frac{2n\pi s}{l})}{2}\right]^2 \mathrm{d}s = \frac{l}{4}+\frac{l}{8}=\frac{3l}{8} \\[3mm]
\displaystyle\int_0^l \left[\cos^4(\frac{n\pi s}{l})+\sin^4(\frac{n\pi s}{l})\right]\mathrm{d}s = \int_0^l \left[\frac{1+\cos(\frac{2n\pi s}{l})}{2}\right]^2 + \left[\frac{1-\cos(\frac{2n\pi s}{l})}{2}\right]^2 \mathrm{d}x = \frac{l}{2} \\[3mm]
\displaystyle\int_0^l \left[\cos^2(\frac{n\pi s}{l})\sin^2(\frac{n\pi s}{l})\right]\mathrm{d}s = \frac{1}{4}\int_0^l \left[\sin^2(\frac{2n\pi s}{l})\right]\mathrm{d}s = \frac{1}{8}l
\end{cases}
$$

$$(5-67)$$

把式(5-53)和式(5-54)代入式(5-52)中的各项表达式可得

$$
\begin{cases}
\dfrac{1}{2}EI\displaystyle\int_0^l \left[k^2-2kr\dfrac{\mathrm{d}^2\cos\theta}{\mathrm{d}s^2}+(\dfrac{\mathrm{d}^2\cos\theta}{\mathrm{d}s^2})^2\right]\mathrm{d}s = \dfrac{1}{2}EI\int_0^l \left\{ k^2+2kr\left[(\dfrac{\mathrm{d}\theta}{\mathrm{d}s})^2+\theta\dfrac{\mathrm{d}^2\theta}{\mathrm{d}s^2}\right] + r^2\left[(\dfrac{\mathrm{d}\theta}{\mathrm{d}s})^2+\theta\dfrac{\mathrm{d}^2\theta}{\mathrm{d}s^2}\right]^2 \right\} \\[4mm]
= \dfrac{1}{2}EI\displaystyle\int_0^l \left\{ k^2+2kr\left[(\dfrac{\theta_0 n\pi}{l})^2\cos^2\dfrac{n\pi s}{l}-(\dfrac{\theta_0 n\pi}{l})^2\sin^2\dfrac{n\pi s}{l}\right] + r^2\left[(\dfrac{\theta_0 n\pi}{l})^2\cos^2\dfrac{n\pi s}{l}-(\dfrac{\theta_0 n\pi}{l})^2\sin^2\dfrac{n\pi s}{l}\right]^2 \right\} = \dfrac{1}{2}EI\left[k^2l+r^2(\dfrac{\theta_0 n\pi}{l})^4\dfrac{l}{4}\right]
\end{cases}
$$

$$(5-68)$$

$$
\begin{cases}
\dfrac{1}{2}EI\displaystyle\int_0^l \left\{ r^2\left[(\dfrac{\mathrm{d}^2\theta}{\mathrm{d}s^2})^2+(\dfrac{\mathrm{d}\theta}{\mathrm{d}s})^4\right]\right\}\mathrm{d}s = \dfrac{1}{2}EI\int_0^l \left\{ r^2\left[\theta_0^2(\dfrac{n\pi}{l})^4\sin^2\dfrac{n\pi s}{l}+(\dfrac{\theta_0 n\pi}{l})^4\cos^4\dfrac{n\pi s}{l}\right]\right\}\mathrm{d}s \\[4mm]
= \dfrac{1}{2}EIr^2\left[\theta_0^2(\dfrac{n\pi}{l})^4\dfrac{l}{2}+(\dfrac{\theta_0 n\pi}{l})^4\dfrac{3l}{8}\right]
\end{cases}
$$

$$(5-69)$$

$$
\begin{cases}
\displaystyle\int_0^l q_u\left\{\int_0^s \left[\dfrac{1}{2}r^2(\dfrac{\mathrm{d}\theta}{\mathrm{d}s})^2+rk(1-\cos\theta)\right]\mathrm{d}s\right\}\mathrm{d}s = \int_0^l q_e\cos\alpha\left\{\int_0^s \left[\dfrac{1}{2}r^2(\dfrac{\mathrm{d}\theta}{\mathrm{d}s})^2+rk\dfrac{\theta^2}{2}\right]\mathrm{d}s\right\}\mathrm{d}s \\[4mm]
= \displaystyle\int_0^l q_e\cos\alpha\left\{\int_0^s \left[\dfrac{1}{2}r^2(\dfrac{\theta_0 n\pi}{l})^2\cos^2\dfrac{n\pi s}{l}+\dfrac{rk\theta_0^2}{2}\sin^2\dfrac{n\pi s}{l}\right]\mathrm{d}s\right\}\mathrm{d}s \\[4mm]
= \dfrac{q_e\cos\alpha r^2\theta_0^2 n^2\pi^2}{8}+\dfrac{q_e\cos\alpha rk\theta_0^2 l^2}{8}
\end{cases}
$$

$$(5-70)$$

$$q_v \int_0^l r(1-\cos\theta)\,\mathrm{d}s = q_e r \sin\alpha \int_0^l \sin^2\frac{\theta}{2}\,\mathrm{d}s = q_e r \sin\alpha \int_0^l \frac{\theta^2}{2}\,\mathrm{d}s = \frac{q_e r \theta_0^2 \sin\alpha l}{4} \tag{5-71}$$

$$(F-f)\int_0^l \left[\frac{1}{2}r^2\left(\frac{\mathrm{d}\theta}{\mathrm{d}s}\right)^2 + rk(1-\cos\theta)\right]\mathrm{d}s = (F-f)\int_0^l \left[\frac{1}{2}r^2\left(\frac{\mathrm{d}\theta}{\mathrm{d}s}\right)^2 + rk\frac{\theta^2}{2}\right]\mathrm{d}s$$

$$= (F-f)\int_0^l \left[\frac{1}{2}r^2\left(\frac{\theta_0 n\pi}{l}\right)^2 \cos^2\frac{n\pi s}{l} + \frac{rk\theta_0^2}{2}\sin^2\frac{n\pi s}{l}\right]\mathrm{d}s = (F-f)\left(\frac{r^2\theta_0^2 n^2\pi^2}{4l} + \frac{rk\theta_0^2 l}{4}\right) \tag{5-72}$$

把式(5-55)至式(5-59)代入式(5-35)可得连续油管的临界荷载计算公式，具体表达式如下：

$$\frac{1}{2}EI\left[k^2 l + r^2\left(\frac{\theta_0 n\pi}{l}\right)^4\frac{l}{4}\right] + \frac{1}{2}EIr^2\left[\theta_0^2\left(\frac{n\pi}{l}\right)^4\frac{l}{2} + \left(\frac{\theta_0 n\pi}{l}\right)^4\frac{3l}{8}\right] =$$

$$(F-f)\left(\frac{r^2\theta_0^2 n^2\pi^2}{4l} + \frac{rk\theta_0^2 l}{4}\right) + \frac{q_e\cos\alpha r^2\theta_0^2 n^2\pi^2}{8} + \frac{q_e\cos\alpha rk\theta_0^2 l^2}{8} - \frac{q_e r\theta_0^2\sin\alpha l}{4} \tag{5-73}$$

由于实际工况中造斜段连续油管很长，导致连续油管的曲率很小，并且系数 θ_0 是个微量，由此高阶项忽略不计，式(5-60)化简得

$$F_{cr} = \frac{2EIrn^4\pi^4 + 2l^4 q_e\sin\alpha - n^2\pi^2 l^3 rq_e\cos\alpha - kl^5 q_e\cos\alpha}{2n^2\pi^2 l^2 r + 2kl^4} + f \tag{5-74}$$

由式(5-61)可见，造斜段连续油管屈曲临界载荷 F_{cr} 与屈曲时的波形数有关。当 n 达到某一值时，F_{cr} 的值最小(即为管柱的屈曲临界载荷)。为了得到使 F_{cr} 为最小值时的 n，将 F_{cr} 看成是 n 的连续函数，即 n 的定义域扩展为正实数。根据最小势能原理，$\partial F_{cr}/\mathrm{d}n = 0$，可得

$$n = \frac{l}{\pi}\sqrt{-\frac{k}{r} + \sqrt{\left(\frac{k}{r}\right)^2 + \frac{q_e\sin\alpha}{EIr}}} \tag{5-75}$$

将式(5-62)代入式(5-61)，化简得造斜段连续油管屈曲临界荷载计算公式：

$$F_{cr} = \frac{2EIk}{r} + 2EI\sqrt{\left(\frac{k}{r}\right)^2 + \frac{q_e\sin\alpha}{EIr}} - \frac{q_e l\cos\alpha}{2} + f \tag{5-76}$$

由式(5-63)可知，造斜段连续油管的屈曲临界荷载与连续油管的长度、井斜角、浮重、曲率和摩擦力有关。

采用下列各式判断造斜段连续油管是否存在螺旋屈曲[171]：

$$F_{crr} = \left(\frac{12kEI}{r}\right)\left[1 + \left(1 + \frac{rq_e\sin\alpha}{8EIk^2}\right)^{\frac{1}{2}}\right] \tag{5-77}$$

式中　F_{crr}——螺旋屈曲载荷，N。

根据学者陈康所建立的管柱屈曲状态下的接触方程可得造斜段连续油管发生屈曲变形后与井筒的单元长度接触载荷计算公式，见式(5-65)，连续油管未发生屈曲变形时接触载荷见式(5-66)。

$$\begin{cases} N = -\dfrac{16\pi^4 EIr}{p^4} + \dfrac{4\pi^2 r}{p^2}\left(F + \dfrac{EI}{R^2}\right) \\ \left(\dfrac{\pi}{p}\right)^2 = \dfrac{1}{2rR}\left(1 + \sqrt{1 + \dfrac{rR^2 q_e \sin\alpha}{2EI} - \dfrac{r}{2R}}\right) \end{cases} \tag{5-78}$$

$$N = \dfrac{F}{R} + q_e \sin\alpha \tag{5-79}$$

式中 R ——管柱造斜段单元曲率半径，m。

5.4.3 水平段连续油管屈曲临界荷载计算模型

水平段连续油管主要受到自身的重力和摩擦力的作用，当连续油管受到的轴力过大时将会引起屈曲变形，如图 5-17 所示。

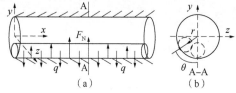

图 5-17 水平段单元连续油管屈曲变形图

本文采用能量法建立水平段单元连续油管的屈曲分析模型，得到连续油管发生屈曲变形的临界荷载，以水平向右为 x 轴，竖直向上为 y 轴，z 坐标满足右手定则（图 5-17），假设管柱仅靠在井壁，q_e 为管柱单位长度上的重力，N/m，则有

$$\begin{cases} q_x = 0 \\ q_y = q_e \end{cases} \tag{5-80}$$

连续油管达到临界状态时，在微小的侧向挠动作用下将产生微小的侧向位移。由于自重的存在，可假设发生微小的侧移后，连续油管仍然与井壁接触，因此，连续油管任意截面的位移为

$$\begin{cases} v = r(1 - \cos\theta) \\ \omega = r\sin\theta \end{cases} \tag{5-81}$$

式中 r ——连续油管截面形心至井眼轴心的径向距离，m；

v ——连续油管任一截面形心在 y 方向的位移，m；

ω —— z 方向的位移，m。

根据能量原理，在临界状态下受压连续油管的总势能增量应为零，即

$$\Delta U = \Delta T \tag{5-82}$$

其中

$$\begin{cases} \Delta T = \dfrac{(F - f)}{2}\int_0^l\left[\left(\dfrac{dv}{dx}\right)^2 + \left(\dfrac{d\omega}{dx}\right)^2\right]dx - q_y\int_0^l v\,dx \\ \Delta U = \dfrac{EI}{2}\int_0^l\left[\left(\dfrac{d^2v}{dx^2}\right)^2 + \left(\dfrac{d^2\omega}{dx^2}\right)^2\right]dx \end{cases} \tag{5-83}$$

由式(5-68)得

$$\begin{cases} \dfrac{\mathrm{d}v}{\mathrm{d}x} = r\sin\theta\,\dfrac{\mathrm{d}\theta}{\mathrm{d}x} \\[2mm] \dfrac{\mathrm{d}^2v}{\mathrm{d}x^2} = r\cos\theta\left(\dfrac{\mathrm{d}\theta}{\mathrm{d}x}\right)^2 + r\sin\theta\,\dfrac{\mathrm{d}^2\theta}{\mathrm{d}x^2} \\[2mm] \dfrac{\mathrm{d}\omega}{\mathrm{d}x} = r\cos\theta\,\dfrac{\mathrm{d}\theta}{\mathrm{d}x} \\[2mm] \dfrac{\mathrm{d}^2\omega}{\mathrm{d}x^2} = -r\sin\theta\left(\dfrac{\mathrm{d}\theta}{\mathrm{d}x}\right)^2 + r\cos\theta\,\dfrac{\mathrm{d}^2\theta}{\mathrm{d}x^2} \end{cases} \tag{5-84}$$

把式(5-71)代入式(5-70)整理后可得

$$\begin{cases} \Delta T = \dfrac{(F-f)}{2}\displaystyle\int_0^l r^2\left(\dfrac{\mathrm{d}\theta}{\mathrm{d}x}\right)^2 \mathrm{d}x - q_y\displaystyle\int_0^l v\,\mathrm{d}x \\[3mm] \Delta U = \dfrac{EIr^2}{2}\displaystyle\int_0^l\left[\left(\dfrac{\mathrm{d}\theta}{\mathrm{d}x}\right)^4 + \left(\dfrac{\mathrm{d}^2\theta}{\mathrm{d}x^2}\right)^2\right]\mathrm{d}x \end{cases} \tag{5-85}$$

可把连续油管两端简化为铰支端约束，θ 可作如下假设：

$$\theta = \theta_0\sin\dfrac{n\pi x}{l}, \quad n = 1,\,2,\,3,\,\cdots \tag{5-86}$$

式中　θ_0——微量系数；

　　　l——受压管柱的长度；

　　　n——正弦半波数，且为待定量。

把式(5-73)代入式(5-72)，并注意在小变形的情况下，$(1-\cos\theta)\approx\dfrac{1}{2}\theta^2$，整理可得

$$\begin{cases} \Delta T = \dfrac{r^2\theta_0^{\,2}l}{4}\left(\dfrac{n\pi}{l}\right)^2(F-f) - \dfrac{1}{4}q_y l r\theta_0^{\,2} \\[3mm] \Delta U = \dfrac{EIr^2\theta_0^{\,2}l}{4}\left(\dfrac{n\pi}{l}\right)^4\left(1 + \dfrac{3}{4}\theta_0^{\,2}\right) \approx \dfrac{EIr^2\theta_0^{\,2}l}{4}\left(\dfrac{n\pi}{l}\right)^4 \end{cases} \tag{5-87}$$

把式(5-74)代入式(5-68)，整理可得

$$F_{cr} = A\left(n^2 + \dfrac{B}{n^2}\right) + f, \quad n = 1,\,2,\,3,\,\cdots \tag{5-88}$$

其中，$A = \dfrac{\pi^2 EI}{l^2}$，$B = \dfrac{q_e l^4}{\pi^4 EIr}$

由式(5-75)可见，水平段连续油管屈曲临界载荷 F_{cr} 与屈曲时的波形数有关。当 n 达到某一值时，F_{cr} 的值最小(即为连续油管的屈曲临界载荷)。为了得到使 F_{cr} 为最小值时的 n，将 F_{cr} 看成是 n 的连续函数，即 n 的定义域扩展为正实数。根据最小势能原理，$\partial F_{cr}/\partial n = 0$，可得

$$\begin{cases} \dfrac{\partial F_{cr}}{\partial n} = A\left(2n - 2\dfrac{B}{n^3}\right) = 0 \\[3mm] n = \sqrt[4]{B} \end{cases} \tag{5-89}$$

将式(5-76)代入式(5-75)，化简得水平段连续油管屈曲临界荷载计算公式：

$$F_{cr} = 2\sqrt{\frac{EIq_e}{r}} + f \tag{5-90}$$

根据学者陈康所建立的管柱屈曲状态下的接触方程可得水平的连续油管发生屈曲变形后与井筒的单位长度接触载荷计算公式，见式(5-78)。连续油管未发生屈曲变形时接触载荷见式(5-79)。

$$N = \frac{rF^2}{4EI} + q_e \tag{5-91}$$

$$N = q_e \tag{5-92}$$

5.4.4 连续油管通过能力判断准则

通过第5.4.1节至第5.4.3节，本文建立了考虑连续油管自身重力、摩擦阻力和井眼轨迹等因素作用下全井段连续油管屈曲临界载荷计算方法，具体计算方法如下：

$$F_{cr} = \begin{cases} 5.55 \left(EIq_e^2\right)^{\frac{1}{3}} & \text{直井段} \\ \dfrac{2EIk}{r} + 2EI\sqrt{\left(\dfrac{k}{r}\right)^2 + \dfrac{q_e\sin\alpha}{EIr}} - \dfrac{q_e l\cos\alpha}{2} + f & \text{造斜段} \\ 2\sqrt{\dfrac{EIq_e}{r}} + f & \text{水平段} \end{cases} \tag{5-93}$$

当连续油管发生屈曲后与井筒的单位长度接触载荷计算公式如下：

$$N = \begin{cases} \dfrac{aF^2}{4EI} & \text{直井段} \\ -\dfrac{16\pi^4 EIr}{p^4} + \dfrac{4\pi^2 r}{p^2}\left(F + \dfrac{EI}{R^2}\right) & \text{造斜段} \\ \dfrac{rF^2}{4EI} + q_e & \text{水平段} \end{cases} \tag{5-94}$$

通常在分析连续油管下入能力之前，应使连续油管满足最大抗拉强度条件：

$$\sigma_{max} = \frac{4P_{ctmax}}{\pi\left(d_{gw}^2 - d_{gn}^2\right)} \leqslant [\sigma] \tag{5-95}$$

式中 P_{ctmax}——连续油管最大拉力，N；

   $[\sigma]$——连续油管许用应力，Pa。

通常井眼轨迹第一个测点不在井口处，为更为准确地计算连续油管最大拉力 P_{ctmax}，设 h_j 为第一个测点与井口距离，P_1 为第一个测点处连续油管拉力，井口处连续油管最大拉力为

$$P_{ctmax} = P_1 + \frac{h_j \cdot q_i}{l_g} \tag{5-96}$$

连续油管下入深度由其所受摩阻决定。为了保证连续油管在井中正常下入，必须使单元连续油管重力分力之和 P_{th} 不小于其在井中所受摩阻的总和[172]：

$$P_{sum} \geqslant f_{sum} \tag{5-97}$$

式中，$P_{sum} = \sum_{i=1}^{n} F_g \sin\alpha_{i,\,i+1}$，$f_{sum} = \sum_{i=1}^{n} \mu \cdot N_i$，$\mu$ 为连续油管与井壁间摩擦系数。

5.5　实例井分析

在 XX202-H1 井中用连续油管下放 1 桥塞+2 簇射孔枪管串。井眼轨迹参数见表 5-1，一共有 132 个测点，即有 131 个井段，设一个井段为一个单元。井眼轨迹如图 5-2 所示，井筒内径为 114.3mm，井液密度为 1100kg/m³。将具有相同外径的射孔工具进行分段，分簇

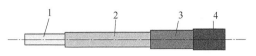

图 5-18　连续油管输送分簇射孔枪管串结构示意

1—外卡瓦接头、液压丢手等；2—射孔枪串；
3—桥塞坐封工具；4—桥塞

射孔管串共分为 4 段，结构如图 5-18 所示，尺寸参数见表 5-1，管串相关计算参数见表5-2，连续油管采用 QT-900 系列，抗拉强度不小于 900MPa，绝对粗糙度为 0.05mm，相关计算参数见表 5-3。

表 5-1　分簇射孔管串尺寸参数

序号	外径（m）	内径（m）	长度（m）
1	0.073	0.0238	1.402
2	0.089	0.0557	2.140
3	0.097	0.0760	1.700
4	0.102	0.0460	1.03

表 5-2　管串相关计算参数

参数	取值	参数	取值
弹性模量（GPa）	206	与井筒摩擦系数	0.25
密度（kg/m³）	7850	流体阻力系数	165
下入速度（m/min）	15		

表 5-3　连续油管相关计算参数

参数	取值	参数	取值
外径（mm）	50.8	与井筒摩擦系数	0.25
壁厚（mm）	3.4	弹性模量（GPa）	206
单位长度浮重（N/m）	34.9		

（1）管串下入通过性分析。

在连续油管输送管串下入过程中，净重、轴向力和连续油管会引起管串一定的弯曲变形，由式（5-21）可知，当最大变形挠度 y_{max} 小于对应测点的 y_c 时，即 $y_{max} < y_c$ 时，管串遇卡。图 5-19 为管串 y_{max} 与 y_c 随测点变化示意图。

（2）连续油管抗拉强度校核。

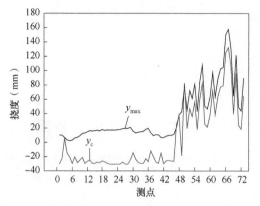

图 5-19　下入过程中不同测点下 y_{max} 与 y_c 的变化

在连续油管的下入过程中，考虑到连续油管可能在直井段的拉断问题，应对其进行最大拉应力校核。图 5-20 为管串在不同深度时连续油管的轴向力变化，从图中可知最大轴向力，结合式(5-18)可对连续油管进行抗拉强度校核。

由图 5-21 和表 5-1 可知：当射孔管串下入到井深 2475m 时，连续油管在测点 1 (井深 575m)处有最大拉力 51.76kN。再结合式(5-83)和式(5-84)可得井口处连续油管有最大拉力为 71.83kN 和最大拉应力为 274MPa，即满足许用应力$[\sigma]$=900MPa。

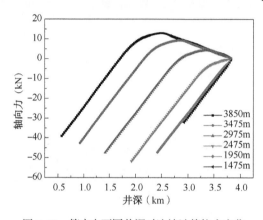

图 5-20　管串在不同井深时连续油管拉力变化

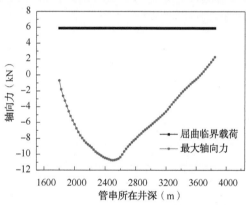

图 5-21　连续油管在直井段最大轴向力变化

当管串下入到井深 3625m 时，连续油管在造斜段 2425m(74 井段)处出现正弦屈曲，随着管串的下入，连续油管屈曲范围扩大，程度加重，当管串下入到井底时，连续油管有最大的屈曲范围和变形(图 5-22 至图 5-25)。根据式(5-64)可知尚未达到螺旋屈曲。

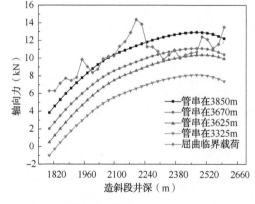

图 5-22　管串在水平段下入过程中连续油管
在造斜段的轴向力变化

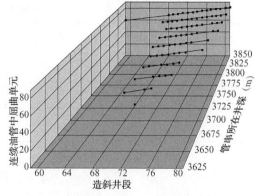

图 5-23　管串下入过程中屈曲
连续油管单元位置分布

如图 5-25 所示，连续油管在下入过程中所受摩阻整体呈现正比例上升趋势，当连续油管靠近井底时，由于其部分屈曲导致的摩擦力增大，使连续油管所受摩阻增幅变大。由式(5-84)计算可得连续油管重力分力之和 P_{th} 为 79kN，大于连续油管所受最大摩阻 f_{sun} 18.7kN，即 $P_{th} > f_{sum}$，故连续油管能顺利到达井底，这与现场实际情况一致。

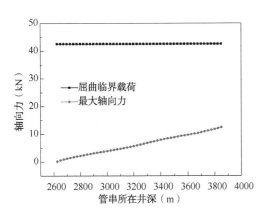

图 5-24　连续油管在水平井段下入过程中
其水平段最大轴向力变化

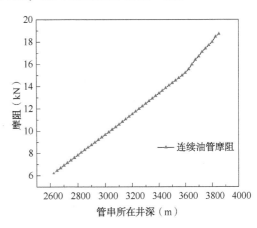

图 5-25　管串在水平井段下入过程中
连续油管所受摩阻大小

6 复杂油气井电缆泵送射孔管串井筒通过能力分析

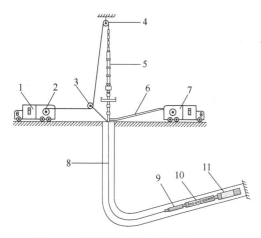

图 6-1　电缆输送分簇射孔管串示意图

1—桥射联作工程车；2—电缆绞车；3—地滑轮；
4—天滑轮；5—井口电缆防喷装置；6—压裂管汇；
7—压裂泵车；8—电缆；9—井下张力仪；
10—射孔枪串；11—桥塞坐封工具及桥塞

泵送桥塞+电缆传输分簇射孔技术，以其作业效率高效，可灵活调整射孔枪簇深度等优势，成为目前国内致密砂岩气、页岩气、煤层气等非常规油气藏应用最广泛的多级压裂完井技术[173,174]。本章针对水平井电缆泵送分簇射孔管串井筒通过能力问题，开展井眼轨迹插值方法、三维电缆张力分析、分簇射孔管串通过能力计算，在此基础上，建立水平井电缆泵送分簇射孔管串井筒通过性模型。通过现场实测数据，验证分簇射孔管串通过性模型。

6.1　上提过程中全井段电缆张力分析模型

在分簇射孔工具串起下过程中，电缆张力的控制是保障作业安全的一个重要因素，如果电缆张力过大，管串容易从电缆头处脱落；如果电缆张力过小，会出现电缆松弛、缠绕等危险情况[141]。当电缆出现松弛情况时，现场会泵送流体，提供泵推力，避免出现此情况。当电缆张力过大时，现场没有很好的办法降低电缆拉力，而在分簇射孔作业中，上提管串时，电缆张力最大，因此，在设计分簇射孔管串之前应校核上提过程中电缆张力。

根据水平井电缆射孔系统的组成和分簇射孔操作特点，为便于电缆张力模型的建立，提出如下假设和简化：

（1）忽略电缆弹性变形；

（2）不考虑电缆受压引起的轴力；

（3）将射孔管串看成细长圆柱，忽略其几何变化；

（4）电缆在造斜段和水平段与井壁接触，在直井段不与井壁接触。

6.1.1　电缆头张力计算

忽略射孔管串几何形状变化及弹性变化，将其看成等截面的圆柱形刚性体，其主要承

受净重 G、井壁支撑力 N_1、摩阻 F_s、电缆头拉力 T_1、井液阻力 F_u，如图6-2所示。

根据牛顿第二定律，建立上提射孔管串时，管串的受力平衡方程：

$$T_1 = G\cos\alpha + F_s + F_u \tag{6-1}$$

$$\begin{cases} G = (\rho_g - \rho_u)gV_g \\ F_s = G\sin\alpha \cdot \mu_1 \\ F_u = \dfrac{1}{2}C_dAv_g^2 \end{cases} \tag{6-2}$$

式中　ρ_g——管串密度，kg/m^3；

ρ_u——井液密度，kg/m^3；

V_g——管串体积，m^3；

α——投捞器所在位置的井斜角；

μ_1——射孔管串与井壁间的摩擦系数；

m_g——管串质量，kg；

C_d——井液阻力系数，取现场经验数值165；

A——管串最大横截面积；

v_g——管串速度，m/s。

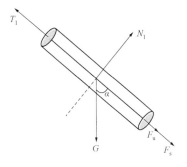

图6-2　分簇射孔管串受力分析

综上所述，电缆头拉力为

$$T_1 = G\cos\alpha + \frac{1}{2}C_dAv_g^2 + G\sin\alpha \cdot \mu_1 \tag{6-3}$$

6.1.2　全井段电缆张力计算

以一个井段长度作为电缆一个单元长度，当电缆在造斜段与水平段上提时，单元电缆受力分析如图6-3所示。在一个单元里，第 i 个井段对应圆心角为 θ_i，第 i 个测点对应井斜角为 α_i，F_{gi} 为单元电缆净重，F_{vi} 为单元电缆所受黏滞阻力，F_{fi} 为单元电缆所受摩擦阻力，N_i 为支反力，T_{i+1} 和 T_i 为单元电缆两端拉力。

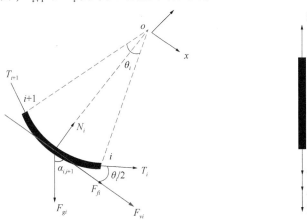

（a）造斜段与水平段电缆拉力分析　　　　（b）直井段电缆拉力分析

图6-3　全井段电缆张力分析

根据牛顿第二定律，建立单元电缆在造斜段与水平段上提时的受力平衡方程：

$$F_{vi} + F_{fi} + T_i\cos\frac{\theta_i}{2} + F_{gi}\cos\alpha_{i,\,i+1} = T_{i+1}\cos\frac{\theta_i}{2} \tag{6-4}$$

其中：

$$\begin{cases} \alpha_{i,\,i+1} = \dfrac{\alpha_i + \alpha_{i+1}}{2} \\[2mm] \theta_i = \dfrac{2l_d}{(R_i + R_{i+1})} \\[2mm] F_{gi} = (\rho_d - \rho_u\pi R_d^2)\,gl_d \\[2mm] F_{vi} = \eta S_2\dfrac{dv}{dy} = \dfrac{2\pi R_d\mu_u v_d}{R_b - R_d}l_d \\[2mm] F_{fi} = \left[F_{gi}\sin\alpha_{i,\,i+1} - (T_i + T_{i+1})\sin\dfrac{\theta_i}{2}\right]\cdot\mu_2 \end{cases} \tag{6-5}$$

即：

$$T_{i+1} = \frac{F_{vi} + F_{gi}(\sin\alpha_{i,\,i+1}\cdot\mu_2 + \cos\alpha_{i,\,i+1}) + T_i\left(\cos\dfrac{\theta_i}{2} - \mu_2\sin\dfrac{\theta_i}{2}\right)}{\cos\dfrac{\theta_i}{2} + \mu_2\sin\dfrac{\theta_i}{2}} \tag{6-6}$$

式中 R_i——第 i 个测点处曲率半径，m；

m_d——管串质量，kg；

ρ_d——电缆单位长度质量，kg/m；

l_d——单元电缆长度，m；

μ_2——电缆与井壁间的摩擦系数；

S_2——井液与电缆的接触面积，m²；

v_d——电缆下放速度，m/s。

当电缆在竖直段时，其平衡方程为

$$T_{i+1} = T_i + F_{gi} + F_{vi} \tag{6-7}$$

综上所述，在全井段上提电缆时，电缆拉力为

$$T_{i+1} = \begin{cases} \dfrac{F_{vi} + F_{gi}(\sin\alpha_{i,\,i+1}\cdot\mu_2 + \cos\alpha_{i,\,i+1}) + \left(\cos\dfrac{\theta_i}{2} - \mu_2\sin\dfrac{\theta_i}{2}\right)T_i}{\cos\dfrac{\theta_i}{2} + \mu_2\sin\dfrac{\theta_i}{2}} & \text{造斜段与直井段} \\[4mm] T_i + F_{gi} + F_{vi} & \text{竖直段} \end{cases} \tag{6-8}$$

由式(6-3)可知，电缆头拉力即为 T_1，结合式(6-8)，通过迭代，可逐步求出全井段电缆拉力。

6.2　射孔管串井筒通过能力分析模型

6.2.1　曲率半径的确定

井眼曲率描述了井眼轨迹的弯曲程度，它直接影响井下工具的通过能力，井眼曲率半径越小，井下工具的通过性就越差。所以，首先给出井眼曲率半径的确定方法。

设任意 2 个相邻测点的一段井眼轨迹如图 6-4 所示[175]。

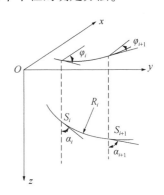

假设井眼轨迹有 N 个测点，则有 $N+1$ 个井段。同时设第 i 段相邻测点测深增量为 ΔS、井斜角增量为 $\Delta \alpha$、方位角增量为 $\Delta \varphi$，则第 i 个井段井眼曲率半径 R_i 为

$$R_i = \frac{1}{K_{\rho i}} \qquad (6-9)$$

式中　$K_{\rho i}$——第 i 个井段全角变化率(狗腿度)。

假设第 i 井段每 30m 狗腿度 $G_i(°/30m)$ 为已知时，曲率半径 R_i 为

$$R_i = \frac{30 \times 180}{G_i \times \pi} \qquad (6-10)$$

图 6-4　相邻测点之间的
一段井眼轨迹

6.2.2　管串井筒通过性条件

如图 6-5 所示，设井眼曲率半径为 R，套管直径为 d_b，射孔管串中点处外径为 d_z，桥塞外径为 d_q，总长度为 L，工具中部由于井筒约束而产生的挠曲变形量为 y_c。

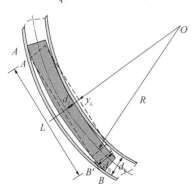

由图 6-5 的几何关系可知：

$$y_c = R - \frac{1}{2}d_b + d_z - \sqrt{\left(R + \frac{1}{2}d_b\right)^2 - (L^2/4)} - \frac{1}{2}(d_q - d_z)$$

$$(6-11)$$

现场测试表明，分簇射孔管串在下入过程中最大挠度 y_{max} 在管串中点附近，为了便于计算，认为管串中点为最大挠度处。管串的通过能力可描述为

$$y_{max} \geq y_c \qquad 可通过 \qquad (6-12)$$

$$y_{max} < y_c \qquad 不能通过 \qquad (6-13)$$

图 6-5　分簇射孔管串通过能力分析　为了保证管串安全通过井筒，还应满足以下条件[176]。

(1) 几何条件：管串下入过程中的弯曲变形应小于许用变形值。

(2) 强度条件：管串(包括螺纹部分)的工作应力应小于许用应力，不发生断裂破坏。

(3) 接触力条件：管串与井筒内壁接触力应小于许用值，使管串磨损在可接受范围内，并且套管内壁的划痕不会影响作业。

6.2.3 分簇射孔管串受力变形分析

由式(6-12)和式(6-13)可知，管串通过能力与其在下入过程中的最大挠度有关。为求得管串最大挠度，应对其进行受力变形分析。

对于水平井而言，随着井斜角的增大，管串与井壁摩擦力也越来越大。当管串不能靠自身重力下入时，往往在井口泵注流体，形成压差推力(泵推力)，使管串顺利到达井底。分簇射孔工具下入过程中，管串轴向分力 F_p、横向分力 F_n、所受总阻力 F_f、电缆所受摩擦力 F_d 与泵推力 F_b 可分别写为

$$\begin{cases} F_p = WL\cos\alpha \\ F_n = WL\sin\alpha \\ F_f = WL\sin\alpha \cdot f + \dfrac{1}{2}C_d\rho_m\nu_r^{\,2}A \\ F_d = W'L'\sin\alpha \cdot f \\ F_b = WL\sin\alpha \cdot f - WL\cos\alpha + W'L'\sin\alpha \cdot f \end{cases} \tag{6-14}$$

式中　W，W'——管串与电缆在井液中单位长度重量，N/m；

$\quad\quad L'$——电缆在斜井段与水平段中的长度，m；

$\quad\quad f$——管串、电缆与井筒的摩擦系数；

$\quad\quad C_d$——流体阻力系数；

$\quad\quad \nu_r$——管串与井液相对速度，m/s；

$\quad\quad \rho_m$——井液密度，kg/m^3；

$\quad\quad A$——管串最大横截面积，m^2。

为了分析分簇射孔管串在井筒中的通过能力，应在式(6-14)中各种力作用下进行管串变形分析。

具体的分簇射孔管串结构由多个不同长度和不同外径、内径的工具组成，这使得通过性计算过于繁杂，因此，必须对具体管串结构作一定简化。将具有相同外径的部分管串看成一段梁，整个分簇射孔管串由几段不同外径的梁连接而成，如图6-6所示。

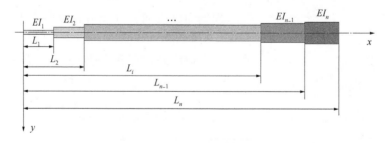

图6-6　簇射孔管串结构示意

在靠自身重力下入过程中，管串由电缆提着以较为稳定的速度下入，此时，管串受到净重、电缆拉力、井壁摩擦力和流体阻力的作用，管串相当于受轴向拉力和分布载荷作用的变截面简支梁，如图6-7所示。

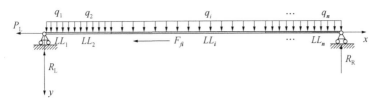

图 6-7 电缆输送分簇射孔管串通过弯曲井段受力分析

（1）根据静力平衡关系可以分别求得梁左右两端支反力 R_L 和 R_R，其中，$L_0 = 0$：

$$R_L = \frac{\sum_{i=1}^{n} W \sin\alpha LL_i \left(L_n - L_{i-1} - \frac{1}{2}LL_i\right)}{L_n} \tag{6-15}$$

$$R_R = \frac{\sum_{i=1}^{n} W \sin\alpha LL_i \left(L_{i-1} + \frac{1}{2}LL_i\right)}{L_n} \tag{6-16}$$

$$\begin{cases} M_1(x) = R_L x + P_1 y - \frac{1}{2}q_1 x^2, \ 0 \leqslant x \leqslant L_1 \\ M_2(x) = R_L x + P_2 y - \frac{1}{2}q_2 (x - L_1)^2 - q_1 LL_1\left(x - \frac{1}{2}LL_1\right), \ L_1 \leqslant x \leqslant L_2 \\ \qquad\qquad\qquad\qquad\qquad \vdots \\ M_n(x) = R_L x + P_n y - \frac{1}{2}q_n (x - L_{n-1})^2 - \sum_{i=1}^{n-1} q_i LL_i\left(x - L_{i-1} - \frac{1}{2}LL_i\right), \ L_{n-1} \leqslant x \leqslant L_n \end{cases} \tag{6-17}$$

式中 L_i——第 i 个变截面到原点的距离；

      q_i——第 i 段梁分布载荷，N/m；

      LL_i——第 i 段梁长度，m；

      P_L——电缆拉力，N。

（2）梁任意一点弯矩表示为

$$\begin{cases} P_i = -\frac{1}{2}q_i LL_i \cos\alpha - \sum_{j=i+1}^{n} q_j LL_j \cos\alpha + q_i LL_i \sin\alpha \cdot f + \frac{LL_i}{2L_i}C_d \rho_m v_r^2 A, \ i = 1, \ n-1 \\ P_n = -\frac{1}{2}q_n LL_n \cos\alpha + q_n LL_n \sin\alpha \cdot f + \frac{LL_n}{2L_n}C_d \rho_m v_r^2 A, \ i = n \end{cases} \tag{6-18}$$

式中 $P_i(i=1, \ 2, \ \cdots, \ n)$——第 i 段轴向拉力，$P_i<0$。

（3）梁变形挠曲线微分方程：

$$EI_i y_i'' = -M_i(x), \ L_{i-1} \leqslant x \leqslant L_i \tag{6-19}$$

式中 E——管串弹性模量，Pa；

      I_i——第 i 段梁惯性矩，m^4；

      M——弯矩，N·m。

（4）微分方程的通解如下：

$$
\begin{cases}
y_i = A_i \sin k_i x + B_i \cos k_i x - \dfrac{N_i(x)}{P_i} - \dfrac{EI_i q_i}{P_i{}^2}, \quad L_{i-1} \leqslant x \leqslant L_i \\[3mm]
y_i{}' = A_i k_i \cos k_i x - B_i k_i \sin k_i x - \dfrac{N_i{}'(x)}{P_i}, \quad L_{i-1} \leqslant x \leqslant L_i
\end{cases}
\tag{6-20}
$$

其中：

$$
\begin{cases}
k_i = j \sqrt{\dfrac{-P_i}{EI_i}} = j k'_i \\[2mm]
\sin(jx) = j \mathrm{sh}(x) \\
\cos(jx) = \mathrm{ch}(x) \\
j = \sqrt{-1} \\
N_i(x) = R_{\mathrm{L}} x - \dfrac{1}{2} q_i \, (x - L_{i-1})^2 - \sum_{j=1}^{i-1} q_j LL_j \left(x - L_{j-1} - \dfrac{1}{2} LL_j \right) \\[3mm]
N'_i(x) = R_{\mathrm{L}} - q_i(x - L_{i-1}) - \sum_{j=1}^{i-1} q_j LL_j
\end{cases}
$$

式（6-20）确定的梁挠曲线方程与转角方程还可进一步写为

$$
\begin{cases}
y_i = j A_i \mathrm{sh}(k'_i x) + B_i \mathrm{ch}(k'_i x) - \dfrac{N_i(x)}{P_i} - \dfrac{EI_i q_i}{P_i{}^2} \quad , \; L_{i-1} \leqslant x \leqslant L_i \\[3mm]
y_i{}' = j A_i k'_i \mathrm{ch}(k'_i x) + B_i k'_i \mathrm{sh}(k'_i x) - \dfrac{N_i{}'(x)}{P_i} \quad , \; L_{i-1} \leqslant x \leqslant L_i
\end{cases}
\tag{6-21}
$$

为求解式（6-21），还必须给出相应的边界条件和连续条件。

边界条件：

$$
y_1(0) = 0, \; y_n(L_n) = 0
\tag{6-22}
$$

连续条件，即变截面处挠度与转角相等：

$$
\begin{cases}
y_1(L_1) = y_2(L_1) \\
y_2(L_2) = y_3(L_2) \\
\vdots \\
y_{n-1}(L_{n-1}) = y_n(L_{n-1})
\end{cases}
\tag{6-23}
$$

$$
\begin{cases}
y_1{}'(L_1) = y_2{}'(L_1) \\
y_2{}'(L_2) = y_3{}'(L_2) \\
\vdots \\
y_{n-1}{}'(L_{n-1}) = y_n{}'(L_{n-1})
\end{cases}
\tag{6-24}
$$

6.2.4　模型的求解

将式（6-22）至式（6-24）代入式（6-21）中可得矩阵形式的挠度与转角方程组：

$$
\boldsymbol{HX} = \boldsymbol{b}
\tag{6-25}
$$

式中，$H=AR+AI \cdot i$，$b=BR+BI \cdot i$ 均为复数。

令 $sh\,(k'_i L_j) = E'_{ij}$，$ch\,(k'_i L_j) = F'_{ij}$（i，$j=1$，n），式（6-25）中各项为

$$
AR_{2n \times 2n} = \begin{pmatrix}
0 & 1 & 0 & 0 & 0 & 0 & \cdots & 0 & 0 & 0 & 0 & 0 \\
0 & 0 & 0 & 0 & 0 & 0 & \cdots & 0 & 0 & 0 & 0 & F'_{nn} \\
0 & F'_{11} & 0 & -F'_{21} & 0 & 0 & \cdots & 0 & 0 & 0 & 0 & 0 \\
0 & 0 & 0 & F'_{22} & 0 & -F'_{32} & \cdots & 0 & 0 & 0 & 0 & 0 \\
\vdots & \vdots & \vdots & \vdots & \vdots & \vdots & & \vdots & \vdots & \vdots & \vdots & \vdots \\
0 & 0 & 0 & 0 & 0 & 0 & \cdots & F'_{n-2,\,n-2} & 0 & -F'_{n-1,\,n-2} & 0 & 0 \\
0 & 0 & 0 & 0 & 0 & 0 & \cdots & 0 & F'_{n-1,\,n-1} & 0 & -F'_{n,\,n-1} & 0 \\
0 & k'_1 E'_{11} & 0 & -k'_2 E'_{21} & 0 & 0 & \cdots & 0 & 0 & 0 & 0 & 0 \\
0 & 0 & 0 & k'_2 E'_{22} & 0 & -k'_3 E'_{32} & \cdots & 0 & 0 & 0 & 0 & 0 \\
\vdots & \vdots & \vdots & \vdots & \vdots & \vdots & & \vdots & \vdots & \vdots & \vdots & \vdots \\
0 & 0 & 0 & 0 & 0 & 0 & \cdots & k'_{n-2} E'_{n-2,\,n-2} & 0 & -k'_{n-1} E'_{n-1,\,n-2} & 0 & 0 \\
0 & 0 & 0 & 0 & 0 & 0 & \cdots & 0 & 0 & k'_{n-1} E'_{n-1,\,n-1} & 0 & -k'_n E'_{n,\,n-1}
\end{pmatrix}
$$

$$\tag{6-26}$$

$$
AI_{2n \times 2n} = \begin{pmatrix}
0 & 0 & 0 & 0 & 0 & \cdots & 0 & 0 & 0 & 0 & 0 & 0 \\
0 & 0 & 0 & 0 & 0 & \cdots & 0 & 0 & 0 & 0 & E'_{n,\,n} & 0 \\
E'_{11} & 0 & -E'_{21} & 0 & 0 & \cdots & 0 & 0 & 0 & 0 & 0 & 0 \\
0 & 0 & E'_{22} & 0 & -E'_{32} & \cdots & 0 & 0 & 0 & 0 & 0 & 0 \\
\vdots & \vdots & \vdots & \vdots & \vdots & & \vdots & \vdots & \vdots & \vdots & \vdots & \vdots \\
0 & 0 & 0 & 0 & 0 & \cdots & E'_{n-2,\,n-2} & 0 & -E'_{n-1,\,n-2} & 0 & 0 & 0 \\
0 & 0 & 0 & 0 & 0 & \cdots & 0 & E'_{n-1,\,n-1} & 0 & -E'_{n,\,n-1} & 0 & 0 \\
k'_1 F'_{11} & 0 & -k'_2 F'_{21} & 0 & 0 & \cdots & 0 & 0 & 0 & 0 & 0 & 0 \\
0 & 0 & k'_2 F'_{22} & 0 & -k'_3 F'_{32} & \cdots & 0 & 0 & 0 & 0 & 0 & 0 \\
\vdots & \vdots & \vdots & \vdots & \vdots & & \vdots & \vdots & \vdots & \vdots & \vdots & \vdots \\
0 & 0 & 0 & 0 & 0 & \cdots & k'_{n-2} F'_{n-2,\,n-2} & 0 & -k'_{n-1} F'_{n-1,\,n-2} & 0 & 0 & 0 \\
0 & 0 & 0 & 0 & 0 & \cdots & 0 & k'_{n-1} F'_{n-1,\,n-1} & 0 & -k'_n F'_{n,\,n-1} & 0
\end{pmatrix}
$$

$$\tag{6-27}$$

$$BR_{2n \times 1} = \begin{pmatrix} b_1 & b_2 & \cdots & b_i & \cdots & b_{2n-1} & b_{2n} \end{pmatrix}^{\mathrm{T}} \tag{6-28}$$

$$BI_{2n \times 1} = 0 \tag{6-29}$$

$$X_{2n \times 1} = \begin{pmatrix} A_1 & B_1 & \cdots & A_i & B_i & \cdots & A_n & B_n \end{pmatrix}^{\mathrm{T}} \tag{6-30}$$

其中：

$$
\begin{cases}
b_1 = \dfrac{N_1(0)}{P_1} + \dfrac{EI_1 q_1}{P_1^{\,2}} \\[2mm]
b_2 = \dfrac{N_n(L_n)}{P_n} + \dfrac{EI_n q_n}{P_n^{\,2}} \\[2mm]
b_3 = \dfrac{N_1(L_1)}{P_1} - \dfrac{N_2(L_1)}{P_2} + \dfrac{EI_1 q_1}{P_1^{\,2}} - \dfrac{EI_2 q_2}{P_2^{\,2}} \\[2mm]
\quad\quad\quad\quad\quad\quad \vdots \\[2mm]
b_{n+1} = \dfrac{N_{n-1}(L_{n-1})}{P_{n-1}} - \dfrac{N_n(L_{n-1})}{P_n} + \dfrac{EI_{n-1} q_{n-1}}{P_{n-1}^{\,2}} - \dfrac{EI_n q_n}{P_n^{\,2}} \\[2mm]
b_{n+2} = \dfrac{N_1{'}(L_1)}{P_1} - \dfrac{N_2{'}(L_1)}{P_2} \\[2mm]
\quad\quad\quad\quad\quad\quad \vdots \\[2mm]
b_{2n} = \dfrac{N_{n-1}{'}(L_{n-1})}{P_{n-1}} - \dfrac{N_n{'}(L_{n-1})}{P_n}
\end{cases}
$$

采取复系数全选主元高斯消去法求解式(6-25)，将得到的式(6-20)代入式(6-21)，可得受轴向拉力和横向分布载荷作用的变截面简支梁挠度方程与转角方程。在此基础上，可根据挠度方程得到管串在无井壁约束作用下的最大挠度 $y'_{\max}$。对于有井壁约束的实际情况，如图6-5所示，当 $y_c > 0$ 且 $y'_{\max} \geqslant y_c + (d_b - d_w)$ 时，管串紧贴下端井壁，此时，管串实际最大挠度为 $y'_{\max} = y_c + (d_b - d_w)$。

以上推导针对的是轴向力 $P_i < 0$，即受拉的情况。对于水平井，随着管串的下入，井斜角增大，净重轴向分力减小，此时，由于受到阻力或泵推力的作用，管串可能受到轴向压力，即 $P_i > 0$，此时，将 k_i 换算[177]并代入以上各式可求得受压时的挠度方程：

$$k_i = (P_i/EI_i)^{\frac{1}{2}} \tag{6-31}$$

采用计算机语言，编写了基于以上理论模型的计算代码。

6.3 实例井分析

以1桥塞+12簇射孔枪管串在XX202-H1井中下入作业为例，开展了电缆泵送分簇射孔管串井筒通过能力的现场测试工作。

由于测量的井眼轨迹参数是间断点，为了方便观察，采用最小二乘法，通过三次样条插值方法对实际井眼轨迹数据进行拟合。对XX202-H1井井眼轨迹测点进行拟合，井眼轨迹参数见表6-1，拟合轨迹如图6-8所示，井筒内径为114.3mm，井液密度为1100kg/m³。从XX202-H1井井眼轨迹可以看出，这是一口典型的水平井。

表6-1 XX202-H1井井眼轨迹参数

测点	井深(m)	井斜(°)	方位(°)	垂深(m)	测点	井深(m)	井斜(°)	方位(°)	垂深(m)
1	575	1.45	12.02	574.93	17	975	2.25	73.09	974.77
2	600	1.42	355.71	599.93	18	1000	2.49	71.15	999.75
3	625	0.99	279.99	624.92	19	1025	2.35	74.78	1024.73
4	650	0.45	320.68	649.92	20	1050	2.43	76.9	1049.71
5	675	0.35	29.41	674.92	21	1075	2.4	77.93	1074.69
6	700	0.44	37.8	699.92	22	1100	2.43	78.67	1099.66
7	725	0.87	61.7	724.92	23	1125	2.41	77.5	1124.64
8	750	1	57.37	749.91	24	1150	2.46	77.55	1149.62
9	775	1.3	61.25	774.91	25	1175	2.52	77.19	1174.59
10	800	1.75	66.36	799.9	26	1200	2.71	78.5	1199.57
11	825	1.84	64.37	824.89	27	1225	2.75	79.67	1224.54
12	850	2.07	63.5	849.87	28	1250	2.74	80.85	1249.51
13	875	2.3	68.83	874.85	29	1275	2.96	76.34	1274.48
14	900	2.23	70.94	899.83	30	1300	2.2	78.93	1299.45
15	925	2.28	68.59	924.81	31	1325	1.85	82.31	1324.44
16	950	2.39	72.23	949.79	32	1350	2	80.03	1349.43

测点	井深(m)	井斜(°)	方位(°)	垂深(m)	测点	井深(m)	井斜(°)	方位(°)	垂深(m)
33	1375	2.08	78.25	1374.41	68	2250	58.64	125.97	2137.78
34	1400	2.18	77.45	1399.39	69	2275	60.07	122.76	2150.52
35	1425	2.57	79.26	1424.37	70	2300	61.93	116.69	2162.64
36	1450	2.76	77.59	1449.34	71	2325	63.42	114.52	2174.12
37	1475	1.88	80.22	1474.32	72	2350	64.06	112.15	2185.18
38	1500	1.35	83.87	1499.31	73	2375	64.31	107.45	2196.06
39	1525	1.53	82.87	1524.3	74	2400	66.82	105.86	2206.4
40	1550	1.5	87.06	1549.3	75	2425	67.73	103.97	2216.06
41	1575	0.95	111.22	1574.29	76	2450	68.21	99.22	2225.44
42	1600	0.97	106.31	1599.29	77	2475	69.05	97.01	2234.55
43	1625	1.23	103.28	1624.28	78	2500	71.59	92.92	2242.97
44	1650	1.39	93.15	1649.28	79	2525	74.43	88.77	2250.27
45	1675	1.42	82.76	1674.27	80	2550	76.3	85.15	2256.59
46	1700	1.6	76.82	1699.26	81	2575	79.01	84.91	2261.93
47	1725	2.98	129.77	1724.24	82	2600	84.35	83.31	2265.55
48	1750	5.42	153.64	1749.17	83	2625	89.84	83.83	2266.81
49	1775	6	153.26	1774.05	84	2650	93.45	83.53	2266.1
50	1800	10.72	165.00	1798.77	85	2675	93.62	82.56	2264.56
51	1825	12.97	164.36	1823.24	86	2700	94.23	82.07	2262.84
52	1850	16.39	166.29	1847.42	87	2725	92.28	81.6	2261.42
53	1875	19.36	165.77	1871.21	88	2750	93.73	80.58	2260.11
54	1900	23.22	166.31	1894.5	89	2775	90.47	80.8	2259.2
55	1925	25.28	168.05	1917.29	90	2800	90.68	80.49	2258.95
56	1950	29.29	168.53	1939.51	91	2825	91.61	80.28	2258.45
57	1975	34.28	167.8	1960.75	92	2850	90.08	80.76	2258.08
58	2000	36.77	167.28	1981.1	93	2875	90.25	80.52	2258.01
59	2025	39.08	166.75	2000.81	94	2900	90.99	79.97	2257.74
60	2050	41.18	163.33	2019.93	95	2925	88.53	80.42	2257.84
61	2075	45.51	161.26	2038.1	96	2950	89.2	79.94	2258.34
62	2100	48.54	160.65	2055.14	97	2975	87.91	81.29	2258.97
63	2125	51.29	156.54	2071.24	98	3000	88.53	80.56	2259.74
64	2150	55.05	152.85	2086.22	99	3025	88.57	80.46	2260.38
65	2175	58.13	148.34	2099.99	100	3050	88.76	80.79	2260.96
66	2200	59.86	140.56	2112.87	101	3075	89.02	80.86	2261.44
67	2225	60.98	132.39	2125.21	102	3100	88.61	83.07	2261.96

续表

测点	井深(m)	井斜(°)	方位(°)	垂深(m)	测点	井深(m)	井斜(°)	方位(°)	垂深(m)
103	3125	89.42	82.97	2262.39	118	3500	90.72	80.88	2248.82
104	3150	89.79	83.04	2262.56	119	3525	91.01	80.71	2248.44
105	3175	89.24	81.7	2262.77	120	3550	89.35	81.27	2248.36
106	3200	91.07	83.5	2262.71	121	3575	89.16	79.77	2248.69
107	3225	92.01	83.6	2262.03	122	3600	88.71	81.95	2249.15
108	3250	93.47	84.16	2260.84	123	3625	89.67	82.07	2249.51
109	3275	93.99	83.93	2259.21	124	3650	89.83	81.84	2249.61
110	3300	93.66	84.06	2257.54	125	3675	90.33	81.29	2249.58
111	3325	93.28	83.32	2256.03	126	3700	92.03	82.34	2249.06
112	3350	93.59	82.93	2254.53	127	3725	92.8	82.01	2248.01
113	3375	93.48	81.76	2252.99	128	3750	93.12	81.72	2246.72
114	3400	93.47	80.94	2251.48	129	3775	93.54	80.69	2245.27
115	3425	92.13	80.96	2250.26	130	3800	94.3	80.54	2243.56
116	3450	91.59	81.53	2249.44	131	3825	95.42	80.04	2241.44
117	3475	90.28	81.29	2249.04	132	3850	95.38	80.12	2239.4

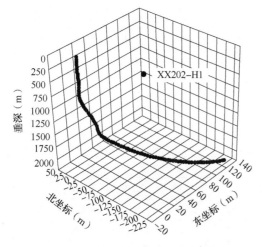

图 6-8　XX202-H1 井井眼轨迹示意图

在 XX202-H1 井中用电缆下放 1 桥塞+12 簇射孔枪管串，将具有相同外径的射孔工具进行分段，分簇射孔管串共分为 5 段，结构如图 6-9 所示，尺寸参数见表 6-2，管串相关计算参数见表 6-3，电缆相关计算参数见表 6-4。

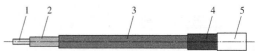

图 6-9　1 桥塞+12 簇射孔枪管串结构示意图

1—43 打捞矛；2—加强套及 CCL 等；

3—射孔枪串；4—桥塞坐封工具；

5—坐封筒及桥塞

表 6-2　分簇射孔管串尺寸参数

序号	外径(m)	体积(m³)	长度(m)	浮力(N)	管串质量(kg)
1	0.043	0.00078	0.580		
2	0.073	0.00484	1.257		
3	0.089	0.04085	13.150	1067.6	351.06
4	0.097	0.00485	1.700		
5	0.102	0.00456	1.030		

表6-3 管串相关计算参数

参数	取值	参数	取值
管串弹性模量(GPa)	206	管串与井筒摩擦系数	0.25
管串密度(kg/m³)	7850	管串流体阻力系数	165
管串下入速度(m/s)	1.45		

表6-4 电缆相关计算参数

参数	取值	参数	取值
电缆半径(mm)	4	电缆与井筒摩擦系数	0.25
电缆在井液中线密度(kg/km)	230	井液黏滞系数(Pa·s)	0.88
电缆下入速度(m/s)	1.45		

在现场测试中，管串以较为稳定的速度由电缆输送下入。当管串下入到井深625m左右和井深1700~1800m时，管串有遇阻与减速的迹象，由图2.10可知，625m，1700~1800m处为狗腿度较大的地方；当管串下入到井深2500m左右时，管串靠自身重力难以下入，此时，通过施加泵推力使管串下入到井底。

接下来，采用电缆泵送分簇射孔管串通过性分析模型对1桥塞+12簇射孔枪管串在XX202-H1井中下入情况进行分析，并与现场测试结果进行对比。

6.3.1 管串遇卡情况分析

(1) 管串下入通过性分析。

管串在下入过程中，净重和轴向力会引起一定的弯曲变形，当最大变形挠度 y_{max} 小于对应测点的 y_c 时，即 $y_{max} < y_c$ 时，管串遇卡。图6-10为管串在XX202-H1井中下入时 y_{max} 与 y_c 随测点变化示意图。

由图6-10可知：在测点3左右，y_c 值较大。在测点45~50，共有2处出现了 $y_{max} < y_c$ 的情况，管串在这些位置遇阻。这两种现象都是因为对应井段狗腿度大、井斜角小；在测点6~45为直井段，狗腿度与井斜角均较小，故 y_{max} 与 y_c 变化较为平稳且 $y_c < 0$，工具不会遇阻；在管串下入到测点50之后，y_{max} 与 y_c 变化一致且 y_c 始终小于 y_{max}，这是由于在大斜度段与水平段，管串依靠净重变形而紧贴井壁下端。这些情况与现场实测发现的现象一致。

管串在不同测点下遇卡点挠度如图6-11(a)所示，遇卡点位置如图6-11(b)所示，遇卡时井眼与管串参数见表6-5。

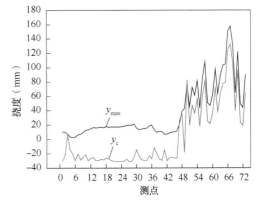

图6-10 下入过程中不同测点下
y_{max} 与 y_c 的变化

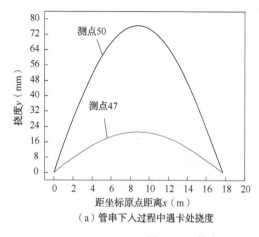

（a）管串下入过程中遇卡处挠度

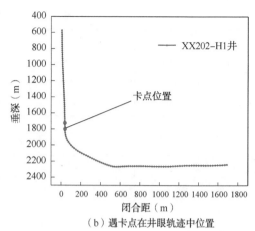

（b）遇卡点在井眼轨迹中位置

图 6-11　管串下入过程中遇卡处挠度与位置

表 6-5　遇卡时井眼与管串参数

测点	井斜角（°）	狗腿度（°/30m）	y_{max}（mm）	y_c（mm）
47	2.98	2.52	21.24	25.78
50	10.72	5.01	76.61	82.67

　　由图 6-11（b）和表 6-5 可以看出，电缆泵送分簇射孔管串易在井斜角相对较小、狗腿度相对较大的测点遇卡，这些点主要集中在直井段与斜井段的交界处，这与现场实测情况基本一致。

　　（2）管串下入通过性分析。

　　分簇射孔管串坐封后，上提管串，此时，由于没有桥塞，管串变短，更利于其通过。在本案例中，管串上提时 y_{max} 与 y_c 随测点变化如图 6-12 所示。

　　通过比较图 6-12 和图 6-11 可知，在上提过程中，管串最大挠度 y_{max} 变化趋势与大小与下入过程中比较接近。由图 6-12 可得，上提过程中不曾出现 $y_{max} < y_c$ 的情况，即管串没有遇卡，这与实际情况相同。

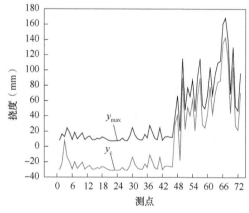

图 6-12　上提过程中不同测点下
y_{max} 与 y_c 的变化

6.3.2　管串下入过程受力分析

　　随着管串的下入，井斜角增大，管串所受阻力越来越大，当阻力大于管串净重轴向分力时，管串停止下入，此时需提供泵推力，推动管串下入井底。由式（6-14）可得管串摩擦力、轴向力与电缆摩擦力大小在施加泵推力的过程中随测点变化情况，如图 6-13 所示。

　　由图 6-13 可知：在大斜度井段与水平井段上，井斜角变化幅度与摩擦系数均较小，管串摩擦力变化较为平稳；测点 80~83 井段为大斜度段与水平段的过渡段，井斜角有所增大，故管串轴向力明显降低；测点83以后为水平段，井斜角在90°左右起伏变化，因此，管串轴向力在0N左右波动；井下电缆随着管串的下入逐渐增长，其净重分力在大斜度井段与水平段产生的摩擦力逐渐增大。结合图6-13与式（6-14），可计算出泵推力，如图6-14所示。

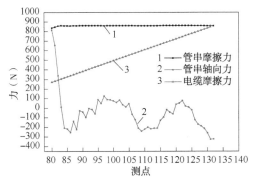

图6-13　大斜度井段与水平井段不同
测点下摩擦力与管串轴向力变化

图6-14　泵推力随测点变化示意图

由图6-14可知，计算所得泵推力与实测泵推力在量值上相差较小，在趋势上基本一致。产生一定差异的主要原因是泵推力的计算[178,179]十分复杂，不仅与上述各种阻力相关，同时还受到管串结构、泵送液冲击力、流体流速计算方式等[180]因素的影响。

6.3.3　电缆张力分析

对于一般工况而言，分簇射孔管串如果能下入到井底，上提时也能顺利通过井筒。不同的是，上提管串的风险在于，电缆头可能由于拉力过大而拉脱、电缆可能由于拉力过大而发生塑性变形，因此在设计管串之前应校核电缆拉力。

由图6-15（a）可知：在上提过程中，电缆头拉力在水平段为2.4kN左右，随着管串的提升，井斜角减小，管串轴向分力增大，电缆头拉力增大。当管串上提到井深1794～1917m时，电缆头拉力达到峰值，为5.1kN左右，在现场测试中，电缆头拉力峰值在5～5.5kN。由图6-15（b）可知，当管串上提到井深1900m时，有最大电缆拉力8.676kN，电缆张力为12kN，电缆张力在许用范围内。故本模型对电缆拉力的计算与实际较为接近。

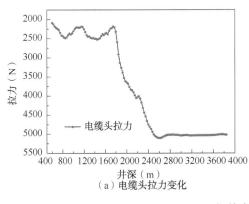

（a）电缆头拉力变化

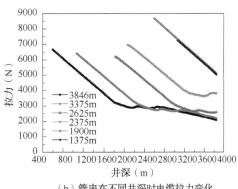

（b）管串在不同井深时电缆拉力变化

图6-15　上提管串过程中电缆张力变化

7 直井井下射孔管柱动力学模型建立及求解

在射孔测试联作中，井上装置将井下工具输送到预定的深度，从井口注入压力引爆射孔枪，射孔枪射穿地层，形成通道，从而使油气渗出。射孔枪射孔时，其内部由爆炸产生的冲击力远远大于管柱或封隔器的容许应力，为了防止应力的突然增大对管柱、封隔器以及封隔器上方的仪器造成损坏，常在射孔管柱与射孔枪之间设置减振器，但附加的减振器对射孔产生的能量只起到了缓慢耗散作用，并不能立即完全消除，因此，即使在射孔管柱与射孔枪之间安装了减振器，射孔管柱仍然会产生振动且应力波仍然会传递至射孔管柱上端封隔器处，从而引起管柱及封隔器的应力变化，可能会导致射孔管柱发生强度破坏，且封隔器及封隔器上端测试设备也有可能被振坏。

针对射孔管柱及测试设备的安全问题，本章采用弹性力学及结构动力学分析中的微元法，建立考虑管柱自重、管柱实际长度、流体摩阻影响的射孔管柱—减振器—射孔枪动力学模型，给出相应的初始条件、边界条件以及模型的差分格式，采用 FORTRAN 语言编写动力学模型的计算代码，并用 ABAQUS 软件进行对比验证。

7.1 油管柱—减振器—射孔枪动力学模型的建立

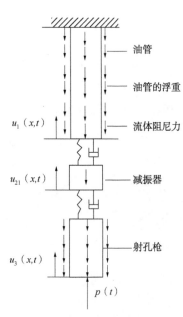

图 7-1 油管柱—减振器—
射孔枪动力学模型

根据井下射孔工具的结构分析和射孔工艺分析，在建立射孔管柱基本动力学模型之前做了一些基本假设，具体如下：

（1）假定油管和射孔枪的材料均匀且各向同性；

（2）减振器相当于质量—弹簧—阻尼系统，忽略了减振器的几何形状和质量分布的不均匀性；

（3）封隔器不考虑封隔器和套管或油管之间的相对位移，被视为固定支座；

（4）射孔管柱的结构阻尼被忽略，只考虑减振器和液体阻尼；

（5）仅考虑射孔管柱的纵向振动。

在这些基本假设的基础上，建立井下工具的动力学模型如图 7-1 所示。

7.1.1 射孔管柱的振动微分方程

在射孔测试联作业中，射孔管柱主要包括油管柱、射孔枪和套管，把油管柱和射孔枪视为同一类管柱，因此以油管柱为例，建立包括油管和射孔枪在内的管柱振动微分方程。取油管柱的一个微段，进行受力分析如图 7-2 所示，其中，$\rho A \dfrac{\partial^2 u_1}{\partial t^2} \mathrm{d}x$ 为微段的惯性力；$\nu \dfrac{\partial u_1}{\partial t} \mathrm{d}x$ 为液体的阻尼力；$EA \dfrac{\partial u_1}{\partial x}$ 为管柱内部的弹力；$\rho g A \mathrm{d}x$ 为微段的重力；油管柱的坐标原点为管柱最下端点，竖直向上为正方向；杆总长度为 L，弹性模量为 E，横截面积为 A，密度为 ρ；弹簧刚度和阻尼分别为 k 和 c，质量块的质量为 m，$u_1(x, t)$ 为距射孔管柱坐标原点距离 x 时的截面位移。

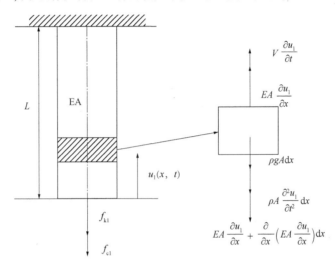

图 7-2　射孔管柱力学计算模型

根据达朗贝尔原理，可得

$$\rho A \frac{\partial^2 u_1}{\partial t^2}\mathrm{d}x + EA \frac{\partial u_1}{\partial x} + \nu \frac{\partial u_1}{\partial t}\mathrm{d}x - \left[EA \frac{\partial u_1}{\partial x} + \frac{\partial}{\partial x}\left(EA \frac{\partial u_1}{\partial x} \right)\mathrm{d}x \right] - \rho g A \mathrm{d}x = 0 \tag{7-1}$$

式中　$\mathrm{d}x$——微元体的长度。

式 (7-1) 经整理变换后，得出射孔管柱振动偏微分方程：

$$\frac{\partial^2 u_1}{\partial t^2} - a^2 \frac{\partial^2 u_1}{\partial x^2} + v \frac{\partial u_1}{\partial t} = g \tag{7-2}$$

式中　a——波在射孔管柱中的传播速度，且 $a = \sqrt{E/\rho}$；

　　　g——由射孔管柱重量 $\rho A g_0$ 简化得到的常数；

　　　v——射孔管内外液体对射孔管柱的阻尼系数。

当管柱内外有流体时，流体会对射孔管柱产生沿管柱轴线方向的阻尼力，其为

$$v = \frac{12\pi\mu}{\rho A}\left(\frac{D_r}{D_{ti}-D_r} \right)\left[\left(0.20+0.39\frac{D_r}{D_{ti}} \right) + \frac{2.1970\times 10^4}{24}\left(\frac{D_c}{D_{ti}}-0.3810 \right)^{2.57}\frac{D_c^2-D_r^2}{LD_r} \right] \tag{7-3}$$

式中　μ——射孔管柱内外液体的动力黏度；

　　　D_c——射孔管柱外径；

　　　D_{ti}——射孔管柱内径；

　　　D_r——井眼直径。

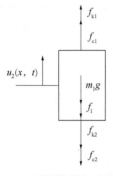

图 7-3　减振器受力示意图

7.1.2　减振器振动微分方程

在射孔完井工况下，射孔枪上面连接的是减振器，减振器的作用是减弱射孔爆炸产生的冲击力，减振器视为一个质量—弹簧—阻尼系统。建立向上为 x 轴的正方向的坐标系，减振器和油管之间的作用力为弹簧力 f_{k1}，阻尼力 f_{c1}，减振器和射孔枪之间的弹簧力 f_{k2}，阻尼力 f_{c2}，除此之外减振器还受到重力 $m_1 g$，惯性力 f_1，受力如图 7-3 所示。

根据受力平衡得

$$f_{k1} + f_{c1} = m_1 g + f_1 + f_{k2} + f_{c2} \tag{7-4}$$

展开得

$$c\frac{\mathrm{d}}{\mathrm{d}t}[u_{1d}(t) - u_2(t)] + k[u_{1d}(t) - u_2(t)]$$

$$= m_1\frac{\mathrm{d}^2 u_2}{\mathrm{d}t^2} + m_1 g + c\frac{\mathrm{d}}{\mathrm{d}t}[u_2(t) - u_{3u}(t)] + k[u_2(t) - u_{3u}(t)] \tag{7-5}$$

式中　$u_{1d}(t)$——油管最下面微端的位移；

$u_2(t)$——减振器的位移；

$u_{3u}(t)$——射孔枪最上面微端的位移；

m_1——减振器的质量；

k——减振器的刚度系数；

c——减振器的阻尼系数。

7.1.3　射孔管柱—减振器—射孔枪耦合振动方程

上面小节介绍了射孔管柱，射孔枪和减振器各自内部的受力，得到了各自的微分方程，每个构件之间存在耦合，因此需要对构件接触位置受力分析，具体如图 7-4 所示。

（1）油管最下端受力如图 7-4 所示。

因此必须满足力的平衡条件：

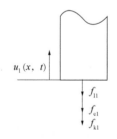

$$E_0 A_0 \frac{\mathrm{d}u_1}{\mathrm{d}x}\bigg|_{x=L} = f_{c1} + f_{k1} + f_{I1} \tag{7-6}$$

图 7-4　油管柱下端受力
示意图

展开得

$$E_0 A_0 \frac{\mathrm{d}u_{1d}}{\mathrm{d}x}\bigg|_{x=L} = c\frac{\mathrm{d}}{\mathrm{d}t}[u_{1d}(t) - u_2(t)] + k[u_{1d}(t) - u_2(t)] + m_{oe}\frac{\mathrm{d}^2 u_{1d}}{\mathrm{d}t^2} \tag{7-7}$$

式中　m_{oe}——油管柱微段的质量；

E_0——油管柱的弹性模量；

A_0——油管柱的横截面积。

（2）射孔枪最上端受力如图 7-5 所示。

因此必须满足力的平衡条件：

$$f_{c2}+f_{k2}=E_pA_p\left.\frac{\mathrm{d}u_3}{\mathrm{d}x}\right|_{x=0}+f_{l3} \tag{7-8}$$

展开得

$$c\frac{\mathrm{d}}{\mathrm{d}t}[u_2(t)-u_{3u}(t)]+k[u_2(t)-u_{3u}(t)]=E_pA_p\left.\frac{\mathrm{d}u_{3u}}{\mathrm{d}x}\right|_{x=0}+m_{pe}\frac{\mathrm{d}^2u_{3u}}{\mathrm{d}t^2} \tag{7-9}$$

式中　m_{pe}——射孔枪微段质量；

　　　E_p——射孔枪的弹性模量；

　　　A_p——射孔枪的横截面积。

（3）射孔枪下端受力如图 7-6 所示。

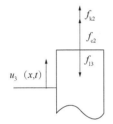　　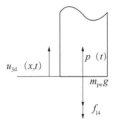

图 7-5　射孔枪最上端受力示意图　　　图 7-6　射孔枪最下端受力示意图

因此必须满足力的平衡条件：

$$p_{(t)}=E_pA_p\left.\frac{\mathrm{d}u_{3d}}{\mathrm{d}x}\right|_{x=l}+f_{l4}+m_{pe}g \tag{7-10}$$

展开得

$$p_{(t)}=E_pA_p\left.\frac{\mathrm{d}u_{3d}}{\mathrm{d}x}\right|_{x=l}+m_{pe}\frac{\mathrm{d}^2u_{3d}}{\mathrm{d}t^2}+m_{pe}g \tag{7-11}$$

式中　u_{3d}——射孔枪底部微段的位移；

　　　$p_{(t)}$——射孔枪的冲击荷载。

7.1.4　振动方程的边界条件

由于油管的上端连接封隔器，因此封隔器的受力与油管柱最上端截面的受力是一对相互作用力，假设封隔器固定，则油管的上端固定 $u_{1u}(0,t)=0$，假设射孔枪的最下端承受射孔荷载，则管柱系统的最下端边界可写为 $E_rA_r\left.\frac{\partial u}{\partial x}\right|_{x=L}=P_p(t)$。

7.2　管柱—减振器—射孔枪振动模型的求解

目前，在实际工程中，由于结构受力的复杂性和边界条件的不确定性，许多工程计算模型难以得出数值解，特别是还有多种耦合的模型求解。然而进入 21 世纪后，进入信息时代，用数值分析来代替数值解的方法越来越受人采用，特别是计算机的出现，使计算量加大，从而许多工程实际问题得到了解决。其中，差分法和龙格—库塔法是目前运用最多的数值计算方法，特别是在求解偏微分方程中应用最为广泛。

上述射孔管柱—减振器—射孔枪耦合振动四方程模型是两个计算模型的耦合，并包含了时间和空间的二阶偏导，是典型的双曲线偏微分方程组，无法通过传统的求解方法得出其通用的解析解。因此，本节主要从模型方程的解法出发，分析耦合振动四方程模型的求解过程。由于本研究项目在对有杆泵抽油系统进行求解时用到了差分法，下面先介绍以下差分法的基本特点和思路。

目前解偏微分方程定解的方法主要是基于差分原理，先将研究的目标离散为有限个单元，再通过迭代递推的方式求解每一个单元的数值解。一般把这一过程叫作构造差分格式，不同的离散化途径得到不同的差分格式。建立差分格式后，就把原来的偏微分方程定解问题化为代数方程组，通过解代数方程组，得到由定解问题的解在离散点集上的近似值组成的离散解，应用插值方法便可从离散解到定解问题在整个定解区域上的近似解。

7.2.1　差分概念及公式

在许多微积分中，函数的导数（或微分）是用极限定义的，当函数是由一些离散数据或列表曲线给出时，就不能用定义的方法来求导数了，只能用数值的方法求数值导数。

用数值方法求导数是从泰勒级数展开式出发来进行推导的。设函数 $y=f(x)$（$a \leqslant x \leqslant b$）在 x_i 点领域的两个任意点 x_i+h 和 x_i-h 的展开式分别为

$$y(x_i+h)=y_i+y_i'h+\frac{y_i''h^2}{2!}+\frac{y_i'''h^3}{3!}+\cdots \tag{7-12}$$

$$y(x_i-h)=y-y_i'h+\frac{y_i''h^2}{2!}-\frac{y_i'''h^3}{3!}+\cdots \tag{7-13}$$

其中，$h=\Delta x$，y_i 是点 x_i 的函数值。若从式（7-12）减去式（7-13），则得

$$y_i'=\frac{y(x_i+h)-y(x_i-h)}{2h}-\left(\frac{1}{6}y_i'''h^2+\cdots\right) \tag{7-14}$$

如果自变量是等间隔的 $h=\Delta x$，而且 y_i 代表 x_i 点的函数值，y_{i+1}，y_{i-1} 分别代表 x_{i+1}，x_{i-1} 点的函数值，则式（7-14）可写成

$$y_i'=\frac{y_{i+1}-y_{i-1}}{2h}+0(h^2) \tag{7-15}$$

其中 $0(h^2)$ 表示关于 h 的二阶微小量。若把 $0(h^2)$ 的误差忽略掉，则式（7-15）可写成

$$y_i'=\frac{y_{i+1}-y_{i-1}}{2h} \tag{7-16}$$

式（7-16）称为函数在 x_i 点的一阶中心差分求导公式。这个近似公式具有 $0(h^2)$ 阶的误差。在 x_i 点的真实导数是实线所示的斜率，数值导数则是通过 y_{i+1} 点，y_{i-1} 点的虚线的斜率。若把式（7-12）和式（7-13）相加，则得 x_i 点函数的二阶导数表达式为

$$y_i''=\frac{y_{i+1}-2y_i+y_{i-1}}{h^2}-\left(\frac{1}{12}y_i^{(4)}h^2+\cdots\right) \tag{7-17}$$

当自取前面一个算式，把高阶无穷向量忽略，因此就可以得到关于 x_i 点中心差分的二阶导数为

$$y_i'' = \frac{y_{i+1} - 2y_i + y_{i-1}}{h^2} \qquad (7-18)$$

由此得到了函数的二介导数的表达式，由于其忽略了二介无穷小，因此具有 h^2 阶的误差。

按上述方法还可继续求出更高阶的导数。因此，当需要更高阶的导数，就需要取更多的项，同时造成的误差也会随之减小，但是其表达式也会更加复杂。上面推导各阶导数的中心差分公式用的是泰勒级数在 x_i 的左右两边的点 x_{i+1}，x_{i-1}，x_{i+2}，x_{i-2}，…上的展开式。若将函数只在 x_i 的右邻域点 x_{i+1}，x_{i+2}，…上展开，则 x_i 点各阶导数可用 x_i 右边各点上的函数值来表达。这就构成了所谓的向前差分求导公式。如果用 x_i 点各阶导数用 x_i 左邻域各点上的函数值来表达，就构成了所谓的向后差分求导公式。下面介绍几种后面即将用到的差分计算公式。

误差为 $0(h^2)$ 的中心差分求导公式为

$$\begin{cases} y_i' = \dfrac{y_{i+1} - y_{i-1}}{2h} \\ y_i'' = \dfrac{y_{i+1} - 2y_i + y_{i-1}}{h^2} \end{cases} \qquad (7-19)$$

误差为 $0(h)$ 的向前差分求导公式为

$$\begin{cases} y_i' = \dfrac{y_{i+1} - y_i}{h} \\ y_i'' = \dfrac{y_{i+2} - 2y_{i+1} + y_i}{h^2} \end{cases} \qquad (7-20)$$

误差为 $0(h)$ 的向后差分求导公式为

$$\begin{cases} y_i' = \dfrac{y_i - y_{i-1}}{h} \\ y_i'' = \dfrac{y_i - 2y_{i-1} + y_{i-2}}{h^2} \end{cases} \qquad (7-21)$$

以上介绍的几个常用差分计算公式是忽略了误差项的计算式，具有不同精度的各阶数值导数的误差计算式见文献。

7.2.2 差分计算中应注意的几个问题

（1）差分格式的选择。

常用的差分格式有显式格式与隐式格式之分，具体选用哪种格式要根据微分方程的形式和具体问题来选择。由于不同的差分方法导致其误差的叠加也不一样，由此可见差分格式的选择对差分计算的精度有较大的影响。

（2）收敛性。

差分格式的收敛性是差分计算中必须十分注意的问题，一个差分格式能否在实际中使

用，最终要看差分方程的解能否任意地逼近微分方程的解。对于每个离散方程是由于几个相关联的方程求解得出，然而每个单元的数值解应该和这点周围的解相近，从而要考虑其数值解是否收敛，因此对于每一个差分格式，学者想出两种方法对这两个方面加以考察：第一首先考虑的是方程的准确解是否能任意时刻都很接近其数值解，这种就叫作方程的收敛性；如果研究的是通过方程差分方法求出的数值解能否任意时刻接近其准确解，这种就叫方程的稳定性。先介绍一下收敛性的概念。

设 u 是微分方程的准确解，u_j^n 是相应差分方程的准确解。如果当步长 $h \to 0$，$\tau \to 0$ 时，对任何 (j, n) 有

$$u_j^n \to u(x_j, t_n),$$

则称差分格式是收敛的。

应当注意，在这个收敛性的概念中，仅涉及差分方程准确解当步长缩小时的性态。也就是说，不考虑差分方程实际求解过程中出现的误差，包括舍入误差等。这当然是一种理想的简化假设，也就是差分格式的收敛性概念严格区别于稳定性概念之所在。希望得到判别差分格式收敛性的一些准则，并在使用任何差分格式之前，最好能对它的收敛性作出明确的回答。但是，目前很多实际问题尚未给出这种回答。

（3）稳定性。

上面已经指出，建立差分格式之后，除了讨论其收敛性之外，还有一个重要的概念必须考虑，即差分格式的稳定性问题。差分格式的计算是逐层进行的，计算第 $n+1$ 层上的 u_j^{n+1} 时，要用到第 n 层上计算出来的结果 u_j^n。因此计算 u_j^n 时的舍入误差必然会影响到 u_j^{n+1} 的值，从而就要分析这种误差传播的情况。如果误差的影响越来越大，以致差分格式的精确解的面貌完全被掩盖，那么此种差分格式称为不稳定的。相反，如果误差的影响是可以控制的，差分格式的解基本上能计算出来，那么这种差分格式就认为是稳定的。以下较为确切地来叙述稳定性的概念。

设初始层上引入了误差 ε_j^0，$(j = 0, \pm 1, \cdots)$，令 ε_j^n，$(j = 0, \pm 1, \cdots)$ 是第 n 层上的误差，如果存在常数 K 使得

$$\| \varepsilon^n \|_h \leqslant K \| \varepsilon^0 \|_h$$

那么称差分格式是稳定的，其中 $\| \ \|_h$ 是某种 h 范数，它可以是

$$\| \varepsilon^n \|_h = \sqrt{\sum_{j=-\infty}^{\infty} (\varepsilon_j^n)^2 h}$$

也可以取

$$\| \varepsilon^n \|_h = \max_j | \varepsilon_j^n |$$

7.2.3　油管柱—减振器—射孔枪偏微分方程的求解

采用有限差分法对方程组进行求解，以 Δt 为时间步长，对模型计算时间 t 进行离散，得到 K 个时间节点，u_j 表示某一时刻位移 $j = 1, 2, \cdots, K$。将油管柱分成 N 个微元段，每段管长为 Δx，得到 $N+1$ 个节点，从下到上编号为 $i = 1, 2, \cdots, N+1$；把减振器编号为 $N+2$；将射孔管柱离散为 M 个微元段，得到 $M+1$ 个节点，并从上往下编号 $i = N+3$，$N+4, \cdots, N+2+M+1$；因此总的节点数为 $N+2+M+1$，$u_{i,j}$ 表示射孔管柱第 i 节点在第 j 时

刻的位移。P_j 为第 j 时刻冲击荷载的大小值。用以下差分格式可对振动微分方程进行离散：

$$\left(\frac{\partial u}{\partial t}\right)_{i,j} = \frac{u_{i,j+1}-u_{i,j}}{\Delta t} \tag{7-22}$$

$$\left(\frac{\partial u}{\partial t}\right)_{i,j-1} = \frac{u_{i,j}-u_{i,j-1}}{\Delta t} \tag{7-23}$$

将上面的一阶差分公式代入下式，可以得出牛顿中心差分公式：

$$\left(\frac{\partial^2 u}{\partial t^2}\right)_{i,j} = \frac{\left(\frac{\partial u}{\partial t}\right)_{i,j}-\left(\frac{\partial u}{\partial t}\right)_{i,j-1}}{\Delta t} = \frac{u_{i,j+1}-2u_{i,j}+u_{i,j-1}}{\Delta t^2} \tag{7-24}$$

同理有

$$\left(\frac{\partial^2 u}{\partial x^2}\right)_{i,j} = \frac{u_{i+1,j}-2u_{i,j}+u_{i-1,j}}{\Delta x^2} \tag{7-25}$$

（1）管柱和射孔枪纵下振动的微分方程为

$$u_{i,j+1} = \frac{\frac{a^2 \Delta t^2}{\Delta x^2}(u_{i+1,j}+u_{i-1,j}) - \left(2\frac{a^2 \Delta t^2}{\Delta x^2}-2.0-v\Delta t\right)u_{i,j}-u_{i,j-1}+g\Delta t^2}{1+v\Delta t} \tag{7-26}$$

（2）减振器的振动方程可离散为

$$c\left(\frac{u_{1,j+1}-u_{1,j}}{\Delta t}-\frac{u_{i+2,j+1}-u_{i+2,j}}{\Delta t}\right)+k(u_{1,j+1}-u_{i+2,j+1})$$

$$= \frac{m}{\Delta t^2}(u_{i+2,j+1}-2u_{i+2,j}+u_{i+2,j-1})+c\left(\frac{u_{i+2,j+1}-u_{i+2,j}}{\Delta t}-\frac{u_{i+3,j+1}-u_{i+3,j}}{\Delta t}\right) \tag{7-27}$$

$$+k(u_{i+2,j+1}-u_{i+3,j+1})+m_1 g$$

令 $x_2 = \frac{c}{\Delta t}$，$x_6 = \frac{m}{\Delta t^2}$，则式（7-27）可写为

$$(x_2+k)u_{1,j+1}+(-2x_2-2k-x_6)u_{i+2,j+1}+(x_2+k)u_{i+3,j+1}$$

$$= x_2 u_{1,j}-x_2 u_{i+2,j}-2x_6 u_{i+2,j}+x_6 u_{i+2,j-1}-x_2 u_{i+2,j}+x_2 u_{i+3,j}+m_1 g \tag{7-28}$$

以上离散方程油管最下端点、减振器、射孔枪最上端点的位移三个量为未知，如需求解，还需再补充两个方程。

（3）油管最下端平衡方程由差分格式离散得

$$E_0 A_0 \frac{u_{2,j+1}-u_{1,j+1}}{l_{oe}} = c\frac{u_{1,j+1}-u_{1,j}-u_{i+2,j+1}+u_{i+2,j}}{\Delta t}$$

$$+k(u_{1,j+1}-u_{i+2,j+1})+m_{oe}\frac{u_{1,j+1}-2u_{1,j}+u_{1,j-1}}{\Delta t^2} \tag{7-29}$$

令 $x_1 = \frac{E_o A_o}{l_{oe}}$，$x_3 = \frac{m_{oe}}{\Delta t^2}$，式（7-29）经过整理得

$$(-x_1-x_2-k-x_3)u_{1,j+1}+(x_2+k)u_{i+2,j+1}=-x_1u_{2,j+1}-x_2u_{1,j}+x_2u_{i+2,j}-2x_3u_{1,j}+x_3u_{1,j-1} \quad (7-30)$$

（4）射孔枪最上端平衡方程由差分格式离散得

$$k(u_{i+2,j+1}-u_{i+3,j+1})+\frac{c}{\Delta t}(u_{i+2,j+1}-u_{i+2,j}-u_{i+3,j+1}+u_{i+3,j})$$

$$=\frac{E_p A_p}{l_{pe}}(u_{i+3,j+1}-u_{i+4,j+1})+\frac{m_{ep}}{\Delta t^2}(u_{i+3,j+1}-2u_{i+3,j}+u_{i+3,j-1}) \quad (7-31)$$

令 $x_4=\dfrac{E_p A_p}{l_{pe}}$，$x_5=\dfrac{m_{pe}}{\Delta t^2}$，式（7-31）经过整理得

$$(k+x_2)u_{i+2,j+1}+(-k-x_2-x_4-x_5)u_{i+3,j+1}$$

$$=x_2u_{i+2,j}-x_2u_{i+3,j}-x_4u_{i+4,j+1}-2x_5u_{i+3,j}+x_5u_{i+3,j-1} \quad (7-32)$$

（5）射孔枪下端平衡方程由差分格式离散得

$$p_{(t)}=E_p A_p \frac{u_{(np+2+np1+1,j+1)}-u_{(np+2+np1,j+1)}}{l_{pe}}+$$

$$m_{pe}\frac{u_{(np+2+np1+1,j+1)}-2u_{(np+2np1+1,j)}+u_{(np+2+np1+1,j-1)}}{\Delta t^2}+m_{pe}g \quad (7-33)$$

式中　np——射孔管柱的节点数；

　　　$np1$——射孔枪的节点数。

因此联立式（7-29）至式（7-33），可以求解出 $u_{1,j+1}$、$u_{i+2,j+1}$ 及 $u_{i+3,j+1}$，即可以求解出 $j+1$ 时刻油管最下端、减振器及射孔枪最上端点的位移，并且可以求出射孔管柱，射孔枪任意节点处的位移。

7.2.4　解的稳定性和收敛条件

用差分法对波动方程进行求解的过程中，存在着解的稳定性和收敛性问题。引用文献中 R. W. 亨别克所建立波动方程有限差分解的收敛条件，为 $u_{i,j}$ 项的系数非负，从式（7-26）中可以写出 $u_{i,j}$ 的系数见下式，亦即该波动方程差分法求解的收敛条件：

$$1-\frac{a^2\Delta t^2}{\Delta x^2}\geqslant 0 \quad (7-34)$$

7.2.5　初始条件

在进行差分法求解波动方程时，需要 $u_{i,0}(i=1，2，\cdots，N+1)$ 的初始条件。初始条件的确定，可以以静位移为初始条件，也可以假定任意的初始条件例如零初始条件，初始条件的不同，会影响收敛到稳定解的循环次数和速度。假定在初始状态测试管柱没有任何变形，即该弹性杆在初始状态没有伸缩，即：

$$u_{i,0}=u_{i,1}=u_{0,0} \quad (7-35)$$

方程式（7-26）是从第 2 时刻开始计算的，因此，还需要知道第 1 时刻的位移，设 $t=0$

时，$\dfrac{\partial U(i,\ 1)}{\partial t}=0$，用中心差分可表示为

$$\frac{\partial U(i,\ 1)}{\partial t}=\frac{U(i,\ 2)-U(i,\ 0)}{2\Delta t}=0 \tag{7-36}$$

如是得到 $U(i,\ 0)=U(i,\ 2)$ 把它代入方程式(7-26)并取 $j=1$ 即对应于 $t=0$，得出：

$$U(i,\ 2)=\frac{1}{2}\{e[U(i+1,\ 1)+U(i-1,\ 1)]+2(1-e)U(i,\ 1)\} \tag{7-37}$$

这里，$e=\dfrac{c^2\Delta t^2}{\Delta x^2}$，假设给定的初始条件为

$$\begin{aligned} u_{N+1,1}&=u(0),\\ \dot{u}_{N+1,1}&=\dot{u}(0), \end{aligned} \tag{7-38}$$

由式(7-27)确定 u_1。在零时刻速度和加速度的中心差分公式为

$$\dot{u}_{N+1,1}=\frac{u_{N+1,2}-u_{N+1,0}}{2\Delta t} \tag{7-39}$$

$$\ddot{u}_{N+1,0}=\frac{u_{N+1,2}-2u_{N+1,1}+u_{N+1,0}}{\Delta t^2} \tag{7-40}$$

将式(7-28)消去 u_1 得

$$u_{N+1,0}=u_{N+1,1}-\Delta t\dot{u}_{N+1,1}+\frac{\Delta t^2}{2}\ddot{u}_{N+1,1} \tag{7-41}$$

在差分循环过程中，计算精度达到一定要求就认为已经收敛到稳定解。在本研究项目中，采用如下方法判断差分计算是否已经达到计算精度：预先根据要求给定一个计算精度 ε，每一个循环结束后，计算它与前一个循环对应值的差是否在给定的计算精度之内，即：

$$|u_{i,j}^{(s)}-u_{i,j}^{(s-1)}|<\varepsilon \tag{7-42}$$

式中 s——循环计算的次数；

ε——给定的计算精度。

7.3 模型验证

上面分析了在实际工况下射孔管柱、减振器和射孔枪的受力，采用微元法建立了射孔管柱—减振器—射孔枪耦合振动的四方程模型，并介绍了该模型的二阶偏微分方程组数值求解方法即有限差分法，最后给出了射孔管柱—减振器—射孔枪耦合振动四方程模型的差分格式。接下来，可通过数学计算软件(如 MATLAB，FORTRAN 等)编写相应计算代码从而实现射孔管柱的变形受力计算。由于 FORTRAN 具有运算速度快、精度高、调试方便等特点，本小节采用 FORTRAN 编写代码进行计算，求解射孔管柱—减振器—射孔枪动力学模型的数值解，并将计算结果与 ABAQUS 的计算结果进行对比，以此验证孔管柱—减振器—射孔枪动力学模型的正确性。

7.3.1 射孔管柱算例参数

为了验证模型的正确性，选取一个基本的算例，其具体参数见表7-1。

表7-1 射孔管柱—减振器—射孔枪耦合系统基本参数

参数	数值	参数	数值
液体动力黏度(Pa·s)	0.01	步长(s)	0.001
油管柱外径(mm)	88.9	减振器弹簧刚度系数(N/mm)	10
油管柱内径(mm)	76	减振器阻尼系数(N·s/mm)	10
油管柱长度(m)	200	减振器质量(kg)	100
油管柱划分单元数	10	射孔枪外径(mm)	73
弹性模量(Pa)	2.06×10^{11}	射孔枪内径(mm)	62
管材密度(kg/m³)	7846	射孔枪长度(m)	3.3
冲击荷载的峰值	0	模型总计算时间(s)	80

考虑到计算结果的收敛性，结合上一章差分格式的计算标准选取时间步长为0.001s，射孔管柱差分单元的计算长度为20m，射孔枪差分单元的计算长度为0.33m。

7.3.2 射孔管柱射孔作业有限元建模

油管的建模：在"Part"模块中选择"create part"，其中"Modeling Space"选择"3D"，"Type"选择"Deformable"，"Base Feature"选择"Wire"，其中油管柱长度为200e3；在"Property"栏建立油管相应的材料参数，其中$E = 206000$，$\nu = 0.3$，密度输入为7.846e-9；菜单栏上选择"profile"建立油管的环形剖面，外半径为44.45，壁厚为6.45；选择"assign"栏中的"Beam cross section"赋予油管的梁截面方向，再赋予油管截面属性。射孔枪的建模过程与油管的类似，只是变化下相应的参数，不再赘述。减振器的建模：在"Part"模块中选择"create part"，其中"Modeling Space"选择"3D"，"Type"选择"Discrete rigidity"，"Base Feature"选择"Point"，建立三个模型如图7-7所示。

在"mesh"模块中对模型划分网格，由于本次模拟验证射孔管柱在系统自重的作用下的响应，自重较小，所以管柱和射孔枪的单元划分较大，减振器以惯性质量点代替，划分网格时油管柱的"Approximate global size"设置为20000，射孔枪为330；油管柱和射孔枪的"Element type"选择为"B31"两节点空间线性两单元；在"Assembly"模块中将三个部件组装。

在"Interaction"设置减振器弹簧的参数，在油管柱和减振器、减振器和射孔枪之间建立弹簧模型，其中"Spring stiffness"设置为10，"Dashpot coefficient"设置为10，在油管的顶端和底端建立阻尼模型，设置"Dashpot coefficient"为0.1。

建立射孔枪模型分析步，设置为一个分析步，step1为"Dynamic，General"，总时间为80s，时间步长设置为0.01s。设置"Field output request"选择输出"E、MISES、S、U"等物理参数。

图 7-7　油管柱—减振器—射孔枪的 ABAQUS 模型

　　建立模型的边界条件和载荷，其中边界条件为固定油管柱顶端的位移约束。为油管柱整体施加重力载荷，减振器施加重力作用，射孔强整体施加重力载荷作用，载荷作用示意图如图 7-8 所示，通过计算，得到井下工具应力分布示意图，如图 7-9 所示。

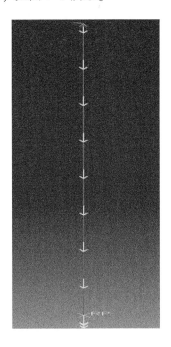

图 7-8　外荷载作用示意图

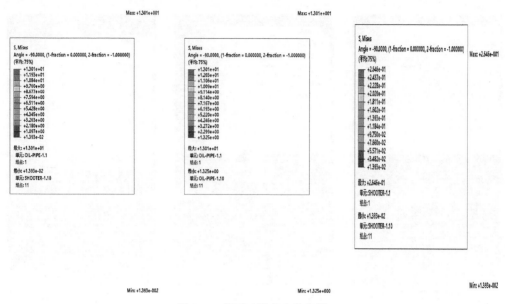

图 7-9　井下工具应力分布图

7.3.3　结果验证

采用基本算例，分别获得了射孔枪上端位移时程曲线、射孔枪上端应力时程曲线、射孔枪上端受力时程曲线、减振器位移时程曲线、油管柱最下端的位移时程曲线、油管柱最下端压力时程曲线、油管柱最下端受力时程曲线，并将计算结果与 ABAQUS 计算结果对比，以此验证模型的正确性。

如图 7-10 至图 7-12 所示为射孔枪上端的位移时程曲线、应力时程曲线和轴力时程曲线，可知：（1）理论编程计算与 ABAQUS 计算所得结果变化趋势相同，幅值变化也基本一致，最后达到相同的稳定值；（2）射孔枪在冲击荷载作用下的振动周期约为 25s，位移的振幅约为 260mm，应力的最大值约为 0.5MPa，轴力最大值约为 0.08t，通过分析，射孔枪上端轴力峰值较小的原因是设置的冲击荷载为零，油管柱只受自身重力的影响；（3）理论编程计算结果曲线比 ABAQUS 计算结果曲线更加平滑，这是由于理论计算设置的步长比 ABAQUS 设置的步长要小。

如图 7-13 所示为减振器位移时程曲线，可知：（1）理论计算结果和 ABAQUS 计算结果的变化趋势相同，幅值变化也基本一致，最后也达到相同的稳定值；（2）减振器的位移值比射孔枪的位移值要小，通过分析这是由于位移的叠加，使下面的射孔工具比上面的射孔工具的位移更大。

如图 7-14 到图 7-16 所示为油管柱时程曲线，包括位移曲线、应力曲线和轴力曲线，可知：（1）油管柱下端的位移最大值大约只有 14mm，也是因为只受重力作用，变形自然就很小，其应力和轴力峰值大约分别为 2MPa 和 0.3t；（2）其振动周期比射孔枪上端的周期要小，这是由于二级减振的作用；（3）油管柱幅值的变化趋势比射孔枪的变化趋势更明显，这是由于油管柱上面考虑液体的黏性阻尼的作用。

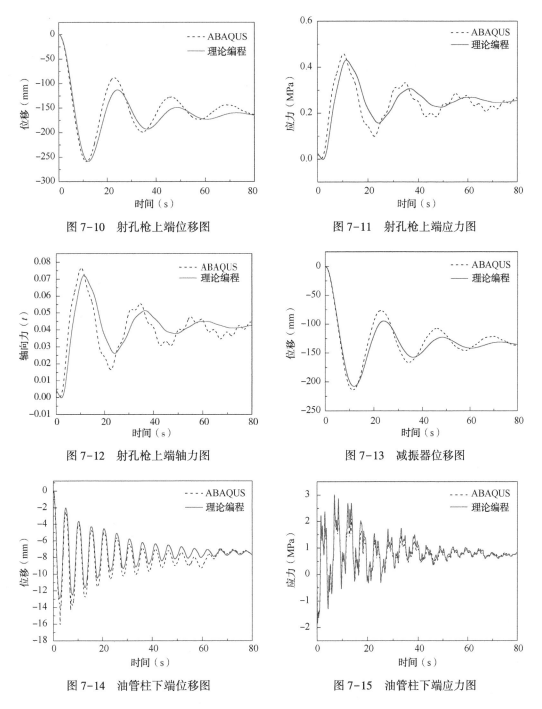

图 7-10　射孔枪上端位移图

图 7-11　射孔枪上端应力图

图 7-12　射孔枪上端轴力图

图 7-13　减振器位移图

图 7-14　油管柱下端位移图

图 7-15　油管柱下端应力图

　　通过观察井下工具位移的稳定值，可以发现其中射孔枪的位移最大，油管柱的位移最小，且存在数量级的差别。对此研究发现：由于每个节点产生位移，依次累加，导致越是下面的射孔管柱其位移越大，因为射孔枪与油管柱之间设置减振器，而减振器的刚度比油管柱的刚度小，所以导致减振器的变形很大，才使得射孔枪的位移与油管柱的位移存在数量级的差别。同时观察不同井下工具的轴力和应力稳定值，却发现油管柱的轴力最大，对

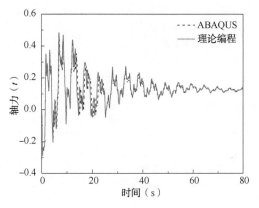

图 7-16 油管柱下端轴力图

此研究发现在没有冲击荷载的情况下，井下工具只受自身的重力，导致油管柱的受力比射孔枪的受力更大。通过上面分析验证了井下工具动力学模型的正确性，因此进一步研究射孔管柱系统的动力学行为响应机理。

7.4 井下射孔工具安全校核方法

7.4.1 内外压作用下射孔段套管强度分析

在高温高压深井射孔完井作业过程中，井下管柱中，套管就处在极为复杂恶劣的环境中，尤其是射孔套管（封隔器以下套管）受到射孔冲击力和外面的地层压力双重影响，导致受力状态瞬间发生改变，自然容易出现瞬间失稳、脉动，甚至弯曲折断的现象，必然就给后面作业造成很大的困难。井下套管是在射孔完井作业后，为油气投产提供一个安全、可靠的环境，因此在射孔完井作业过程中，射孔套管安全性分析是迫切需要解决的难题。

在射孔完井作业结束后，射孔段套管将产生一些圆孔，因此把射孔段套管看作带有圆孔裂纹的无限大圆柱筒壳体，根据断裂力学理论[147]得到内、外压共同作用下带环向裂纹射孔段套管射孔孔眼附近的弯曲应力场和拉伸应力场[148]。
弯曲应力场为

$$\begin{cases} \sigma_{xx}^b = \dfrac{p_a^b}{\sqrt{2r}}\left(\dfrac{11+5\mu}{4}\cos\dfrac{1}{2}\zeta + \dfrac{1-\mu}{4}\cos\dfrac{5}{2}\zeta\right)+o(r^0)\,,\ R_{ci}\leqslant r\leqslant R_{co} \\[2mm] \sigma_{yy}^b = \dfrac{p_a^b}{\sqrt{2r}}\left[-\dfrac{3(1-\mu)}{4}\cos\dfrac{1}{2}\zeta - \dfrac{1-\mu}{4}\cos\dfrac{5}{2}\zeta\right]+o(r^0)\,,\ R_{ci}\leqslant r\leqslant R_{co} \\[2mm] \sigma_{xy}^b = \dfrac{p_a^b}{\sqrt{2r}}\left(-\dfrac{7+\mu}{4}\cos\dfrac{1}{2}\zeta + \dfrac{1-\mu}{4}\sin\dfrac{5}{2}\zeta\right)+o(r^0)\,,\ R_{ci}\leqslant r\leqslant R_{co} \end{cases} \quad (7-43)$$

其中：

$$p_a^b = -\overline{\sigma}_e\sqrt{\dfrac{3}{1-\mu^2}}\dfrac{\lambda^2}{3+\mu}\dfrac{1+\mu}{32}\left[1+2\left(r+\ln\dfrac{\lambda}{8}\right)\right]+\overline{\sigma}_b\dfrac{1}{3+\mu}\left[1-\dfrac{\mu^2+2\mu+5}{(1-\mu)(3+\mu)}\dfrac{\pi\lambda^2}{64}\right]+o(\lambda^4\ln\lambda)$$

$$(7-44)$$

$$\lambda = \frac{\sqrt{12(1-\mu^2)}\, r_k^2}{\overline{R_c} t} \tag{7-45}$$

式中　μ——射孔套管材料的泊松比；

　　　R_{ci}——原始套管的内半径，mm；

　　　R_{co}——原始套管的外半径，mm；

　　　$o(\lambda^4 \ln\lambda)$、$o(r^o)$——高阶无穷小量(计算时可以忽略不计)；

　　　r——射孔套管径向长度参数，mm；

　　　ζ——无量纲参数函数，其中 $\zeta \in (0, 1]$；

　　　p_a^b——带有环向贯穿裂纹的射孔段套管受内、外压时，在裂纹附近处的奇异性弯曲

　　　　　应力场参数，MPa；

　　　λ——无量纲中间参数；

　　　t——射孔套管的壁厚，mm；

　　　r_k——射孔孔眼的半径，mm；

　　　$\overline{R_c}$——射孔套管的平均值，mm。

拉伸应力场为

$$\begin{cases} \sigma_{xx}^e = \dfrac{p_c^e}{\sqrt{2r}}\left(\dfrac{5}{4}\cos\dfrac{1}{2}\zeta - \dfrac{1}{4}\cos\dfrac{5}{2}\zeta\right) + o(r^0), & R_{ci} \leq r \leq R_{co} \\[3mm] \sigma_{yy}^e = \dfrac{p_c^e}{\sqrt{2r}}\left(\dfrac{3}{4}\cos\dfrac{1}{2}\zeta + \dfrac{1}{4}\cos\dfrac{5}{2}\zeta\right) + o(r^0), & R_{ci} \leq r \leq R_{co} \\[3mm] \sigma_{xy}^e = \dfrac{p_c^e}{\sqrt{2r}}\left(-\dfrac{1}{4}\cos\dfrac{1}{2}\zeta + \dfrac{1}{4}\sin\dfrac{5}{2}\zeta\right) + o(r^0), & R_{ci} \leq r \leq R_{co} \end{cases} \tag{7-46}$$

式中　p_c^e——带环向裂纹射孔段套管受内、外压时，裂纹附近奇异性拉伸应力场参数，MPa。

　　表达式为

$$p_c^e = \overline{\sigma_e}\left(1 + \frac{\pi\lambda^2}{64}\right) - \overline{\sigma_b}\sqrt{\frac{1-\mu^2}{3}}\frac{\lambda^2}{3+\mu}\frac{1+\mu}{32(1-\mu)}\left[1 + 2\left(r + \ln\frac{\lambda}{8}\right)\right] + o(\lambda^4 \ln\lambda) \tag{7-47}$$

式中　$\overline{\sigma_e}$，$\overline{\sigma_b}$——分别为原始套管受内、外压时，在裂纹位置的拉应力和最大弯曲拉应力，MPa。

　　即有

$$\overline{\sigma_e} = \sigma \tag{7-48}$$

$$\overline{\sigma_b} = \frac{6\sigma}{t} \tag{7-49}$$

　　原始套管应力问题属厚壁圆筒问题[145,146]，利用 Lame 公式得到在内压 p_i 和外压 p_o 共同作用下原始套管的轴向拉应力为

$$\sigma_{z1} = \sigma = \frac{p_i R_{ci}^2 - p_o R_{co}^2}{R_{co}^2 - R_{ci}^2} \tag{7-50}$$

其中，p_i 是由射孔冲击荷载产生的峰值压力，p_o 是地层压力。

根据第四强度理论，射孔段套管在 3 个方向应力 σ_1、σ_2、σ_3 作用下工作，则射孔段套管孔眼附近相当应力为

$$\sigma_{xd4} = \sqrt{\frac{1}{2}\left[(\sigma_1-\sigma_2)^2+(\sigma_2-\sigma_3)^2+(\sigma_3-\sigma_1)^2\right]} \tag{7-51}$$

其中，

$$\begin{cases} \sigma_1 = \dfrac{\sigma_{xx}+\sigma_{yy}}{2}+\sqrt{\left(\dfrac{\sigma_{xx}-\sigma_{yy}}{2}\right)^2+\sigma_{xy}^2} \\[3mm] \sigma_2 = \dfrac{\sigma_{xx}+\sigma_{yy}}{2}-\sqrt{\left(\dfrac{\sigma_{xx}-\sigma_{yy}}{2}\right)^2+\sigma_{xy}^2} \\[3mm] \sigma_3 = \sigma_{z1} = \sigma \end{cases} \tag{7-52}$$

式中　σ_{xd4}——射孔套管第四相当应力，MPa。

据此按照强度条件可校核射孔段套管的强度，评价其安全性，计算其安全系数。射孔段套管的断裂分析建立在应力强度因子判据的基础上。由上面计算结果可以进一步计算出射孔段套管由于受内、外共同作用下的拉伸应力场和弯曲应力场的应力强度因子 $K_I^{(b)}$ 和 $K_I^{(e)[149,150]}$，其计算公式如下：

$$K_I^{(b)} = p_a^b\sqrt{\pi r_k} \tag{7-53}$$

$$K_I^{(e)} = p_c^e\sqrt{\pi r_k} \tag{7-54}$$

因此，按照射孔段套管材料应力强度因子提出的断裂判据为

$$\max\{K_I^{(b)},\ K_I^{(e)}\} < K_{IC} \tag{7-55}$$

式中　K_{IC}——射孔段套管断裂的临界应力强度因子。

对射孔段套管理论分析，采用 Fortran 语言编程计算其数值解，接下来对实际参数进行计算分析，套管参数见表 7-2。

表 7-2　射孔段套管基本参数

参　数	数　值	参　数	数　值
地层压力梯度（MPa/m）	0.02	无量纲参数 ζ	0.8
套管外径（mm）	122.25	射孔孔眼半径（mm）	7
套管内径（mm）	111.2	材料的泊松比	0.3
套管材料的屈服极限 σ_s（MPa）	758	减振器阻尼系数（N·s/mm）	10
套管材料的抗拉强度极限 σ_b（MPa）	930	装药量（g）	64
射孔井段垂深（m）	3510	套管内压（MPa）	124

通过计算装药量为 64g，产生峰值压力为 124MPa 时射孔段套管孔眼周围相当应力为 181MPa，远小于其临界应力值，安全系数为 5。套管的弯曲应力场强度因子为 2.4MPa·m$^{1/2}$，拉伸应力场强度因子为 27.4MPa·m$^{1/2}$，而套管 p110 的断裂临界应力强度因子为 98.9MPa·m$^{1/2}$，因此强度因子也满足要求。但如果射孔枪装药量继续加大，产生的内压冲击压力峰值也将增大，随之套管的相当应力增大，就有可能是套管产生破坏。例如当装药量为 256g 时，产生的峰值压力为 249MPa，射孔段套管孔眼周围相当应力为 761MPa，已

经大于其屈服极限了，套管产生变形了，此计算出拉伸应力场强度因子为 115MPa·m$^{1/2}$，此时已经大于其断裂的临界应力强度因子。所以在选择射孔枪的装药量时，要考虑套管的强度是否满足要求。

7.4.2　油管柱安全性校核方法

射孔完井作业工况中，由于射孔枪的爆炸产生瞬间冲击波对射孔枪和油管柱具有很强的冲击效果，当冲击力达到一定程度，油管柱和射孔枪将会发生平面屈曲或螺旋屈曲，甚至将使管柱发生塑性变形，因此在对管柱冲击荷载分析完，接着就需要对管柱的稳定性分析。

（1）管柱屈曲变形校核方法。

关于管柱在直井中屈曲临界力计算模型，有很多学者进行了研究，给出了相应的平面屈曲临界力和螺旋屈曲临界力计算公式[151-153]。目前，比较常用的管柱在垂直井眼中的屈曲临界力判别式见下式。

平面屈曲临界力：

$$F_f = 2.55 (EIq^2)^{1/3} \qquad (7-56)$$

螺旋屈曲临界力：

$$F_f = 5.55 (EIq^2)^{1/3} \qquad (7-57)$$

式中　EI——管柱抗弯刚度，N/m；

$\quad q$——单位长度管柱的浮重，kg/m^3。

因此，分析油管的稳定性，设射孔段油管外径为 d_o，内径为 d_i，爆炸冲击波在油管各截面产生的最大压力为 p_t。那么射孔瞬间油管受到向上冲击载荷[74]为

$$F_A = \frac{\pi}{4} p_t (d_o^2 - d_i^2) \qquad (7-58)$$

根据管柱螺旋屈曲临界载荷的计算公式：

$$F_{crh} = 5.55 \sqrt[3]{EIq^2}$$
$$q = \rho_p V g \qquad (7-59)$$

式中　E——管材弹性模量；

$\quad I$——管柱横截面惯性矩；

$\quad \rho_p$——管柱密度；

$\quad V$——管柱线体积。

由式（7-58）、式（7-59）可知，如果 $F_A > F_{crh}$，则说明管柱在冲击载荷的作用下将会发生螺旋屈曲；否则，管柱不会发生螺旋屈曲，本文主要考虑管柱的螺旋屈曲，如果管柱发生螺旋屈曲，那么管柱就会与套管接触，在管柱取出时就会比较困难，甚至无法取出。

（2）油管柱的强度校核方法。

在射孔完井工况下，油管柱不仅受到内外流体的影响，主要还受到射孔爆炸产生的爆炸冲击压力，正由于管柱受到各方面压力的影响，其破坏的概率最大，因此对管柱进行强度分析很有必要，也由于油管柱受到三个方向的压力，因此对管柱进行第四强度理论分析是正确的，根据理论分析可得，管柱三轴应力基本公式[154,155]为：

轴向力公式：

$$\sigma_z = \frac{F}{A} \tag{7-60}$$

$$A = \frac{1}{4}\pi(D^2 - d^2) \tag{7-61}$$

周向力公式：

$$\sigma_\theta = \frac{p_o(D^2 - d^2) - 2p_i d^2}{d^2 - D^2} \tag{7-62}$$

径向力公式：

$$\sigma_r = -\frac{D^2 p_0 + d^2 p_i}{D^2 - d^2} \tag{7-63}$$

第四强度理论：

$$\sigma_{xd4} = \sqrt{\frac{1}{2}\left[(\sigma_z - \sigma_\theta)^2 + (\sigma_\theta - \sigma_r)^2 + (\sigma_r - \sigma_z)^2\right]} \tag{7-64}$$

$$K_{xd} = \frac{\sigma_s}{\sigma_{xd4}} \tag{7-65}$$

式中　D，d——分别为管柱的内外径；

p_o——冲击荷载峰值压力；

p_i——油管柱的内压，考虑为静水压力；

K_{xd}——三轴应力安全系数；

σ_s——管柱屈服应力，MPa；

σ_{xd4}——相当应力，MPa。

通过上面计算公式和第 2 章可以计算出各个截面的压力和轴力，进而可以计算出管柱不同截面处的最大当量应力，因此可以等到油管柱的安全系数曲线。

7.4.3　封隔器的受力分析

在建立射孔管柱动力学模型之前，对封隔器进行了基本假设：视为一个固定约束端，由此可得封隔器的受力和油管柱最上端的受力是一对相互作用力。通过对封隔器解封力的研究，可得到封隔器解封力的范围为 60~120kN（6~12t），可以根据油管柱最上端受力情况分析，来判断封隔器是否会发生提前解封事故。

8 曲井井下射孔管柱动力学模型建立及求解

前述分析了射孔爆炸的能量转化及超压的分布模型，这是射孔管柱所受冲击载荷计算的基础。从数值分析结果可知爆炸超压的峰值大且时程变化很复杂，对于像大斜度井、水平井等一般曲井中的射孔完井作业，可想而知射孔爆炸时管柱在爆炸冲击载荷作用下的动力响应会非常复杂，对其开展进一步的研究显得尤为重要。

8.1 曲井井眼轨迹的描述与转换

8.1.1 曲井井眼轨迹的描述

井眼轨迹是钻井作业完成后钻头的所行轨迹，也称为井眼轴线。实际油气井井眼轨迹基本上是空间三维的，是一条复杂的空间三维曲线，但是在工程研究时通常对井眼轨迹曲线作局部简化，研究时所涉及的井眼轨迹通常为竖直井、斜井、水平井、平面等曲率井以及平面变曲率井。井眼轨迹的描述是对井下管柱力学分析的基础及前提，一般认为井眼轨迹是一条连续光滑的空间曲线，通常用空间直角坐标系 $OXYZ$ 和自然坐标系（也称为随体坐标系）O_STNB 两种坐标系描述井眼轨迹，如图 8-1 所示。

如图 8-1 所示，用于井眼轨迹空间扭曲形态描述的参数有以下几个。

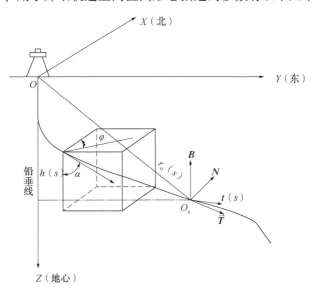

图 8-1 三维井眼轨迹的空间几何关系示意图

（1）垂深 $h(s)$。

垂深是井眼轴线上点在铅垂线上的投影至井口地面的距离。

（2）井深 s。

井眼轨迹上任意一点到井口的长度称为井深，它刻画了井口至测点段井眼轨迹的曲线长度，也称为斜深。

（3）井斜角 α。

过井眼轴线上某测点作井眼轴线的切线，该切线向井眼前进方向延伸的部分称为井眼方向线。井斜角为井眼轨迹曲线上任意一点井眼方向线与铅垂线的夹角，如图 8-1 所示的 α，一般是井深 s 的函数。井斜角表示了井眼轨迹在测点处倾斜的大小。

（4）方位角 φ。

如图 8-1 所示，以空间直角坐标系 X 轴（正北方向）为始边，顺时针旋转至井眼轨迹方向在水平面的投影所转过的角度称为该测点的方位角，即图 8-1 中 φ 角。

在自然坐标系 $O_S TNB$ 中，各轴向的单位向量分别为 t、n、b，分别指向井眼轨迹在测点处的切线方向、主法线方向和副法线方向。微分几何中将 t、n、b 所构成的右手标架称为曲线在测点处的 Frenet 标架。图 8-1 中的 O_s 测点，在三维空间的几何位置可用矢径 r_o 来描述：

$$r_o(s) = x_o(s)\boldsymbol{i} + y_o(s)\boldsymbol{j} + z_o(s)\boldsymbol{k} \tag{8-1}$$

$$\mathrm{d}\boldsymbol{r}_o = \mathrm{d}x_o(s)\boldsymbol{i} + \mathrm{d}y_o(s)\boldsymbol{j} + \mathrm{d}z_o(s)\boldsymbol{k} = \boldsymbol{t}_o \mathrm{d}s \tag{8-2}$$

由前述可知 t_o 与 k 之间的夹角为井斜角 α，t_o 在水平面上投影与 i 的夹角为方位角 φ，s 为井深。依据三角几何关系有：

$$\frac{\mathrm{d}x_o}{\mathrm{d}s} = \sin\alpha\cos\varphi, \quad \frac{\mathrm{d}y_o}{\mathrm{d}s} = \sin\alpha\sin\varphi, \quad \frac{\mathrm{d}z_o}{\mathrm{d}s} = \cos\alpha \tag{8-3}$$

$$\boldsymbol{t}_o = \sin\alpha\sin\varphi\boldsymbol{i} + \sin\alpha\sin\varphi\boldsymbol{j} + \cos\alpha\boldsymbol{k}$$

由微分几何的曲线曲率、挠率的定义，有

$$\boldsymbol{t}(s) = \boldsymbol{r}(s) = k(s)\boldsymbol{n}(s)$$
$$\boldsymbol{b}(s) = -\tau(s)\boldsymbol{n}(s) \tag{8-4}$$

其中，$k(s)$ 为井眼轨迹曲线的曲率，$\tau(s)$ 为井眼轨迹曲线的挠率。所以联立式（8-3）和式（8-4）则有

$$\boldsymbol{n}_o = \frac{1}{k} \begin{pmatrix} k_\alpha\cos\alpha\cos\varphi - k_\varphi\sin\alpha\sin\varphi \\ k_\alpha\cos\alpha\sin\varphi + k_\varphi\sin\alpha\cos\varphi \\ -k_\alpha\sin\alpha \end{pmatrix}^{\mathrm{T}} \begin{pmatrix} \boldsymbol{i} \\ \boldsymbol{j} \\ \boldsymbol{k} \end{pmatrix} \tag{8-5}$$

依据 Frenet 标架定义可知：

$$\boldsymbol{b} = \boldsymbol{t} \times \boldsymbol{n} \tag{8-6}$$

将式（8-3）和式（8-5）代入式（8-6）可得

$$\boldsymbol{b}_o = \frac{1}{k} \begin{pmatrix} -k_\alpha\sin\varphi - k_\varphi\sin\alpha\cos\alpha\cos\varphi \\ -k_\alpha\cos\varphi - k_\varphi\sin\alpha\cos\alpha\sin\varphi \\ k_\varphi\sin^2\alpha \end{pmatrix}^{\mathrm{T}} \begin{pmatrix} \boldsymbol{i} \\ \boldsymbol{j} \\ \boldsymbol{k} \end{pmatrix} \tag{8-7}$$

结合式（8-3）、式（8-5）和式（8-7）可得自然坐标系和空间直角坐标系的转换关系式为

$$\begin{pmatrix} t \\ n \\ b \end{pmatrix} = \frac{1}{k} \begin{pmatrix} k\sin\alpha\cos\varphi & k\sin\alpha\sin\varphi & k\cos\alpha \\ k_\alpha\cos\alpha\cos\varphi - k_\varphi\sin\alpha\sin\varphi & k_\alpha\cos\alpha\sin\varphi + k_\varphi\sin\alpha\cos\varphi & -k_\alpha\sin\alpha \\ -k_\alpha\sin\varphi - k_\varphi\sin\alpha\cos\alpha\cos\varphi & -k_\alpha\cos\varphi - k_\varphi\sin\alpha\cos\alpha\sin\varphi & k_\varphi\sin^2\alpha \end{pmatrix} \begin{pmatrix} i \\ j \\ k \end{pmatrix} \quad (8-8)$$

式中 α ——井斜角，rad；

φ ——方位角，rad；

k_α ——井斜角变化率，rad/m；

k_φ ——方位角变化率，rad/m；

k ——井眼轨迹曲率。

k_α，k_φ，k 的表达式为

$$\begin{cases} k = \left| \dfrac{\mathrm{d}^2 r}{\mathrm{d}s^2} \right| = \sqrt{k_\alpha^2 + k_\varphi^2 \sin^2\alpha} \\ k_\alpha = \dfrac{\mathrm{d}\alpha}{\mathrm{d}s} \\ k_\varphi = \dfrac{\mathrm{d}\varphi}{\mathrm{d}s} \end{cases} \quad (8-9)$$

当 $\alpha(s)$、$\varphi(s)$ 为已知时，便可以确定相应井眼轨迹的曲率 $k(s)$、挠率 $\tau(s)$ 以及相应切线、主法线和副法线的单位矢量 t、n、b。描述空间曲线曲率、挠率变化的 Frenet 公式为

$$\begin{pmatrix} t \\ n \\ b \end{pmatrix} = \begin{pmatrix} 0 & k & 0 \\ -k & 0 & -\tau \\ 0 & \tau & 0 \end{pmatrix} \cdot \begin{pmatrix} t \\ n \\ b \end{pmatrix} \quad (8-10)$$

8.1.2 曲井中管柱的形态描述

与井眼轴线形态自始至终固定不变所不同的是井下管柱在复杂工况或井下复杂荷载作用下其形态会发生复杂的变化。假定在某一时刻管柱轴线发生偏移未与 O 点井眼轴线重合，井眼轨迹曲线法平面 $On_o b_o$ 截管柱轴线于点 C，结构示意图如图 8-2 所示。

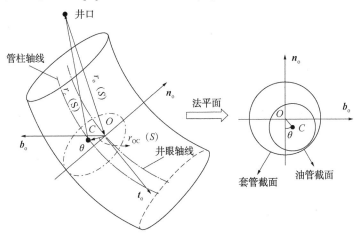

图 8-2 曲井管柱的空间几何关系示意图

由图 8-2 可知管柱轴线任意一点 C 均在半径为 $r_{oc}=R-r$ 的圆柱面之内，r_{oc} 为井眼半径与管柱外半径之差，C 点在三维空间位置可用矢径 $\boldsymbol{r}_{c}(s)$ 来描述，则由矢量几何关系有

$$\boldsymbol{r}_{c}=\boldsymbol{r}_{o}+\boldsymbol{r}_{oc}=\boldsymbol{r}_{o}-r\cos\theta\boldsymbol{n}_{o}+r\sin\theta\boldsymbol{b}_{o} \tag{8-11}$$

式（8-11）两边对管柱斜深 s_{c} 求导，则有

$$\frac{\mathrm{d}\boldsymbol{r}_{c}}{\mathrm{d}s_{c}}=\left[\frac{\mathrm{d}\boldsymbol{r}_{o}}{\mathrm{d}s}-\frac{\mathrm{d}(r_{oc}\cos\theta\boldsymbol{n}_{o})}{\mathrm{d}s}+\frac{\mathrm{d}(r_{oc}\sin\theta\boldsymbol{b}_{o})}{\mathrm{d}s}\right]\left(\frac{\mathrm{d}s}{\mathrm{d}s_{c}}\right)=\boldsymbol{t}_{c} \tag{8-12}$$

将 Frenet 公式代入式（8-12）整理可得

$$\boldsymbol{t}_{c}=\frac{\mathrm{d}\boldsymbol{r}_{c}}{\mathrm{d}s_{c}}=\frac{\mathrm{d}s}{\mathrm{d}s_{c}}\left[1+r_{oc}k_{o}\cos\theta \quad r_{oc}\sin\theta\tau_{o}-\frac{\mathrm{d}(r_{oc}\cos\theta)}{\mathrm{d}s} \quad r_{oc}\cos\theta\tau_{o}+\frac{\mathrm{d}(r_{oc}\sin\theta)}{\mathrm{d}s}\right]\cdot\begin{pmatrix}\boldsymbol{t}\\\boldsymbol{n}\\\boldsymbol{b}\end{pmatrix} \tag{8-13}$$

由于 $\|\boldsymbol{t}_{c}\|^{2}=1$，所以有

$$\frac{\mathrm{d}s_{c}}{\mathrm{d}s}=\sqrt{(1+2r_{oc}k_{o}\cos\theta)^{2}+(r_{oc}\tau_{o})^{2}+2r_{oc}\tau_{o}+\left(\frac{\mathrm{d}r_{oc}}{\mathrm{d}s}\right)^{2}+r_{oc}^{2}\left(\frac{\mathrm{d}\theta}{\mathrm{d}s}\right)^{2}} \tag{8-14}$$

当曲井管柱处于平衡状态或未达到螺旋屈曲状态时，有 $\mathrm{d}s\approx\mathrm{d}s_{c}$，且对于实际的井眼轨迹曲线和管柱轴线而言，$k_{o}$，$\tau_{o}$，$r_{oc}$ 都是很小的几何量，$\Delta=k_{o}^{n_{1}}\tau_{o}^{n_{2}}r_{oc}^{n_{3}}(n_{1}+n_{2}+n_{3}\geqslant2)$ 为微小量。为了后续分析的简便起见，将带有 Δ 的项略去不计，所以综合式（8-13）和式（8-14）可得

$$\boldsymbol{t}_{c}=\frac{\mathrm{d}\boldsymbol{r}_{c}}{\mathrm{d}s}=\left(1 \quad r_{oc}\sin\theta\frac{\mathrm{d}\theta}{\mathrm{d}s} \quad r_{oc}\cos\theta\frac{\mathrm{d}\theta}{\mathrm{d}s}\right)\cdot\begin{pmatrix}\boldsymbol{t}_{o}\\\boldsymbol{n}_{o}\\\boldsymbol{b}_{o}\end{pmatrix} \tag{8-15}$$

由微分几何可得

$$k_{c}\boldsymbol{n}_{c}=\frac{\mathrm{d}^{2}\boldsymbol{r}_{c}}{\mathrm{d}s^{2}}=\left(0 \quad k_{o}-r_{oc}\frac{\mathrm{d}^{2}(\cos\theta)}{\mathrm{d}s^{2}} \quad r_{oc}\frac{\mathrm{d}^{2}(\sin\theta)}{\mathrm{d}s^{2}}\right)\cdot\begin{pmatrix}\boldsymbol{t}_{o}\\\boldsymbol{n}_{o}\\\boldsymbol{b}_{o}\end{pmatrix} \tag{8-16}$$

$$k_{c}\boldsymbol{b}_{c}=\boldsymbol{t}_{c}\times k_{c}\boldsymbol{n}_{c}=\left(0 \quad -r_{oc}\frac{\mathrm{d}^{2}(\sin\theta)}{\mathrm{d}s^{2}} \quad k_{o}-r_{oc}\frac{\mathrm{d}^{2}(\cos\theta)}{\mathrm{d}s^{2}}\right)\cdot\begin{pmatrix}\boldsymbol{t}_{o}\\\boldsymbol{n}_{o}\\\boldsymbol{b}_{o}\end{pmatrix} \tag{8-17}$$

综合式（8-15）至式（8-17）可得

$$\begin{pmatrix}\boldsymbol{t}_{c}\\\boldsymbol{n}_{c}\\\boldsymbol{b}_{c}\end{pmatrix}=\begin{pmatrix}1 & r_{oc}\sin\theta\dfrac{\mathrm{d}\theta}{\mathrm{d}s} & r_{oc}\cos\theta\dfrac{\mathrm{d}\theta}{\mathrm{d}s}\\[2mm]0 & \dfrac{1}{k_{c}}\left(k_{o}-r_{oc}\dfrac{\mathrm{d}^{2}(\cos\theta)}{\mathrm{d}s^{2}}\right) & \dfrac{r_{oc}}{k_{c}}\dfrac{\mathrm{d}^{2}(\sin\theta)}{\mathrm{d}s^{2}}\\[2mm]0 & -\dfrac{r_{oc}}{k_{c}}\dfrac{\mathrm{d}^{2}(\sin\theta)}{\mathrm{d}s^{2}} & \dfrac{1}{k_{c}}\left(k_{o}-r_{oc}\dfrac{\mathrm{d}^{2}(\cos\theta)}{\mathrm{d}s^{2}}\right)\end{pmatrix}\cdot\begin{pmatrix}\boldsymbol{t}_{o}\\\boldsymbol{n}_{o}\\\boldsymbol{b}_{o}\end{pmatrix} \tag{8-18}$$

式中 r_{oc} ——井身法平面上井眼轴线至管柱轴线的距离，m；

θ ——偏转角，rad；

s_{c} ——管柱偏离井眼轴线后的弧长，m。

在实际曲井中，考虑油气管柱与套管环空的间隙很小，在管柱轴线偏离井眼轴线时，

偏离后管柱轴线各位置处的井斜角、方位角视作不变，即：

$$\alpha(s_c) \approx \alpha(s), \ \varphi(s_c) \approx \varphi(s) \tag{8-19}$$

8.2 曲井射孔管柱微元体受力分析

为了对油气井完井射孔作业时管柱的动力响应进行分析，必须理清管柱在井下受载情况。为了建立科学合理的管柱受力模型，必须对油气井井眼以及井下管柱作适当的简化处理。在综合考虑井下完井工况条件以及井下环境影响的基础上，在分析时作出如下的基本假设：

（1）井下管柱为各向同性，且为完全弹性体；

（2）井壁（套管内壁）是刚性的，且截面与管柱截面同为理想圆形；

（3）竖直井段管柱轴线与井眼轴线重合，弯曲段管柱与井身曲率半径相等；

（4）管柱单元所受的重力、正压力、摩阻力（包括摩擦力、黏滞阻力）在单元上均匀分布；

（5）管柱各位置处的摩擦系数、黏滞系数为常数；

（6）变形前垂直于管柱轴线的截平面在变形过程中始终垂直于中性轴（Kirchhoff 假设），即忽略剪切形变的影响。

在自然坐标系 $O_s TNB$ 上任取一弧长为 ds 的管柱微元 AB，并对其进行受力分析。以 A 点为始点，井深（也可称为曲线坐标）为 s，B 点为终点，其井深为 $s+ds$。管柱微元的受力示意图如图 8-3 所示。

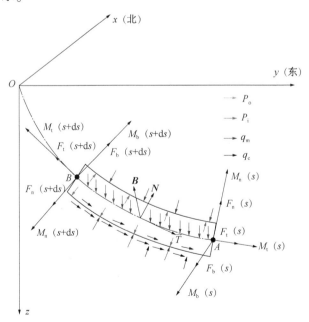

图 8-3　管柱微元段受力示意图

依据受力示意图 8-3，管柱微元段所受各部分力如下所述。

（1）微元段截面上的内力、内力矩。

微元段 A 点(井深 s)截面的集中内力 $\boldsymbol{F}(s)$ 为

$$\boldsymbol{F}(s) = [F_t(s) \quad F_n(s) \quad F_b(s)] \cdot \begin{bmatrix} \boldsymbol{t}(s) \\ \boldsymbol{n}(s) \\ \boldsymbol{b}(s) \end{bmatrix} \qquad (8-20)$$

微元段 A 点(井深 s)截面的集中内力矩 $\boldsymbol{M}(s)$ 为

$$\boldsymbol{M}(s) = [M_t(s) \quad M_n(s) \quad M_b(s)] \cdot \begin{bmatrix} \boldsymbol{t}(s) \\ \boldsymbol{n}(s) \\ \boldsymbol{b}(s) \end{bmatrix} \qquad (8-21)$$

微元段 B 点(井深 $s+\mathrm{d}s$)截面的集中内力 $\boldsymbol{F}(s+\mathrm{d}s)$ 为

$$\boldsymbol{F}(s+\mathrm{d}s) = -[\boldsymbol{F}(s) + \mathrm{d}\boldsymbol{F}(s)] \qquad (8-22)$$

对式(8-20)两边同时求微分得

$$\mathrm{d}\boldsymbol{F}(s) = \begin{Bmatrix} -\mathrm{d}F_t(s) + kF_n(s)\,\mathrm{d}s \\ -\mathrm{d}F_n(s) - [kF_t(s) + \tau F_b(s)]\,\mathrm{d}s \\ -\mathrm{d}F_b(s) + \tau F_n(s)\,\mathrm{d}s \end{Bmatrix}^{\mathrm{T}} \cdot \begin{bmatrix} \boldsymbol{t}(s) \\ \boldsymbol{n}(s) \\ \boldsymbol{b}(s) \end{bmatrix} \qquad (8-23)$$

将式(8-23)和式(8-20)代入式(8-22)可得

$$\boldsymbol{F}(s+\mathrm{d}s) = -\begin{Bmatrix} F_t(s) + \mathrm{d}F_t(s) - kF_n(s)\,\mathrm{d}s \\ F_n(s) + \mathrm{d}F_n(s) + [kF_t(s) + \tau F_b(s)]\,\mathrm{d}s \\ F_b(s) + \mathrm{d}F_b(s) - \tau F_n(s)\,\mathrm{d}s \end{Bmatrix}^{\mathrm{T}} \cdot \begin{bmatrix} \boldsymbol{t}(s) \\ \boldsymbol{n}(s) \\ \boldsymbol{b}(s) \end{bmatrix} \qquad (8-24)$$

同理对于微元段 B 点(井深 $s+\mathrm{d}s$)截面的集中内力矩 $\boldsymbol{M}(s+\mathrm{d}s)$ 有

$$\mathrm{d}\boldsymbol{M}(s) = \begin{Bmatrix} \mathrm{d}M_t(s) - kM_n(s)\,\mathrm{d}s \\ \mathrm{d}M_n(s) + [kM_t(s) + \tau M_b(s)]\,\mathrm{d}s \\ \mathrm{d}M_b(s) - \tau M_n(s)\,\mathrm{d}s \end{Bmatrix}^{\mathrm{T}} \begin{bmatrix} \boldsymbol{t}(s) \\ \boldsymbol{n}(s) \\ \boldsymbol{b}(s) \end{bmatrix} \qquad (8-25)$$

$$\boldsymbol{M}(s+\mathrm{d}s) = \boldsymbol{M}(s) + \mathrm{d}\boldsymbol{M}(s) = \begin{Bmatrix} M_t(s) + \mathrm{d}M_t(s) - kM_n(s)\,\mathrm{d}s \\ M_n(s) + \mathrm{d}M_n(s) + [kM_t(s) + \tau M_b(s)]\,\mathrm{d}s \\ M_b(s) + \mathrm{d}M_b(s) - \tau M_n(s)\,\mathrm{d}s \end{Bmatrix}^{\mathrm{T}} \begin{bmatrix} \boldsymbol{t}(s) \\ \boldsymbol{n}(s) \\ \boldsymbol{b}(s) \end{bmatrix} \quad (8-26)$$

式中　F_t——管柱微元段上的轴向力，N；

　　　F_n——管柱微元段主法线方向的剪切力，N；

　　　F_b——管柱微元段副法线方向的剪切力，N；

　　　M_t——管柱微元段所受的内扭矩，N·m；

　　　M_n——管柱微元段主法线方向的弯矩，N·m；

　　　M_b——管柱微元段副法线方向的弯矩，N·m；

　　　k，τ——井眼(或管柱)的曲率和挠率，rad/m。

(2)微元段管柱 $\mathrm{d}s$ 上的均布接触力 $\boldsymbol{q}_c$。

管柱微元段所受的均布接触力有两个来源，第一个来源是微元段与套管壁的均布接触力(只有与套管接触时才存在)，包括井壁接触支反力 $\boldsymbol{N}$、井壁对管柱的接触摩擦力 $\boldsymbol{f}_\mu$；第二个来源是微元管柱内、外流体作用于管柱的黏滞阻力 $\boldsymbol{f}_\lambda$。

管柱与套管壁的接触支反力可表示为

$$N = N_n\boldsymbol{n} + N_b\boldsymbol{b} \tag{8-27}$$

井下管柱在射孔完井作业时由于受强冲击载荷作用，管柱不仅会发生轴向运动，而且会绕井眼轴线转动（管柱发生屈曲时），轴向运动和绕井眼转动的复合运动会产生轴向摩擦力和切向摩擦力，接触示意图如图 8-4 所示。管柱的切向接触摩擦力为

$$(\boldsymbol{f}_\mu)_{tang} = -\mu t \times N = \mu(N_b\boldsymbol{n} - N_n\boldsymbol{b}) \tag{8-28}$$

所以管柱微元所受的接触摩擦力为

$$\boldsymbol{f}_\mu = \begin{pmatrix} -\mu N & \mu N_b & -\mu N_n \end{pmatrix} \cdot \begin{bmatrix} \boldsymbol{t}(s) \\ \boldsymbol{n}(s) \\ \boldsymbol{b}(s) \end{bmatrix} \tag{8-29}$$

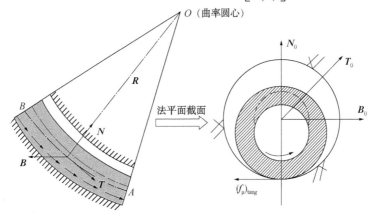

图 8-4　管柱微元段轴向和切向摩擦力示意图

管柱微元所受内、外流体作用于管柱的黏滞阻力 $\boldsymbol{f}_\lambda$ 可表示为

$$\boldsymbol{f}_\lambda = -\boldsymbol{v}\lambda = -\lambda \cdot \begin{pmatrix} v & 0 & 0 \end{pmatrix} \cdot \begin{pmatrix} \boldsymbol{t} \\ \boldsymbol{n} \\ \boldsymbol{b} \end{pmatrix} \tag{8-30}$$

考虑井筒环空及管柱内流体为牛顿流体，则黏滞阻力系数 λ 表示为

$$\lambda = \frac{2\pi\mu_i}{\ln\left(\dfrac{D_w}{2R_o}\right)} \tag{8-31}$$

式中　μ_i——管柱内外液体的动力黏度，Pa·s；

　　　R_o——管柱外半径，m；

　　　D_w——井眼直径，m。

综上所述，微元管柱与井壁接触时的均布接触力为

$$\boldsymbol{q}_c = \begin{bmatrix} -(\mu N + f_\lambda) \\ N_n + \mu N_b \\ N_b - \mu N_n \end{bmatrix}^{\mathrm{T}} \cdot \begin{bmatrix} \boldsymbol{t}(s) \\ \boldsymbol{n}(s) \\ \boldsymbol{b}(s) \end{bmatrix} \tag{8-32}$$

（3）单位长度管柱浮重 $\boldsymbol{F}_g$。

如图 8-3 所示微元管段的受力示意图，管柱所受重力方向的单位矢量为 $\boldsymbol{k}$，沿重力方向的单位浮重为 q_m，其可表示为

$$q_\mathrm{m} \cdot \boldsymbol{k} = K_\mathrm{f} q \cdot \boldsymbol{k} \tag{8-33}$$

式中　K_f——浮力系数;

　　　q——空气中单位长度管柱的重量,N/m。

利用空间直角坐标系与自然坐标系的几何转换关系有

$$\begin{cases} \boldsymbol{k} \cdot \boldsymbol{t} = \cos\alpha \\ \boldsymbol{k} \cdot \boldsymbol{n} = -(k_\alpha/k)\sin\alpha \\ \boldsymbol{k} \cdot \boldsymbol{b} = (k_\varphi/k)\sin^2\alpha \end{cases} \tag{8-34}$$

联立式(8-33)和式(8-34)可得

$$\boldsymbol{F}_\mathrm{g} = \begin{bmatrix} K_\mathrm{f}q\cos\alpha & -K_\mathrm{f}q(k_\alpha/k)\sin\alpha & K_\mathrm{f}q(k_\varphi/k)\sin^2\alpha \end{bmatrix} \cdot \begin{bmatrix} \boldsymbol{t}(s) \\ \boldsymbol{n}(s) \\ \boldsymbol{b}(s) \end{bmatrix} \tag{8-35}$$

(4)管柱微元体上内、外流体压力作用。

射孔完井作业时,射孔段井筒流体压力作用于射孔管柱的外壁面上,以 p_o 表示。而管柱内壁面作用的流体压力以 p_i 表示。内、外流体压力对微元体的作用可以作静力等效处理。内压作用效果可以等效为在井深 s 和 $s+\mathrm{d}s$ 截面处作用一对轴向压缩载荷 $\boldsymbol{F}_\mathrm{i}(s)$、$\boldsymbol{F}_\mathrm{i}(s+\mathrm{d}s)$,表示为

$$\boldsymbol{F}_\mathrm{i}(s) = \pi R_\mathrm{i}^2 p_\mathrm{i}(s)\boldsymbol{t}(s) = \begin{pmatrix} \pi R_\mathrm{i}^2 p_\mathrm{i}(s) & 0 & 0 \end{pmatrix} \cdot \begin{bmatrix} \boldsymbol{t}(s) \\ \boldsymbol{n}(s) \\ \boldsymbol{b}(s) \end{bmatrix}$$

$$\boldsymbol{F}_\mathrm{i}(s+\mathrm{d}s) = -[\boldsymbol{F}_\mathrm{i}(s) + \mathrm{d}\boldsymbol{F}_\mathrm{i}(s)] = \begin{bmatrix} -\pi R_\mathrm{i}^2 p_\mathrm{i}(s) - \pi R_\mathrm{i}^2 \mathrm{d}p_\mathrm{i}(s) \\ -k\pi R_\mathrm{i}^2 p_\mathrm{i}(s)\mathrm{d}s \\ 0 \end{bmatrix}^T \cdot \begin{bmatrix} \boldsymbol{t}(s) \\ \boldsymbol{n}(s) \\ \boldsymbol{b}(s) \end{bmatrix} \tag{8-36}$$

同理,外压作用效果可以等效为在井深 s 和 $s+\mathrm{d}s$ 截面处作用一对轴向拉伸载荷 $\boldsymbol{F}_\mathrm{o}(s)$、$\boldsymbol{F}_\mathrm{o}(s+\mathrm{d}s)$,表示为

$$\boldsymbol{F}_\mathrm{o}(s) = -\pi R_\mathrm{o}^2 p_\mathrm{o}(s)\boldsymbol{t}(s) = \begin{pmatrix} -\pi R_\mathrm{o}^2 p_\mathrm{o}(s) & 0 & 0 \end{pmatrix} \cdot \begin{bmatrix} \boldsymbol{t}(s) \\ \boldsymbol{n}(s) \\ \boldsymbol{b}(s) \end{bmatrix}$$

$$\boldsymbol{F}_\mathrm{o}(s+\mathrm{d}s) = -[\boldsymbol{F}_\mathrm{o}(s) + \mathrm{d}\boldsymbol{F}_\mathrm{o}(s)] = \begin{bmatrix} \pi R_\mathrm{o}^2 p_\mathrm{o}(s) + \pi R_\mathrm{o}^2 \mathrm{d}p_\mathrm{o}(s) \\ k\pi R_\mathrm{o}^2 p_\mathrm{o}(s)\mathrm{d}s \\ 0 \end{bmatrix}^\mathrm{T} \cdot \begin{bmatrix} \boldsymbol{t}(s) \\ \boldsymbol{n}(s) \\ \boldsymbol{b}(s) \end{bmatrix} \tag{8-37}$$

式中　R_i——管柱内半径;

　　　R_o——管柱外半径。

(5)管柱微元体上所受的惯性载荷 $\boldsymbol{F}_\mathrm{I}(s)$。

射孔完井作业时,管柱由于射孔枪上的射孔弹爆炸从而产生强烈的振动,射孔管柱微元段在振动时受到假想效果力——惯性力,惯性力与微元体的加速度有关,可以表示为

$$\boldsymbol{F}_\mathrm{I}(s) = \rho_\mathrm{p} A_\mathrm{p} \boldsymbol{a}\mathrm{d}s = \pi\rho_\mathrm{p}(R_\mathrm{o}^2 - R_\mathrm{i}^2)\boldsymbol{a}\mathrm{d}s \tag{8-38}$$

式中　ρ_p——管柱的密度;

　　　$\boldsymbol{a}$——管柱微元体的加速度。

8.3 曲井射孔管串各部分工具振动分析

8.3.1 封隔器下射孔管柱冲击振动响应

曲井等定向井射孔—测试联作完井作业时，封隔器下部即为射孔完井管串，射孔管串布置结构从封隔器自上往下依次为：封隔器—射孔油管柱—减振器—筛管—射孔枪等完井工具，典型射孔管串结构如图 8-5 所示。

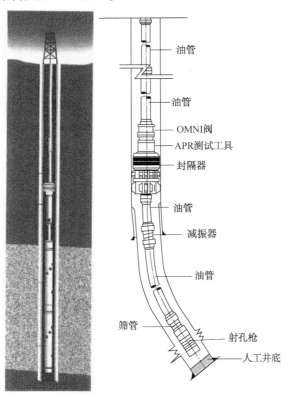

图 8-5　射孔管串结构示意图

曲井射孔完井时射孔油管所处的实际射孔段一般为斜直段或水平段，而封隔器下射孔管柱一般有全竖直段、直—斜组合段、全斜段、弯曲—斜直组合段以及全弯曲段。封隔器下射孔管串的结构形式如图 8-6 所示。

实际油气井射孔完井作业时，由于井眼轨迹存在弯曲，这就造成管柱轴线在初始时刻由于自重的作用并未与井眼轴线重合，管柱存在初始变形弯曲。考虑到射孔管柱悬跨长度（一般为几百米）远远超过弯曲挠度，并且依据假设（6）忽略射孔管柱的剪切形变的影响，即：

$$\begin{cases} \boldsymbol{\gamma}_{nb} = 0 \\ \boldsymbol{\gamma}_{bn} = 0 \\ \boldsymbol{M}_t(s) = 0 \end{cases} \tag{8-39}$$

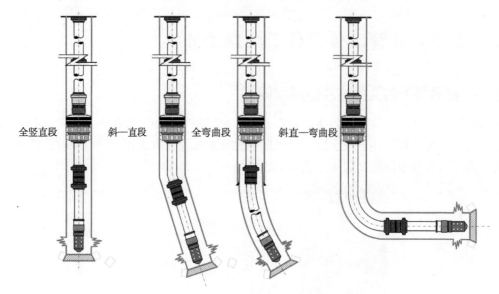

图 8-6　射孔完井时射孔段井身结构

考虑到射孔作业时冲击载荷基本上只沿轴向方向，故只考虑管柱轴向方向的振动惯性载荷，结合前述管柱微元所受载荷依据达朗贝尔原理则有

$$\begin{cases} [\boldsymbol{F}(s+\mathrm{d}s)+\boldsymbol{F}_\mathrm{g}+\boldsymbol{F}_\mathrm{i}(s)+\boldsymbol{F}_\mathrm{o}(s+\mathrm{d}s)+\boldsymbol{F}(s)+\boldsymbol{F}_\mathrm{i}(s+\mathrm{d}s)+\boldsymbol{F}_\mathrm{o}(s)+\boldsymbol{q}_\mathrm{c}] \cdot \boldsymbol{t}(s)=F_\mathrm{I}(s) \\ [\boldsymbol{F}(s+\mathrm{d}s)+\boldsymbol{F}_\mathrm{g}+\boldsymbol{F}_\mathrm{i}(s)+\boldsymbol{F}_\mathrm{o}(s+\mathrm{d}s)+\boldsymbol{F}(s)+\boldsymbol{F}_\mathrm{i}(s+\mathrm{d}s)+\boldsymbol{F}_\mathrm{o}(s)+\boldsymbol{q}_\mathrm{c}] \cdot \boldsymbol{n}(s)=0 \quad (8\text{-}40) \\ [\boldsymbol{F}(s+\mathrm{d}s)+\boldsymbol{F}_\mathrm{g}+\boldsymbol{F}_\mathrm{i}(s)+\boldsymbol{F}_\mathrm{o}(s+\mathrm{d}s)+\boldsymbol{F}(s)+\boldsymbol{F}_\mathrm{i}(s+\mathrm{d}s)+\boldsymbol{F}_\mathrm{o}(s)+\boldsymbol{q}_\mathrm{c}] \cdot \boldsymbol{b}(s)=0 \end{cases}$$

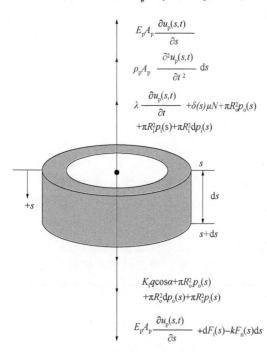

图 8-7　管柱微元段轴向受力示意图

假定某时刻射孔管柱微元段受拉且沿井深 s 增加方向运动，位移为 $u_1(s,\ t)$，微元段截面上沿轴向方向的力为管柱所受到的应力，管柱微元段受轴向受载如图 8-7 所示，依据弹性力学理论则有

$$F_\mathrm{t}(s)=E_\mathrm{p}A_\mathrm{p}\varepsilon=E_\mathrm{p}A_\mathrm{p}\frac{\Delta(\mathrm{d}s)}{\mathrm{d}s}$$

$$=E_\mathrm{p}A_\mathrm{p}\frac{u_1(s,\ t)+\dfrac{\partial u_1(s,\ t)}{\partial s}\mathrm{d}s-u_1(s,\ t)}{\mathrm{d}s}$$

$$=E_\mathrm{p}A_\mathrm{p}\frac{\partial u_1(s,\ t)}{\partial s} \quad (8\text{-}41)$$

则式（8-40）可以完整表示为

$$E_\mathrm{p}A_\mathrm{p}\frac{\partial u_1(s,\ t)}{\partial s}+\rho_\mathrm{p}A_\mathrm{p}\frac{\partial^2 u_1(s,\ t)}{\partial t^2}\mathrm{d}s+$$

$$\lambda\frac{\partial u_1(s,\ t)}{\partial t}\mathrm{d}s+\delta(s)\mu N\mathrm{d}s+\pi R_\mathrm{o}^2 p_\mathrm{o}(s)+$$

$$\pi R_\mathrm{i}^2 p_\mathrm{i}(s)+\pi R_\mathrm{i}^2 \mathrm{d}p_\mathrm{i}(s)$$

$$= E_p A_p \frac{\partial u_1(s,\ t)}{\partial s} + \frac{\partial}{\partial s}\left(E_p A_p \frac{\partial u_1(s,\ t)}{\partial s}\right)ds - kF_n(s)\,ds$$

$$+ K_f q\cos\alpha ds + \pi R_o^2 p_o(s) + \pi R_o^2 dp_o(s) + \pi R_i^2 p_i(s) \tag{8-42}$$

式中 E_p——管柱弹性模量，Pa；

$\quad\quad A_p$——管柱圆环截面积，m^2；

$\quad\quad \delta(s)$——阶跃函数，具体表达式为

$$\delta(s)=\begin{cases} 0,\ r_{oc}<\dfrac{D_w}{2}-R_o \\[3mm] 1,\ r_{oc}\geqslant\dfrac{D_w}{2}-R_o \end{cases} \tag{8-43}$$

而对于射孔管柱微元体的主法线和副法线方向，不考虑其动载作用，视其在射孔作业过程中为准静态过程响应，则依据受力平衡则有

$$\begin{cases} [F(s+ds)+F_g+F_i(s)+F_o(s+ds)+F(s)+F_i(s+ds)+F_o(s)+q_c] \cdot n(s)=0 \\ [F(s+ds)+F_g+F_i(s)+F_o(s+ds)+F(s)+F_i(s+ds)+F_o(s)+q_c] \cdot b(s)=0 \end{cases} \tag{8-44}$$

代入前述各公式整理可得

$$\begin{cases} dF_n(s)+[kF_t(s)+\tau F_b(s)]\,ds+\delta(s)(N_n+\mu N_b)\,ds-K_f q\left(\dfrac{k_\alpha}{k}\right)\sin\alpha ds \\[2mm] \quad +[k\pi R_o^2 p_o(s)-k\pi R_i^2 p_i(s)]\,ds=0 \\[3mm] dF_b(s)-\tau F_n(s)\,ds+\delta(s)(N_b-\mu N_n)\,ds+K_f q\left(\dfrac{k_\varphi}{k}\right)\sin^2\alpha ds=0 \end{cases} \tag{8-45}$$

依据动量矩定理(管柱冲击振动过程中，管柱微元体 ds 的动量对微元体所处井身井眼中心的动量矩对时间的导数等于微元体所受内力和外力对同一点的矩之和)，对于管柱微元段上的力矩平衡条件，则有

$$\rho_p A_p ds \frac{\partial}{\partial t}\left[(r_c-r_o)\times\frac{\partial u(s,\ t)}{\partial t}\right]=M(s+ds)-M(s)$$

$$+(r_c-r_o)\times\left[\sum F'(s)+\sum F''(s)\right]$$

$$=dM(s)+[r_c(s+ds)-r_o(s)]\times F(s+ds)+[r_c(s)-r_o(s)]$$

$$\times F(s)+[r_c(s)-r_o(s)]\times q_c ds$$

$$=dM(s)+[r_c(s)+ds_c-r_o(s)]\times[-F(s)-dF(s)]+[r_c(s)-r_o(s)]\times F(s)+$$

$$[r_c(s)-r_o(s)]\times q_c ds$$

$$=dM(s)-[r_c(s)-r_o(s)]\times dF(s)+ds_c\times F(s+ds)+[r_c(s)-r_o(s)]\times q_c ds \tag{8-46}$$

式中 r_c——井口至管柱微元体中心的矢径，m；

$\quad\quad r_o$——井口至管柱微元体所在井段井眼中心的矢径，m；

$\quad\quad F'(s)$——管柱微元体截面上所受内力，N；

$\quad\quad F''(s)$——管柱微元体上所受外力，N。

将式(8-11)和前述管柱微元体所受内力、外力代入式(8-46)整理计算可得

$$(\boldsymbol{r}_\mathrm{c}-\boldsymbol{r}_\mathrm{o}) \times \sum \boldsymbol{F}'(s) = (\boldsymbol{r}_\mathrm{c}-\boldsymbol{r}_\mathrm{o}) \times [\boldsymbol{F}(s+\mathrm{d}s) + \boldsymbol{F}(s)]$$

$$= -[\boldsymbol{r}_\mathrm{c}(s) - \boldsymbol{r}_\mathrm{o}(s)] \times \mathrm{d}\boldsymbol{F}(s) + \mathrm{d}s_\mathrm{c} \times \boldsymbol{F}(s+\mathrm{d}s)$$

$$= (r\sin\theta\boldsymbol{b} - r\cos\theta\boldsymbol{n}) \times \begin{bmatrix} \mathrm{d}F_\mathrm{t}(s) - kF_\mathrm{n}(s)\,\mathrm{d}s + \pi R_\mathrm{o}^2\,\mathrm{d}p_o(s) - \pi R_i^2\,\mathrm{d}p_i(s) \\ \mathrm{d}F_\mathrm{n}(s) + [kF_\mathrm{t}(s) + \tau F_\mathrm{b}(s)]\,\mathrm{d}s + k\pi R_\mathrm{o}^2 p_o(s)\,\mathrm{d}s - k\pi R_i^2 p_i(s)\,\mathrm{d}s \\ \mathrm{d}F_\mathrm{b}(s) - \tau F_\mathrm{n}(s)\,\mathrm{d}s \end{bmatrix}^\mathrm{T} \cdot$$

$$\begin{bmatrix} \boldsymbol{t}(s) \\ \boldsymbol{n}(s) \\ \boldsymbol{b}(s) \end{bmatrix} + \mathrm{d}s \cdot \boldsymbol{t} \times$$

$$\begin{bmatrix} F_\mathrm{t}(s) + \mathrm{d}F_\mathrm{t}(s) - kF_\mathrm{n}(s)\,\mathrm{d}s + \pi R_\mathrm{o}^2 p_o(s) + \pi R_\mathrm{o}^2\,\mathrm{d}p_o(s) - \pi R_i^2 p_i(s) - \pi R_i^2\,\mathrm{d}p_i(s) \\ F_\mathrm{n}(s) + \mathrm{d}F_\mathrm{n}(s) + [kF_\mathrm{t}(s) + \tau F_\mathrm{b}(s)]\,\mathrm{d}s + k\pi R_\mathrm{o}^2 p_o(s)\,\mathrm{d}s - k\pi R_i^2 p_i(s)\,\mathrm{d}s \\ F_\mathrm{b}(s) + \mathrm{d}F_\mathrm{b}(s) - \tau F_\mathrm{n}(s)\,\mathrm{d}s \end{bmatrix}^\mathrm{T} \cdot$$

$$\begin{bmatrix} \boldsymbol{t}(s) \\ \boldsymbol{n}(s) \\ \boldsymbol{b}(s) \end{bmatrix}$$

$$= \begin{bmatrix} -r\sin\theta\{\mathrm{d}F_\mathrm{n}(s) + [kF_\mathrm{t}(s) + \tau F_\mathrm{b}(s)]\,\mathrm{d}s + k\pi R_\mathrm{o}^2 p_o(s)\,\mathrm{d}s - k\pi R_i^2 p_i(s)\,\mathrm{d}s\} \\ -r\cos\theta[\mathrm{d}F_\mathrm{b}(s) - \tau F_\mathrm{n}(s)\,\mathrm{d}s] \\ r\sin\theta[\mathrm{d}F_\mathrm{t}(s) - kF_\mathrm{n}(s)\,\mathrm{d}s + \pi R_\mathrm{o}^2\,\mathrm{d}p_o(s) - \pi R_i^2\,\mathrm{d}p_i(s)] \\ -[F_\mathrm{b}(s) + \mathrm{d}F_\mathrm{b}(s) - \tau F_\mathrm{n}(s)\,\mathrm{d}s]\,\mathrm{d}s \\ \{F_\mathrm{n}(s) + \mathrm{d}F_\mathrm{n}(s) + [kF_\mathrm{t}(s) + \tau F_\mathrm{b}(s)]\,\mathrm{d}s + k\pi R_\mathrm{o}^2 p_o(s)\,\mathrm{d}s - k\pi R_i^2 p_i(s)\,\mathrm{d}s\}\,\mathrm{d}s + \\ r\cos\theta[\mathrm{d}F_\mathrm{t}(s) - kF_\mathrm{n}(s)\,\mathrm{d}s + \pi R_\mathrm{o}^2\,\mathrm{d}p_o(s) - \pi R_i^2\,\mathrm{d}p_i(s)] \end{bmatrix}^\mathrm{T} \begin{bmatrix} \boldsymbol{t} \\ \boldsymbol{n} \\ \boldsymbol{b} \end{bmatrix} \quad (8\text{-}47)$$

$$(\boldsymbol{r}_\mathrm{c}-\boldsymbol{r}_\mathrm{o}) \times \boldsymbol{F}''(s) = (r\sin\theta\boldsymbol{b} - r\cos\theta\boldsymbol{n}) \times \Bigg\{ [(-\mu N - f\lambda + K_\mathrm{f}q\cos\alpha)\,\mathrm{d}s] \times \boldsymbol{t} +$$

$$\left[\left(N_\mathrm{n} + \mu N_\mathrm{b} - K_\mathrm{f}q\sin\alpha\frac{k_\alpha}{k}\right)\mathrm{d}s\right] \times \boldsymbol{n} + \left[\left(N_\mathrm{b} - \mu N_\mathrm{n} + K_\mathrm{f}q\sin^2\alpha\frac{k_\varphi}{k}\right)\mathrm{d}s\right] \times \boldsymbol{b} \Bigg\}$$

$$= \begin{bmatrix} -r\sin\theta\left(N_\mathrm{n} + \mu N_\mathrm{b} - K_\mathrm{f}q\sin\alpha\dfrac{k_\alpha}{k}\right)\mathrm{d}s \\ -r\cos\theta\left(N_\mathrm{b} - \mu N_\mathrm{n} + K_\mathrm{f}q\sin^2\alpha\dfrac{k_\varphi}{k}\right)\mathrm{d}s \end{bmatrix} \cdot \boldsymbol{t} + r\sin\theta[(-\mu N - f\lambda + K_\mathrm{f}q\cos\alpha)\,\mathrm{d}s] \cdot \boldsymbol{n}$$

$$+ r\cos\theta[(-\mu N - f\lambda + K_\mathrm{f}q\cos\alpha)\,\mathrm{d}s] \cdot \boldsymbol{b} \quad (8\text{-}48)$$

对于圆环截面射孔管柱，抗弯刚度为 $E_\mathrm{p}I_\mathrm{p}$，则弯矩—曲率、弯矩—挠率之间的关系式可以表示为

$$\begin{cases} M_{\mathrm{b}}=E_{\mathrm{p}}I_{\mathrm{p}}k\,, & \dfrac{\mathrm{d}M_{\mathrm{b}}}{\mathrm{d}s}=E_{\mathrm{p}}I_{\mathrm{p}}\dfrac{\mathrm{d}k}{\mathrm{d}s}\,, & \dfrac{\mathrm{d}^{2}M_{\mathrm{b}}}{\mathrm{d}s^{2}}=E_{\mathrm{p}}I_{\mathrm{p}}\dfrac{\mathrm{d}^{2}k}{\mathrm{d}s^{2}} \\[3mm] M_{\mathrm{n}}=-E_{\mathrm{p}}I_{\mathrm{p}}\tau\,, & \dfrac{\mathrm{d}M_{\mathrm{n}}}{\mathrm{d}s}=-E_{\mathrm{p}}I_{\mathrm{p}}\dfrac{\mathrm{d}\tau}{\mathrm{d}s}\,, & \dfrac{\mathrm{d}^{2}M_{\mathrm{n}}}{\mathrm{d}s^{2}}=-E_{\mathrm{p}}I_{\mathrm{p}}\dfrac{\mathrm{d}^{2}\tau}{\mathrm{d}s^{2}} \\[3mm] I_{\mathrm{p}}=\dfrac{\pi(R_{\mathrm{o}}^{4}-R_{i}^{4})}{4} \end{cases} \tag{8-49}$$

则将式(8-49)代入式(8-46)可得

$$\begin{aligned} \frac{\boldsymbol{M}(s+\mathrm{d}s)-\boldsymbol{M}(s)}{\mathrm{d}s}=\frac{\mathrm{d}\boldsymbol{M}(s)}{\mathrm{d}s} &=\begin{bmatrix} -kM_{\mathrm{n}}(s) \\[2mm] \dfrac{\mathrm{d}M_{\mathrm{n}}(s)}{\mathrm{d}s}+\tau M_{\mathrm{b}}(s) \\[3mm] \dfrac{\mathrm{d}M_{\mathrm{b}}(s)}{\mathrm{d}s}-\tau M_{\mathrm{n}}(s) \end{bmatrix}^{\mathrm{T}}\cdot\begin{bmatrix} \boldsymbol{t}(s) \\ \boldsymbol{n}(s) \\ \boldsymbol{b}(s) \end{bmatrix} \\[4mm] &=\begin{bmatrix} E_{\mathrm{p}}I_{\mathrm{p}}k\tau \\[2mm] -E_{\mathrm{p}}I_{\mathrm{p}}\dfrac{\mathrm{d}\tau}{\mathrm{d}s}+E_{\mathrm{p}}I_{\mathrm{p}}k\tau \\[3mm] E_{\mathrm{p}}I_{\mathrm{p}}\dfrac{\mathrm{d}k}{\mathrm{d}s}+E_{\mathrm{p}}I_{\mathrm{p}}\tau^{2} \end{bmatrix}^{\mathrm{T}}\cdot\begin{bmatrix} \boldsymbol{t}(s) \\ \boldsymbol{n}(s) \\ \boldsymbol{b}(s) \end{bmatrix} \end{aligned} \tag{8-50}$$

将式(8-47)至式(8-49)代入式(8-46)整理得

$$\begin{cases} -E_{\mathrm{p}}I_{\mathrm{p}}k\tau-r\sin\theta\left\{\dfrac{\mathrm{d}F_{\mathrm{n}}(s)}{\mathrm{d}s}+[kF_{\mathrm{t}}(s)+\tau F_{\mathrm{b}}(s)]+k\pi R_{\mathrm{o}}^{2}p_{\mathrm{o}}(s)-k\pi R_{i}^{2}p_{i}(s)+\right. \\[3mm] \left.\left(N_{\mathrm{n}}+\mu N_{\mathrm{b}}-K_{\mathrm{f}}q\sin\alpha\,\dfrac{k_{\alpha}}{k}\right)\right\}-r\cos\theta\left[\dfrac{\mathrm{d}F_{\mathrm{b}}(s)}{\mathrm{d}s}-\tau F_{\mathrm{n}}(s)+\left(N_{\mathrm{b}}-\mu N_{\mathrm{n}}+K_{\mathrm{f}}q\,\sin^{2}\alpha\,\dfrac{k_{\varphi}}{k}\right)\right]=0 \\[3mm] \rho_{\mathrm{p}}A_{\mathrm{p}}r\sin\theta\,\dfrac{\partial^{2}u_{1}}{\partial t^{2}}=r\sin\theta\left[\dfrac{\mathrm{d}F_{\mathrm{t}}(s)}{\mathrm{d}s}-kF_{\mathrm{n}}(s)+\pi R_{\mathrm{o}}^{2}\dfrac{\mathrm{d}p_{\mathrm{o}}(s)}{\mathrm{d}s}-\pi R_{i}^{2}\dfrac{\mathrm{d}p_{i}(s)}{\mathrm{d}s}+(-\mu N-f\lambda+\right. \\[3mm] \left.K_{\mathrm{f}}q\cos\alpha)\right]-E_{\mathrm{p}}I_{\mathrm{p}}\dfrac{\mathrm{d}\tau}{\mathrm{d}s}+E_{\mathrm{p}}I_{\mathrm{p}}k\tau-[F_{\mathrm{b}}(s)+\mathrm{d}F_{\mathrm{b}}(s)-\tau F_{\mathrm{n}}(s)\,\mathrm{d}s] \\[3mm] \rho_{\mathrm{p}}A_{\mathrm{p}}r\cos\theta\,\dfrac{\partial^{2}u_{1}}{\partial t^{2}}=E_{\mathrm{p}}I_{\mathrm{p}}\dfrac{\mathrm{d}k}{\mathrm{d}s}+E_{\mathrm{p}}I_{\mathrm{p}}\tau^{2}+\{F_{\mathrm{n}}(s)+\mathrm{d}F_{\mathrm{n}}(s) \\[3mm] +[kF_{\mathrm{t}}(s)+\tau F_{\mathrm{b}}(s)]\,\mathrm{d}s+k\pi R_{\mathrm{o}}^{2}p_{\mathrm{o}}(s)\,\mathrm{d}s-k\pi R_{i}^{2}p_{i}(s)\,\mathrm{d}s\} \\[3mm] +r\cos\theta\left[\dfrac{\mathrm{d}F_{\mathrm{t}}(s)}{\mathrm{d}s}-kF_{\mathrm{n}}(s)+\pi R_{\mathrm{o}}^{2}\dfrac{\mathrm{d}p_{\mathrm{o}}(s)}{\mathrm{d}s}-\pi R_{i}^{2}\dfrac{\mathrm{d}p_{i}(s)}{\mathrm{d}s}+(-\mu N-f\lambda+K_{\mathrm{f}}q\cos\alpha)\right] \end{cases} \tag{8-51}$$

所以由射孔管柱微元沿自然坐标系各个方向的力、力矩平衡,综合式(8-42)、式(8-45)和式(8-51)整理可得射孔管柱射孔冲击振动时的控制方程:

由控制方程可以看出射孔管柱微元动力响应有 u_1、F_{n}、F_{b}、k、τ、N、r、θ 共 8 个未知参数,但是控制方程却只有 7 个,可以看出方程是超越的。考虑射孔管柱与井壁的单位接触支反力与射孔管柱在井下所处的不同形态(直线形态、弯曲状态、正弦屈曲形态以及螺旋屈曲形态)有关,管柱所处的形态如图 8-8 所示。

$$\begin{cases}
\rho_p A_p \dfrac{\partial^2 u_1(s,\ t)}{\partial t^2} - E_p A_p \dfrac{\partial^2 u_1(s,\ t)}{\partial s^2} + kF_n(s) + \lambda \dfrac{\partial u_1(s,\ t)}{\partial t} + \\
\quad \delta(s)\mu N + \pi R_i^2 \dfrac{\mathrm{d}p_i(s)}{\mathrm{d}s} - \pi R_o^2 \dfrac{\mathrm{d}p_o(s)}{\mathrm{d}s} - K_f q\cos\alpha = 0 \\[2mm]
\dfrac{\mathrm{d}F_n(s)}{\mathrm{d}s} + [kF_t(s)+\tau F_b(s)] + \delta(s)(N_n+\mu N_b) - K_f q\left(\dfrac{k_\alpha}{k}\right)\sin\alpha \\
\quad + k\pi R_o^2 p_o(s) - k\pi R_i^2 p_i(s) = 0 \\[2mm]
\dfrac{\mathrm{d}F_b(s)}{\mathrm{d}s} - \tau F_n(s) + \delta(s)(N_b-\mu N_n) + K_f q\left(\dfrac{k_\varphi}{k}\right)\sin^2\alpha = 0 \\[2mm]
-E_p I_p k\tau - r\sin\theta\left\{\dfrac{\mathrm{d}F_n(s)}{\mathrm{d}s} + [kF_t(s)+\tau F_b(s)] + k\pi R_o^2 p_o(s) - \right.\\
\quad \left. k\pi R_i^2 p_i(s) + \delta(s)(N_n+\mu N_b) - K_f q\sin\alpha\dfrac{k_\alpha}{k}\right\} \\
\quad -r\cos\theta\left[\dfrac{\mathrm{d}F_b(s)}{\mathrm{d}s} - \tau F_n(s) + \delta(s)(N_b-\mu N_n) + K_f q\sin^2\alpha\dfrac{k_\varphi}{k}\right]=0 \\[2mm]
\rho_p A_p r\sin\theta\dfrac{\partial^2 u_1}{\partial t^2} = r\sin\theta\left[\dfrac{\mathrm{d}F_t(s)}{\mathrm{d}s} - kF_n(s) + \pi R_o^2\dfrac{\mathrm{d}p_o(s)}{\mathrm{d}s} - \pi R_i^2\dfrac{\mathrm{d}p_i(s)}{\mathrm{d}s} + (-\mu N - f\lambda + K_f q\cos\alpha)\right] \\
\quad - E_p I_p\dfrac{\mathrm{d}\tau}{\mathrm{d}s} + E_p I_p k\tau - [F_b(s)+\mathrm{d}F_b(s)-\tau F_n(s)\mathrm{d}s] \\[2mm]
\rho_p A_p r\cos\theta\dfrac{\partial^2 u_1}{\partial t^2} = E_p I_p\dfrac{\mathrm{d}k}{\mathrm{d}s} + E_p I_p\tau^2 + \{F_n(s)+\mathrm{d}F_n(s)+[kF_t(s)+\tau F_b(s)]\mathrm{d}s \\
\quad + k\pi R_o^2 p_o(s)\mathrm{d}s - k\pi R_i^2 p_i(s)\mathrm{d}s\} \\
\quad + r\cos\theta\left[\dfrac{\mathrm{d}F_t(s)}{\mathrm{d}s} - kF_n(s) + \pi R_o^2\dfrac{\mathrm{d}p_o(s)}{\mathrm{d}s} - \pi R_i^2\dfrac{\mathrm{d}p_i(s)}{\mathrm{d}s} + (-\mu N - f\lambda + K_f q\cos\alpha)\right] \\[2mm]
N=\sqrt{N_n^2+N_b^2},\quad N_n=N\cos\theta,\quad N_b=N\sin\theta
\end{cases}$$

$$(8-52)$$

　　如图 8-8 所示，封隔器下部射孔管柱上端与封隔器固定连接，由于井身结构存在弯曲，射孔管柱在井下不同位置与井壁呈现不同的接触状态，在封隔器与造斜处之间存在一局部接触区（如 A 点附近所示），接触长度很短而且很难通过理论分析来进行度量，一般将其简化为在造斜处点接触；在弯曲段射孔管柱一部分与井壁连续接触，接触区为曲线 BC 段，同样这部分接触区接触长度也很难通过理论来进行度量，接触长度与井身弯曲曲率半径和弯曲长度有关，单位长度的接触支反力与弯曲段平均曲率半径和管柱浮重有关；在井底斜直段，井壁侧躺于井壁上，接触区为斜直线 DE 段，单位长度的接触支反力只与管柱浮重有关。对于射孔管柱在冲击振动过程中与井壁的接触状态以及接触区单位接触支反力不仅与井身结构有关，而且与冲击时管柱所处的动力形态（正弦屈曲和螺旋屈曲）有关，接触区的长度和单位接触支反力仅通过理论分析来进行量化是很困难的，一般要结合现场试验来进行考察分析，参考文献[37]单位长度管柱所受井壁接触支反力为

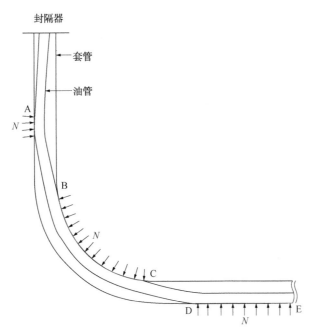

图 8-8 曲井油管柱与井壁的接触示意图

$$
N = \begin{cases}
\begin{cases}
q\sin\alpha, & \left(F_t(s) < \dfrac{4E_pI_p}{R_k(R_w-R_o)}, \text{ straight section}\right) \\[3mm]
E_pI_p\dfrac{\mathrm{d}^2\tau}{\mathrm{d}s^2} + E_pI_p\dfrac{\mathrm{d}^2k}{\mathrm{d}s^2} \pm q\sin\alpha, & \left(F_t(s) < \dfrac{4E_pI_p}{R_k(R_w-R_o)}, \text{ curve section}\right)
\end{cases} \\[8mm]
q\sin\alpha\cos\theta + \dfrac{16\pi^4 E_pI_p rA^2}{p_s^4}\left(-A^2\cos^4\dfrac{2\pi s}{p_s} + 3\sin^2\dfrac{2\pi s}{p_s} - 4\cos^2\dfrac{2\pi s}{p_s}\right) + \dfrac{4\pi^2 E_pI_p rA^2}{p_s^2}\cos^2\dfrac{2\pi s}{p_s}, \\[3mm]
\qquad \left[\dfrac{4E_pI_p}{R_k(R_w-R_o)} \leqslant F_t(s) < \dfrac{7.56E_pI_p}{R_k(R_w-R_o)}, \text{ Sinusoidal buckling}\right] \\[6mm]
\dfrac{F_t^2\delta}{4E_pI_p} + q\sin\alpha\cos\theta, \qquad \left[F_t(s) \geqslant \dfrac{7.56E_pI_p}{R_k(R_w-R_o)}, \text{ Helical buckling}\right]
\end{cases}
$$

$$
p_s = 2\pi\sqrt{\dfrac{E_pI_p\left[(3/2)A^2+1\right]}{q\sin\alpha(1-A^2/8)}}
$$

$$
F_t = 2\sqrt{\dfrac{E_pI_p q\sin\alpha\left[(3/2)A^2+1\right](1-A^2/8)}{r}}
$$

$$
p_h = \sqrt{8\pi^2 E_pI_p/F_t}
$$

$$
\theta = A\sin(2\pi s/p_s), \quad A = R_w - R_o
$$

$$(8-53)$$

式中 A——管柱正弦屈曲时径向幅值，m；

　　　z——曲井的井深，m；

R_k——管柱微元所在处的井身曲率半径，m；

p_s——正弦屈曲曲线长度，m；

p_h——螺旋屈曲时的螺距，m；

θ——正弦、螺旋屈曲时管柱微元的角位移；

F——正弦屈曲时管柱微元截面上的轴向正压力，N。

考虑到射孔管柱受井身径向约束，射孔管柱在射孔冲击振动时其径向方向的位移 r 以及射孔管柱法平面上的角位移 θ 为微小量，即射孔管柱微元受冲击振动时在法平面上基本上只沿主法线方向运动，故射孔管柱与井壁的接触支反力在副法线方向的分量可以忽略不计。略去高阶微量 $k\tau$、rk 以及 $r\sin\theta$，整理射孔管柱振动控制方程式（8-52）可得

$$
\begin{cases}
\rho_p A_p \dfrac{\partial^2 u_1(s,\ t)}{\partial t^2} - E_p A_p \dfrac{\partial^2 u_1(s,\ t)}{\partial s^2} - k E_p I_p \dfrac{\mathrm{d}k}{\mathrm{d}s} + \lambda \dfrac{\partial u_1(s,\ t)}{\partial t} = \\
\qquad \pi R_o^2 \dfrac{\mathrm{d}p_o(s)}{\mathrm{d}s} - \pi R_i^2 \dfrac{\mathrm{d}p_i(s)}{\mathrm{d}s} + K_f q \cos\alpha - \delta(s)\mu N \\[4pt]
E_p I_p \dfrac{\mathrm{d}^2 k}{\mathrm{d}s^2} - k E_p A_p \dfrac{\partial u_1(s,\ t)}{\partial s} + \tau E_p I_p \dfrac{\mathrm{d}\tau}{\mathrm{d}s} = \delta(s)N - \\
\qquad K_f q \left(\dfrac{k_\alpha}{k}\right)\sin\alpha + k\pi R_o^2 p_o(s) - k\pi R_i^2 p_i(s) \\[4pt]
E_p I_p \dfrac{\mathrm{d}^2 \tau}{\mathrm{d}s^2} - \tau E_p I_p \dfrac{\mathrm{d}k}{\mathrm{d}s} = K_f q \left(\dfrac{k_\varphi}{k}\right)\sin^2\alpha - \delta(s)\mu N \\[4pt]
F_b(s) = -E_p I_p \dfrac{\mathrm{d}\tau}{\mathrm{d}s} \\[4pt]
F_n(s) = -E_p I_p \dfrac{\mathrm{d}k}{\mathrm{d}s} \\[4pt]
N = \begin{cases} q\sin\alpha, & (\text{straight section}); \\ E_p I_p \dfrac{\mathrm{d}^2\tau}{\mathrm{d}s^2} + E_p I_p \dfrac{\mathrm{d}^2 k}{\mathrm{d}s^2} \pm q\sin\alpha, & (\text{curve section}); \end{cases}
\end{cases}
\tag{8-54}
$$

上述模型为曲井射孔完井作业时封隔器下射孔管柱振动控制方程，其形式和力学思想上与文献[150,151]等提出的模型基本一致。将射孔管柱控制方程式（8-54）应用于竖直井段，略去管柱内外压力的作用，则控制方程可变形为

$$
\rho_p A_p \frac{\partial^2 u_1(s,\ t)}{\partial t^2} - E_p A_p \frac{\partial^2 u_1(s,\ t)}{\partial s^2} + \lambda \frac{\partial u_1(s,\ t)}{\partial t} - K_f q\cos\alpha = 0
\tag{8-55}
$$

竖直井段射孔管柱的振动控制方程式（4-55）与周海峰[71]提出的井下钻柱、油气管柱振动控制方程是相同的，可以看出所推导的射孔管柱振动控制方程是准确合理的。

8.3.2 射孔管柱微元段之间动力响应的耦合传递

在竖直或斜直射孔管柱冲击振动时，管柱微元间公用截面上的动力学参数在微元间是一样的，在求解下一时刻管柱相邻管柱微元的动力学响应时可以直接代入控制方程进行求

解计算。但是在井身弯曲段，由于井斜角和方位角的存在，相邻两管柱微元截面不是连接公用的，而是存在一个夹角，大小为井斜角离散角微元 $\Delta\alpha$，结构示意图如图8-9所示。

对于井深弯曲段射孔管柱微元间动力学参数（如位移、速度等）在微元间前后截面应满足：

$$u_{1+}(s,\ t)-u_{1-}(s,\ t)\approx\Delta\alpha \cdot R_k \frac{\partial u(s,\ t)}{\partial s} \qquad (8-56)$$

对于实际油气井射孔管柱微元，沿井身轴线方向井斜角的变化率一般是很小的，所以在计算时将管柱微元上下截面的动力学响应参数在标量上视为相等的，但在矢量方向上差一个离散差角。

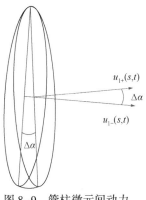

图8-9　管柱微元间动力参数传递示意图

8.3.3　射孔管柱下部射孔枪的冲击振动响应

考虑到与射孔管柱长度相比，射孔枪的长度要小得多（抗弯能力很强），而且射孔冲击载荷只沿枪身轴向方向，射孔枪所在井身段基本为斜直段（曲率为0），加之射孔枪内外压沿枪长变化量很小，故计算射孔枪冲击振动响应时不考虑其弯曲变形且略去内外压作用，也即：

$$\begin{cases} k_\alpha = 0 \\ k_\varphi = 0 \\ \mathrm{d}p_i(s) = 0 \\ \mathrm{d}p_o(s) = 0 \end{cases} \qquad (8-57)$$

将式（8-57）代入式（8-54）可得射孔管柱下部射孔枪的振动响应，由式（8-54）可以变形为

$$\begin{cases} \rho_g A_g \dfrac{\partial^2 u_3(s,\ t)}{\partial t^2} - E_g A_g \dfrac{\partial^2 u_3(s,\ t)}{\partial s^2} + \lambda \dfrac{\partial u_3(s,\ t)}{\partial t} + \mu N - K_f q_g \cos\alpha = 0 \\ N = K_f q_g \sin\alpha \end{cases} \qquad (8-58)$$

式中　ρ_g——射孔枪材料密度，kg/m^3；

E_g——射孔枪材料弹性模量，Pa；

A_g——射孔枪横截面积，m^2；

q_g——射孔枪线重，N/m；

$u_3(s,\ t)$——射孔枪沿轴向方向的位移。

对于处于斜直井身段的射孔枪，由于冲击载荷只沿枪身轴向方向作用，径向方向基本没有运动，故在整个冲击振动过程中射孔枪的径向法向的位移始终为自重作用下的初始位移，大小为管柱与井壁的初始间隙。

8.3.4　射孔管柱下部减振器的冲击振动响应

在射孔完井作业时，减振器连接在射孔油管柱与射孔枪之间，减振器的作用是减弱射孔爆炸时传递给射孔管柱的冲击力，防止强冲击力直接作用于射孔管柱造成射孔管柱过载发生螺旋屈曲卡死在井下，造成生产事故。射孔完井作业时，将减振器视为一个质量—弹

簧—阻尼系统。减振器受力示意图如图 8-10 所示，由受力示意图依据达朗贝尔原理则有

$$f_{c_1}+f_{k_1}+f_I=f_{k_2}+f_{c_2}+G_a$$

$$\Updownarrow$$

$$c_1\frac{\partial}{\partial t}[u_2(t)-u_{1b}(t)]+k_1[u_2(t)-u_{1b}(t)]+m_a\frac{\partial^2 u_2}{\partial t^2}=m_a g\cos\alpha+ \tag{8-59}$$

$$c_2\frac{\partial}{\partial t}[u_{3t}(t)-u_2(t)]+k_2[u_{3t}(t)-u_2(t)]$$

式中　$u_{1b}(s,t)$——射孔管柱底端位移，m；

　　　$u_{3t}(s,t)$——射孔枪顶端位移，m；

　　　$u_2(s,t)$——减振器位移，m；

　　　m_a——减振器质量，kg；

　　　$k_1=k_2$——减振器刚度，N/m；

　　　$c_1=c_2$——减振器阻尼系数。

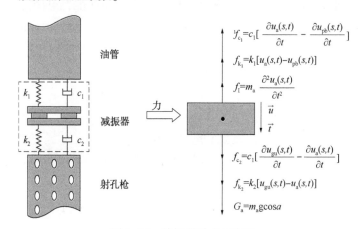

图 8-10　减振器受力示意图

与射孔枪相类似，减振器的长度一般为几十厘米，在冲击振动过程中不考虑其弯曲形变及径向方向也即横向方向的运动，径向方向的位移始终为自重作用下的初始位移，大小为管柱与井壁的初始间隙。

8.4　曲井射孔管串动力学模型的边界条件

当前射孔完井作业的射孔方式基本上都是油管输送射孔，封隔器处为射孔管柱的最上端，射孔管柱最下端与射孔枪最上端通过减振器相连，因此以封隔器下整个射孔管串为研究对象，则模型的边界条件有以下几个。

（1）射孔管柱最上端与封隔器固定相连，位移边界为

$$u_{1t}(0,t)=0$$

（2）作用于射孔管柱下端面的射孔冲击载荷 $p(t)$。

由第三章分析内容可知射孔爆炸时枪尾环空超压模型为

$$
\begin{cases}
p(R,\ t)=\begin{cases}
p_0,\ (t<t_\mathrm{R})\\
p_\mathrm{m}e^{-t/\theta},\ (t_\mathrm{R}\leqslant t<\theta)\\
0.368p_\mathrm{m}\times\dfrac{\theta}{t},\ (\theta\leqslant t<50)
\end{cases}\\[2mm]
\theta=0.084\times W_0^{1/3}\left(\dfrac{W_0^{1/3}}{R}\right)^{-0.23}\\[2mm]
p_\mathrm{m}=43.74\times\left(\dfrac{\sqrt[3]{W_0}}{R}\right)^{1.84}\\[2mm]
t_\mathrm{R}=\dfrac{(R-R_0)}{1480}\\[2mm]
W_0=W\cdot\eta
\end{cases}
$$

故可知射孔管柱系统最下端边界可写为

$$
E_\mathrm{g}A_\mathrm{g}\left.\frac{\partial u_3}{\partial s}\right|_{s=1}=p(t)=A_\mathrm{rg}p(R,\ t)
$$

式中　A_rg——射孔枪截面积，m^2。

（3）作用于射孔管柱壁面各位置处的单位接触支持力 N。

油管输送射孔时，一般情况下封隔器下射孔管串基本处于静"躺"于井壁上，射孔管柱各处的单位接触支持力为

$$
N=\begin{cases}
K_\mathrm{f}q\sin\alpha\qquad 直线段\\
E_\mathrm{p}I_\mathrm{p}\dfrac{\mathrm{d}^2\tau}{\mathrm{d}s^2}+E_\mathrm{p}I_\mathrm{p}\dfrac{\mathrm{d}^2k}{\mathrm{d}s^2}\pm K_\mathrm{f}q\sin\alpha\qquad 曲线段
\end{cases}
$$

8.5　曲井射孔管柱—减振器—射孔枪波动方程的数值求解

由 8.3 节可知式(8-54)、式(8-58)以及式(8-59)共同构成曲井射孔完井作业时封隔器下射孔管串上各井下工具(射孔油管柱、减振器、射孔枪、筛管等)振动的控制方程。在综合考虑计算的效率和模型科学合理性的前提下，封隔器下射孔管串"躺在"井壁上，且射孔爆炸时冲击载荷只沿轴向方向作用，因此在控制方程只考虑了管串轴向方向的振动，也只有轴向上的振动最明显且破坏作用最大，管柱径向截面上主法线和副法线方向的振动将其忽略掉。

前述所推导的振动控制方程是典型的双曲线偏微分方程组，很难通过解析法求出动力响应的解析解。目前解偏微分方程定解的方法主要是基于差分原理，先将研究的目标离散为有限个单元，再通过迭代递推的方式求解每一个单元的数值解。一般把这一过程叫做构造差分格式，不同的离散化途径得到不同的差分格式。建立差分格式后，就把原来的偏微分方程定解问题化为代数方程组，通过解代数方程组，得到由定解问题的解在离散点集上的近似值组成的离散解，应用插值方法便可从离散解到定解问题在整个定解区域上的近似解。

因此，本节主要从控制方程的解法出发，运用牛顿差分法将偏微分方程离散为代数方程组，再求解离散的代数方程组便可得在不同离散单元节点处的冲击振动动力响应。

8.5.1 牛顿数值差分法

在许多微积分中，函数的导数(或微分)是用极限定义的，当函数是由一些离散数据或列表曲线给出时，就不能用定义的方法来求导数了，只能用数值的方法求数值导数。

数值方法求导数是从泰勒级数展开式出发来进行推导的。设函数 $y=f(x)$ $(a \leqslant x \leqslant b)$ 在 x_i 点领域的两个任意点 x_i+h 和 x_i-h 的展开式分别为

$$y(x_i+h) = y_i+y_i'h+\frac{y_i''h^2}{2!}+\frac{y_i'''h^3}{3!}+\cdots \tag{8-60}$$

$$y(x_i-h) = y_i-y_i'h+\frac{y_i''h^2}{2!}-\frac{y_i'''h^3}{3!}+\cdots \tag{8-61}$$

其中，$h=\Delta x$，y_i 是点 x_i 的函数值。若从式(8-60)减去式(8-61)，可得

$$y_i' = \frac{y(x_i+h)-y(x_i-h)}{2h}-(\frac{1}{6}y_i'''h^2+\cdots) \tag{8-62}$$

如果自变量是等间隔的 $h=\Delta x$，并且 y_i 代表 x_i 点的函数值，y_{i+1}，y_{i-1} 分别代表 x_{i+1}，x_{i-1} 点的函数值，则式(8-62)可写成

$$y_i' = \frac{y_{i+1}-y_{i-1}}{2h}+0(h^2) \tag{8-63}$$

其中 $0(h^2)$ 表示关于 h 的二阶微小量。若把 $0(h^2)$ 的误差忽略掉，则式(8-63)可写成

$$y_i' = \frac{y_{i+1}-y_{i-1}}{2h} \tag{8-64}$$

式(8-64)称为函数在 x_i 点的一阶中心差分求导公式。这个近似公式具有 $0(h^2)$ 阶的误差。在 x_i 点的真实导数是切线所示的斜率，数值导数则是通过 y_{i+1} 点，y_{i-1} 点的割线的斜率。

若把式(8-60)和式(8-61)相加，则得 x_i 点函数的二阶导数表达式为

$$y_i'' = \frac{y_{i+1}-2y_i+y_{i-1}}{h^2}-\left(\frac{1}{12}y_i^{(4)}h^2+\cdots\right) \tag{8-65}$$

将式(8-65)的高阶无穷量忽略，因此就可以得到关于 x_i 点中心差分的二阶导数为

$$y_i'' = \frac{y_{i+1}-2y_i+y_{i-1}}{h^2} \tag{8-66}$$

由此得到了函数的二阶导数的数值表达式，由于其忽略了二介无穷小，因此具有 h^2 阶的误差。

按上述方法还可继续求出更高阶的导数。因此，当需要更高阶的导数，就需要取更多的项，同时造成的误差也会随之减小，但是其表达式也会更加复杂。上面推导各阶导数的中心差分公式用的是泰勒级数在 x_i 的左右两边的点 x_{i+1}、x_{i-1}、x_{i+2}、x_{i-2}、$\cdots$ 上的展开式。若将函数只在 x_i 的右邻域点 x_{i+1}，x_{i+2}，$\cdots$ 上展开，则 x_i 点各阶导数可用 x_i 右边各点上的函数值来表达。这就构成了所谓的向前差分求导公式。如果用 x_i 点各阶导数用 x_i 左邻域各点上的函数值来表达，就构成了所谓的向后差分求导公式。下面介绍几种后面即将用到的差分计算公式。

误差为 $0(h^2)$ 的中心差分求导公式为

$$y_i' = \frac{y_{i+1} - y_{i-1}}{2h}$$

$$y_i'' = \frac{y_{i+1} - 2y_i + y_{i-1}}{h^2} \tag{8-67}$$

误差为 $0(h)$ 的向前差分求导公式为

$$y_i' = \frac{y_{i+1} - y_i}{h}$$

$$y_i'' = \frac{y_{i+2} - 2y_{i+1} + y_i}{h^2} \tag{8-68}$$

误差为 $0(h)$ 的向后差分求导公式为

$$y_i' = \frac{y_i - y_{i-1}}{h}$$

$$y_i'' = \frac{y_i - 2y_{i-1} + y_{i-2}}{h^2} \tag{8-69}$$

8.5.2 射孔管串动力学模型的数值求解

采用牛顿向前差分法对方程组(8-54)进行离散求解,对模拟计算的冲击振动总时长 t 进行离散,以 Δt 为时间步长,得到 K 个时间节点,依次编号为 $j=1$, 2, $\cdots$, K。将封隔器下射孔管柱离散为 M 个单元,单元长度为 Δs,得到 $M+1$ 个节点,从封隔器处开始到射孔管柱最底端节点依次编号为 $i=1$, 2, $\cdots$, $M+1$;将减振器设为第 $M+2$ 个节点;射孔枪离散为 N 个单元,得到 $N+1$ 个节点,则射孔枪节点编号从上往下依次为 $i=M+3$, $M+4$, $\cdots$, $M+N+3$,所采取的差分网格如图 8-11 所示。

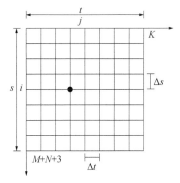

以 $u_1^{i,j}$ 表示封隔器下射孔管柱第 i 节点在第 j 时刻的轴向位移,u_2^j 表示减振器在第 j 时刻的轴向位移,$u_3^{i,j}$ 表示射孔枪第 i 节点在第 j 时刻的轴向位移,p_j 为射孔枪尾第 j 时刻所受到的爆炸冲击载荷的大小,依据牛顿差分法则有

图 8-11 模型数值差分网格

$$\begin{cases} \left(\dfrac{\partial u}{\partial t}\right)_{i,j} = \dfrac{u_{i,j+1} - u_{i,j}}{\Delta t}, \quad \left(\dfrac{\partial u}{\partial s}\right)_{i,j} = \dfrac{u_{i+1,j} - u_{i,j}}{\Delta s} \\[3mm] \left(\dfrac{\partial^2 u}{\partial t^2}\right)_{i,j} = \dfrac{\left(\dfrac{\partial u}{\partial t}\right)_{i,j} - \left(\dfrac{\partial u}{\partial t}\right)_{i,j-1}}{\Delta t} = \dfrac{u_{i,j+1} - 2u_{i,j} + u_{i,j-1}}{\Delta t^2} \\[3mm] \left(\dfrac{\partial^2 u}{\partial x^2}\right)_{i,j} = \dfrac{u_{i+1,j} - 2u_{i,j} + u_{i-1,j}}{\Delta x^2} \\[3mm] \dfrac{\mathrm{d}k}{\mathrm{d}s} = \dfrac{k(i+1) - k(i)}{\Delta s}, \quad \dfrac{\mathrm{d}^2 k}{\mathrm{d}s^2} = \dfrac{k(i+1) - 2k(i) + k(i-1)}{\Delta s^2} \end{cases} \tag{8-70}$$

（1）射孔管柱振动控制微分方程的差分形式。

将式（8-70）代入曲井射孔管柱波动控制方程式（8-54）计算可得

$$
\begin{cases}
\rho_p A_p \dfrac{u_1(i,\,j+1)-2u_1(i,\,j)+u_1(i,\,j-1)}{\Delta t^2}-E_p A_p \dfrac{u_1(i+1,\,j)-2u_1(i,\,j)+u_1(i-1,\,j)}{\Delta s^2}\\[2mm]
-k(i)E_p I_p \dfrac{k(i+1)-k(i)}{\Delta s}+\lambda \dfrac{u_1(i,\,j+1)-u_1(i,\,j)}{\Delta t}=\\[2mm]
\rho_1 g(\pi R_o^2-\pi R_i^2)\dfrac{h(i+1)-h(i)}{\Delta s}+qK_f\left[\cos\alpha(i)-\mu\sin\alpha(i)\right]\\[2mm]
E_p I_p \dfrac{k(i+1)-2k(i)+k(i-1)}{\Delta s^2}-k(i)E_p A_p \dfrac{u_1(i+1,\,j)-u_1(i,\,j)}{\Delta s}=k(i)\pi\rho_1 gh(i)(R_o^2-R_i^2)
\end{cases}
$$

$$(8-71)$$

整理式（8-71）可得

$$
\begin{aligned}
u_1(i,\,j+1)=&\frac{E_p A_p \Delta t^2}{\Delta s^2(\rho_p A_p+\lambda\Delta t)}\left[u_1(i+1,\,j)+u_1(i-1,\,j)\right]-\\
&\left[\frac{2E_p A_p \Delta t^2}{\Delta s^2(\rho_p A_p+\lambda\Delta t)}-\frac{2\rho_p A_p+\lambda\Delta t}{(\rho_p A_p+\lambda\Delta t)}\right]u_1(i,\,j)-\frac{\rho_p A_p u_1(i,\,j-1)}{(\rho_p A_p+\lambda\Delta t)}+\\
&k(i)E_p I_p \Delta t^2\frac{k(i+1)-k(i)}{\Delta s(\rho_p A_p+\lambda\Delta t)}+\rho_1 g(\pi R_o^2-\pi R_i^2)\Delta t^2\frac{h(i+1)-h(i)}{\Delta s(\rho_p A_p+\lambda\Delta t)}+\\
&\frac{qK_f\Delta t^2\left[\cos\alpha(i)-\mu\sin\alpha(i)\right]}{(\rho_p A_p+\lambda\Delta t)}
\end{aligned}
$$

$$(8-72)$$

（2）射孔枪振动控制微分方程的差分形式。

同理可得射孔枪波动控制方程的离散形式为

$$
\rho_g A_g \frac{u_3(i,\,j+1)-2u_3(i,\,j)+u_3(i,\,j-1)}{\Delta t^2}-E_g A_g \frac{u_3(i+1,\,j)-2u_3(i,\,j)+u_3(i-1,\,j)}{\Delta s^2}
$$
$$
+\lambda\frac{u_3(i,\,j+1)-u_3(i,\,j)}{\Delta t}=qK_f\left[\cos\alpha(i)-\mu\sin\alpha(i)\right]
$$

$$(8-73)$$

整理式（8-73）可得

$$
\begin{aligned}
u_3(i,\,j+1)=&\frac{E_g A_g \Delta t^2}{\Delta s^2(\rho_g A_g+\lambda\Delta t)}\left[u_3(i+1,\,j)+u_3(i-1,\,j)\right]\\
&-\frac{\rho_g A_g}{(\rho_g A_g+\lambda\Delta t)}u_3(i,\,j-1)+\frac{qK_f\Delta t^2\left[\cos\alpha(i)-\mu\sin\alpha(i)\right]}{\rho_g A_g+\lambda\Delta t}\\
&+\left[\frac{2\rho_g A_g+\lambda\Delta t}{(\rho_g A_g+\lambda\Delta t)}-\frac{2E_g A_g \Delta t^2}{\Delta s^2(\rho_g A_g+\lambda\Delta t)}\right]u_3(i,\,j)
\end{aligned}
$$

$$(8-74)$$

（3）减振器振动控制微分方程的差分形式。

减振器受冲击荷载作用沿轴向向上运动时有平衡方程为

$$f_{c_1}+f_{k_1}+f_I+f_{axi}=f_{k_2}+f_{c_2}$$

$$\Updownarrow$$

$$c_1\frac{\partial}{\partial t}[u_2(t)-u_{1b}(t)]+k_1[u_2(t)-u_{1b}(t)]+m_a\frac{\partial^2 u_2}{\partial t^2}+ \tag{8-75}$$

$$m_a g\cos\alpha+\mu m_a g\sin\alpha=c_2\frac{\partial}{\partial t}[u_{3t}(t)-u_2(t)]+k_2[u_{3t}(t)-u_2(t)]$$

由式(8-75)可得减振器波动方程离散形式为

$$c\left[\frac{u_2(M+2,\ j+1)-u_2(M+2,\ j)}{\Delta t}-\frac{u_1(M+1,\ j+1)-u_1(M+1,\ j)}{\Delta t}\right]$$

$$+k[u_2(M+2,\ j)-u_1(M+1,\ j)]+m_a g(\cos\alpha+\mu\sin\alpha)$$

$$+\frac{m_a}{\Delta t^2}[u_2(M+2,\ j+1)-2u_2(M+2,\ j)+u_2(M+2,\ j-1)]= \tag{8-76}$$

$$c\left[\frac{u_2(M+3,\ j+1)-u_2(M+3,\ j)}{\Delta t}-\frac{u_2(M+2,\ j+1)-u_2(M+2,\ j)}{\Delta t}\right]$$

$$+k[u_2(M+3,\ j)-u_2(M+2,\ j)]$$

式(8-76)中包含射孔管柱最下端位移 $u_1(M+1,\ j+1)$、减振器位移 $u_2(M+2,\ j+1)$ 以及射孔枪最上端位移 $u_3(M+3,\ j+1)$ 三个未知数,还需补充两个方程才能联立求解。由达朗贝尔原理单独考虑射孔管柱最下端和射孔枪最上端振动平衡则有以下几种形式。

① 射孔管柱最下端平衡微分方程的差分形式。

射孔管柱最下端平衡微分方程为

$$E_p A_p\frac{du_1}{ds}\bigg|_{s=L}+f_{I1}+f_{axi}=f_{c1}+f_{k1} \tag{8-77}$$

离散差分形式为

$$E_p A_p\frac{u_1(M+1,\ j)-u_1(M,\ j)}{\Delta s}+m_{ep}g(\cos\alpha+\mu\sin\alpha)$$

$$+m_{ep}\frac{u_1(M+1,\ j+1)-2u_1(M+1,\ j)+u_1(M+1,\ j-1)}{\Delta t^2}= \tag{8-78}$$

$$c\left[\frac{u_2(M+2,\ j+1)-u_2(M+2,\ j)}{\Delta t}-\frac{u_1(M+1,\ j+1)-u_1(M+1,\ j)}{\Delta t}\right]$$

$$+k[u_2(M+2,\ j)-u_1(M+1,\ j)]$$

② 射孔枪最上端平衡方程的差分形式。

射孔枪最上端平衡微分方程为

$$f_{c2}+f_{k2}+f_{I3}+f_{axi}=E_g A_g\frac{du_3}{ds}\bigg|_{s=0} \tag{8-79}$$

离散差分形式为

$$c\left[\frac{u_3(M+3,\ j+1)-u_2(M+3,\ j)}{\Delta t}-\frac{u_2(M+2,\ j+1)-u_2(M+2,\ j)}{\Delta t}\right]$$

$$+m_{\text{eg}}\frac{u_3(M+3,\ j+1)-2u_3(M+3,\ j)+u_3(M+3,\ j-1)}{\Delta t^2}$$

$$+k\left[u_2(M+3,\ j)-u_2(M+2,\ j)\right]+m_{\text{eg}}g(\cos\alpha+\mu\sin\alpha)$$

$$=E_{\text{g}}A_{\text{g}}\frac{u_3(M+4,\ j)-u_3(M+3,\ j)}{\Delta s}$$

(8-80)

③ 射孔枪最底端平衡方程的差分形式。

射孔枪最底端平衡微分方程为

$$p(t)=E_{\text{p}}A_{\text{p}}\frac{\mathrm{d}u_{3\text{b}}}{\mathrm{d}s}\bigg|_{s=l}+f_{\text{I}4}+f_{\text{axi}}$$

(8-81)

离散差分形式为：

$$p(j\Delta t)=m_{\text{eg}}\frac{u_3(M+N+3,\ j+1)-2u_3(M+N+3,\ j)+u_3(M+N+3,\ j-1)}{\Delta t^2}$$

$$+E_{\text{g}}A_{\text{g}}\frac{u_3(M+N+3,\ j)-u_3(M+N+2,\ j)}{\Delta s}+m_{\text{eg}}g(\cos\alpha+\mu\sin\alpha)$$

(8-82)

联立式(8-76)、式(8-78)和式(8-80)即可求得位移$u_1(M+1,\ j+1)$、$u_2(M+2,\ j+1)$以及$u_3(M+3,\ j+1)$，离散的线性方程组为

$$\begin{cases}
-x_2u_1(M+1,\ j+1)+(2x_2+x_6)u_2(M+2,\ j+1)-x_2u_3(M+3,\ j+1)=\\
(k-x_2)u_1(M+1,\ j)+(2x_2+2x_6-2k)u_2(M+2,\ j)-x_6u_2(M+2,\ j-1)+\\
(k-x_2)u_3(M+3,\ j)-m_{\text{a}}g\left[\cos\alpha(M+2)+\mu\sin\alpha(M+2)\right]\\
(x_2+x_3)u_1(M+1,\ j+1)-x_2u_2(M+2,\ j+1)=x_1u_1(M,\ j)+\\
(2x_3-x_1+x_2-k)u_1(M+1,\ j)-x_3u_1(M+1,\ j-1)\\
+(k-x_2)u_2(M+2,\ j)-m_{\text{ep}}g(\cos\alpha+\mu\sin\alpha)\\
-x_2u_2(M+2,\ j+1)+(x_2+x_5)u_3(M+3,\ j+1)=(k-x_2)u_2(M+2,\ j)\\
-x_5u_3(M+3,\ j-1)+(x_2-k+2x_5-x_4)u_3(M+3,\ j)+\\
x_4u_3(M+4,\ j)-m_{\text{eg}}g(\cos\alpha+\mu\sin\alpha)\\
x_1=\dfrac{E_{\text{p}}A_{\text{p}}}{\Delta s},\ x_2=\dfrac{c}{\Delta t},\ x_3=\dfrac{m_{\text{ep}}}{\Delta t^2},\ x_4=\dfrac{E_{\text{g}}A_{\text{g}}}{\Delta s},\ x_5=\dfrac{m_{\text{eg}}}{\Delta t^2},\ x_6=\dfrac{m_{\text{a}}}{\Delta t^2}
\end{cases}$$

(8-83)

综上所述，联立式(8-72)、式(8-74)、式(8-76)、式(8-78)以及式(8-80)便可求得封隔器下射孔管串(射孔管柱、减振器和射孔枪)任意位置处的轴向位移响应。通过对所求得位移进行微分便可求得速度和加速度响应。

8.6　模型验证

8.6.1　试验参数

为了验证所建曲井射孔管柱动力学模型的正确性，开展了曲井射孔管柱模拟试验，基

于前期学者的研究[181-183]，实验采用 PE 塑料管，为了有效模拟曲井射孔，试验选用水平井管柱为研究对象，为了模拟实验射孔冲击载荷，采用激振器实现载荷设计，具体试验参数见表 8-1。

表 8-1 试验具体参数

参数	数值	参数	数值
直井段(m)	3	外管内径(m)	0.030
弯曲段(m)	4	外管外径(m)	0.034
水平段(m)	2	管柱密度(kg/m³)	1200
内管内径(m)	0.020	弹性模量(Pa)	$6.0×10^9$
内管外径(m)	0.024	减振器质量(kg)	0.5
管柱曲率	0.4	减振器刚度(N/m)	15000
摩擦系数	0.009	减振器阻尼(N·s/m)	7500
激振力峰值(N)	40	激振器频率(Hz)	22

8.6.2 试验台架

根据油气井实际生产特点，实验系统主要由数据采集系统、管柱系统、连接系统等组成(图 8-12)，主要包括：数据采集器、频率控制器、激振器、管线、连接器、减振器、完井管柱模型、套管模型、固定装置等，实验台架结构如图 8-13 所示。

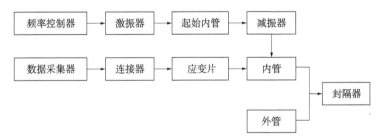

图 8-12 实验系统设计流程图

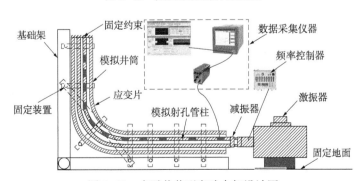

图 8-13 水平井井型实验台架设计图

实验台架及外套管均固定，使其保持相对稳定，减小外界振动干扰管柱本身的振动，以减小实验数据的误差(图 8-14)。

（a）固定直井段

（b）固定弯曲段

（c）固定水平段

（d）模拟封隔器固定

（e）激振器

（f）试验台架

图 8-14　实验台架设计图

8.6.3　采集系统设计

为了采集完井管柱的变形特征，采用应变片采集管柱不同位置处的应变特征，并用模态分析法得到不同位置处管柱变形特征。在完井管柱四周（CF1，CF2，IL1，IL2）分别布置 8 个采集点，共计 32 个点位，每个点位上纵向环绕 90° 分别布置 4 个应变片，间隔为 1m（图 8-15）。

8.6.4　数据分析

采用所建立的曲井射孔管柱振动模型，选取参数与试验一样，具体参数见表 8-1，管柱单元划分为 8 节点，节点所处的位置与试验应变片的位置一样，如图 8-15（a）所示，时间步长为 1ms，总时间为 800ms，激振力为 $F = 40\sin(22t)$，计算得到管柱的振动响应（位移时程曲线和幅频曲线），具体结果如图 8-16 所示。

由图 8-16 可知，本文模型计算和实验测量得到的管柱稳态响应幅值基本一致，本文模型计算在前 300ms 左右存在一个瞬态响应，其主要原因是本文模型在初始时刻施加管柱重力。通过不同测点的振动响应可知，水平段管柱（靠近冲击力的位置）振动幅值较大，但振动形式较为单一，此处管柱不容易发生破坏。管柱在弯曲地方［图 8-16（c）至图 8-16（e）］出现幅值先增加再降低的趋势，主要原因是在弯曲地方管柱的受力复杂和传递能量集中于此处，可知此处管柱最容易发生破坏。直井段管柱振动幅值很小，并且振动形式基本稳定，此处管柱比较安全（图 8-17）。

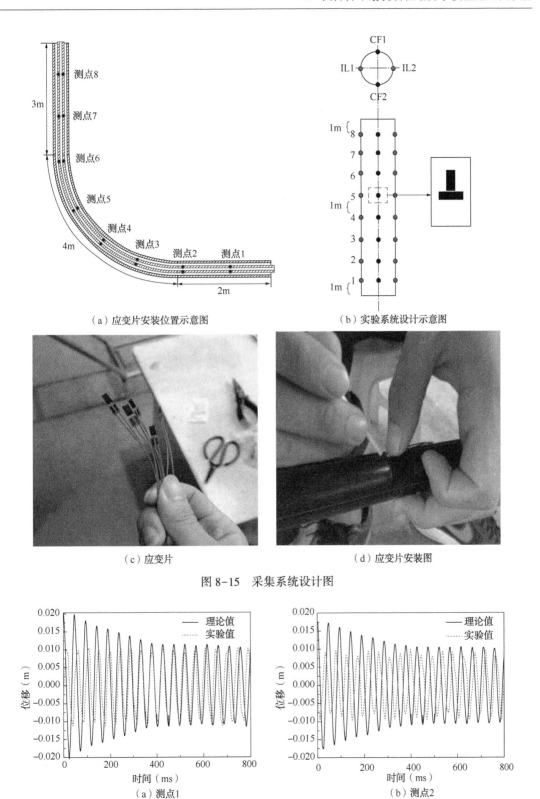

（a）应变片安装位置示意图　　　　　（b）实验系统设计示意图

（c）应变片　　　　　　　　（d）应变片安装图

图 8-15　采集系统设计图

（a）测点1　　　　　　　　（b）测点2

图 8-16　射孔管柱振动位移时程曲线

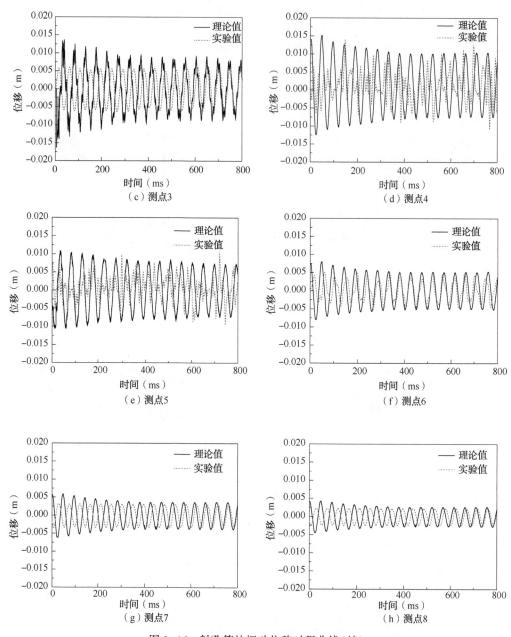

图 8-16　射孔管柱振动位移时程曲线(续)

　　通过对管柱频域分析发现,本文模型的计算和实验测量所得管柱振动频率一致,都与激振力频率一致,水平段和直井段管柱的振动频率与外界荷载频率一致,主要受外界荷载的影响,而弯曲段管柱的振动复杂,出现多阶频率,管柱受到自身结构和外界双方面的影响,此处管柱最容易发生共振,导致管柱失稳破坏。通过本文模型与实验对管柱的时域分析和频率分析,验证了本文所建立的曲井射孔管柱振动模型的正确性和有效性。

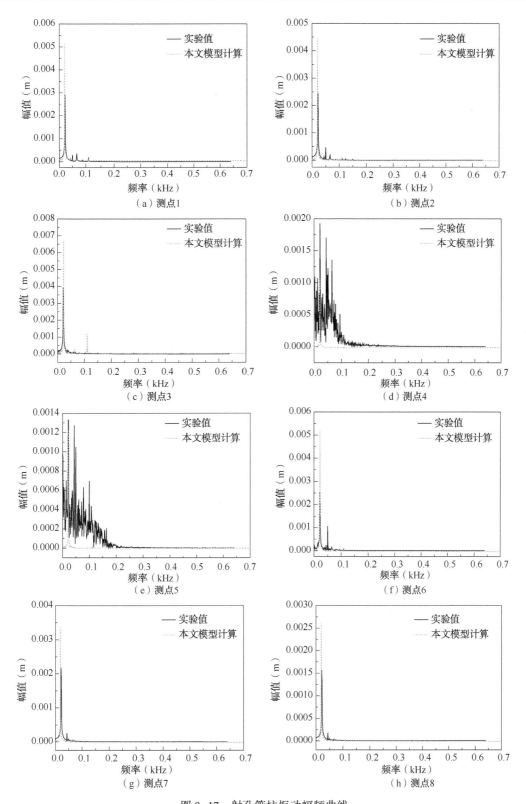

图 8-17 射孔管柱振动幅频曲线

9 复杂油气井射孔管柱
动力学软件开发及应用

9.1 仿真软件设计

射孔完井作业是油气田开发的重要环节，井下工具的力学性能是射孔完井得以顺利完成的重要保障。本章在前述对井下工具力学性能分析基础上，应用本书提出的算法，设计并编制了井下射孔管柱动力学仿真软件，面向射孔完井作业开发人员，并指导井下射孔工具的设计及现场施工。

图 9-1 软件总界面

9.1.1 软件开发工具

（1）开发工具。

仿真软件应用 Intel Visual Fortran. Compiler11.1 开发软件主体计算模块，应用 Visual Basic 6.0 开发软件界面，数据输入、结果输出等部分。利用 Fortran 语言规范、可读性强、计算高效率的特点，处理本文提出的井下射孔管柱动力学模型算法，而采用 Visual Basic 简单、易用的特点处理主体计算程序的输入、输出，并开发软件界面，图 9-1 为软件总界面。

（2）软件仿真流程。

根据模型算法及软件开发流程，其仿真程序框图，如图 9-2 所示。

9.1.2 仿真输入参数

（1）封隔器参数。

封隔器的型号(内径、坐封方式、坐封力、解封力等)，封隔器安装位置，封隔器安装个数。

（2）套管参数。

套管的内径、外径、长度，套管材料基本性能，安装位置。

（3）油管参数。

油管的内径、外径、长度，油管材料基本性能，安装位置。

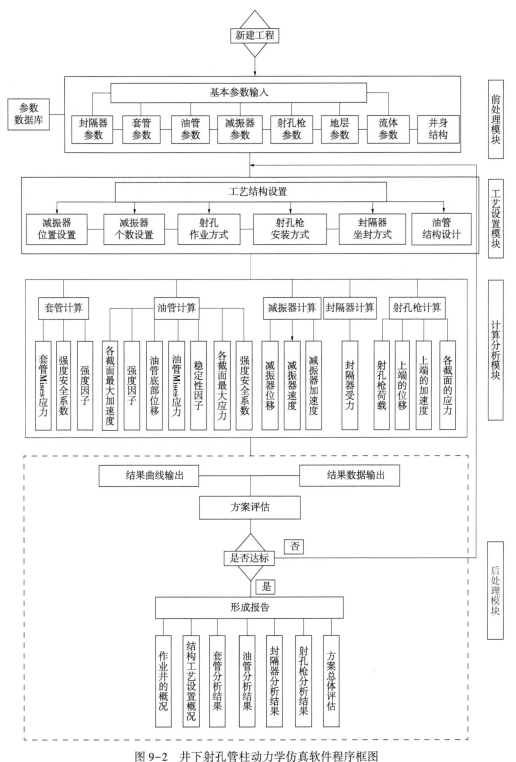

图 9-2 井下射孔管柱动力学仿真软件程序框图

（4）减振器参数。

减振器的基本尺寸，减振器的刚度、阻尼，减振器安装的位置，减振器设置的个数。

（5）射孔枪参数。

射孔枪的基本尺寸，射孔枪的装药量、相位角、孔密，射孔枪的连接方式，射孔的引爆方式，射孔枪安装位置和个数。

（6）地层基本参数。

地层压力梯度、液体的静水压力和阻尼系数。

（7）流体参数。

管柱内外液体类型，液体参数（密度、黏度、含硫率、凝固点）、阻尼系数。

（8）井身结构。

井身名称和基本参数（深度，直径），井身中的温度、内外压值。

9.1.3　仿真输出

主要依据射孔工艺，以射孔完井作业工况为基础，输出井下射孔工具的力学参数，为井下射孔工具的设计和应用提供技术支持。

输出的主要参数包括：套管的 Mises 应力、强度安全系数、强度因子；油管各个截面的最大轴向拉压应力，各个截面的位移、加速度、Mises 应力、强度安全系数、失稳安全曲线；封隔器受力。

9.2　仿真软件参数输入界面

由于软件的计算参数较多，一些国家标准工具的参数即可以数据库的形式输入，也可以界面中输入，具体输入界面如图 9-3 至图 9-7 所示。

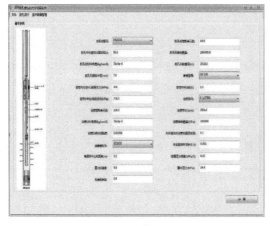

图 9-3　参数总界面

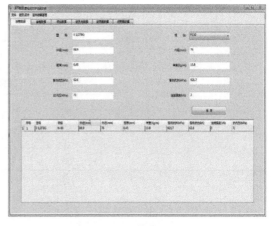

图 9-4　油管参数输入界面

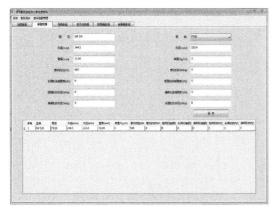

图 9-5 套管参数输入界面

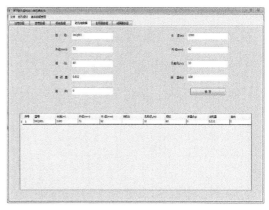

图 9-6 射孔枪参数输入界面

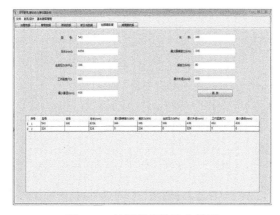

图 9-7 封隔器参数输入界面

9.3 仿真软件结果输出界面

软件计算结果主要是以图片的形式输出，其输出内容包括：套管分析，油管分析，工具分析，具体的输出界面如图 9-8 至图 9-12 所示。

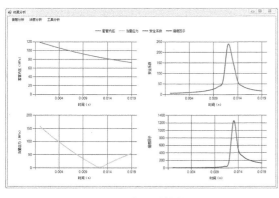

图 9-8 套管计算结果

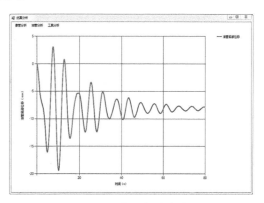

图 9-9 油管底部位移分析

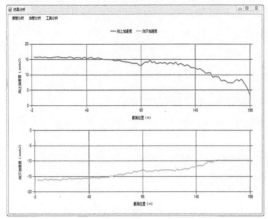
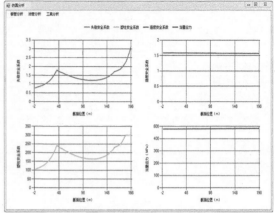

图 9-10 油管各截面的加速度分析 　　　　　图 9-11 油管各截面的应力分析

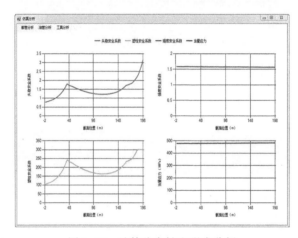

图 9-12 油管稳定性和强度分析

9.4 仿真软件的应用

前面确定了射孔爆炸时井筒中超压的分布演化模型，也即求得了射孔管柱所受的冲击载荷模型，第四章给出了曲井射孔管串(包含射孔管柱、减振器、射孔枪等)的冲击动力波动控制方程以及方程的数值差分求解方法。第三章给出的管柱波动控制方程中包含了射孔管柱、射孔枪、主装炸药等物理力学参数，由相关各式所确定的射孔管柱振动控制方程所包含的主要相关参数见表 9-1。

选取不同射孔管柱、减振器、射孔枪、射孔弹及井身结构模块参数，结合表 3-28 中基本参数，通过已编写的 Fortran 计算程序即可获取射孔管柱的冲击动力响应。由于射孔爆炸时产生的冲击载荷具有瞬时短暂、幅值高特性，并且研究考察的对象为曲井封隔器下的射孔管串，射孔管柱存在弯曲，管柱在承受过高冲击压力作用时容易发生失稳屈曲，加之射孔爆炸时管柱还要承受周围高压场的共同作用，容易发生塑性变形乃至弯曲断裂，故在求得管柱运动响应时有必要对管柱各截面位置进行稳定性和安全校核，采用文献的校核方法对减振器上部射孔管柱进行校核分析。

表 9-1　曲井射孔管柱动力学方程所含基本参数

参数	数值	参数	数值
液体动力黏度 λ(Pa·s)	0.01	减振器质量(kg)	100
油管柱外径(m)	0.04445	射孔枪外径(mm)	0.0365
油管柱内径(m)	0.038	射孔枪内径(mm)	0.031
射孔管柱划分单元	150	射孔枪长度(m)	3.3
弹性模量 E(Pa)	$2.1×10^{11}$	射孔枪划分单元数	10
管材密度 ρ(kg/m³)	7850	主装炸药量(g)	20、32、64、128
冲击振动响应时间(s)	100	离爆炸中心的距离(m)	0.15
迭代时间步长(s)	0.001	射孔弹炸药转化率(%)	77.5
减振器弹簧刚度系数 k(N/mm)	200	摩擦力系数 μ	0.01
减振器阻尼系数 c(N·s/mm)	15	浮力系数	0.8726

因此，本节将研究曲井封隔器下射孔管串各模块参数对射孔管柱冲击振动响应的影响，透析射孔爆炸时管串各模块参数对射孔管串冲击振动影响行为机理，为完井射孔管串的优化安全配置提供指导。

考察一般常见"直—曲—斜"三段制曲井射孔管柱，即封隔器下射孔管柱形态构成依次为：铅直—弯曲—斜直，射孔管柱结构简图如图 9-13 所示。

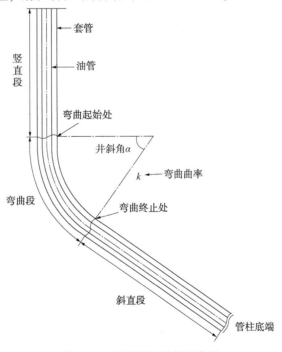

图 9-13　射孔管柱结构示意图

由于斜直段射孔管柱是射孔爆炸时冲击载荷的承载单元，且弯曲段包含在井深结构模块中，故三段制射孔管柱各段长度配置保持"直—曲"段总长不变为210m，弯曲段管柱为等曲率弯曲且曲率为0.01。考察斜直承载段射孔管柱在63m、105m和168m长度变化下整个射孔管串的动力响应，求得管串各位置处的运动响应如图9-14至图9-16所示。

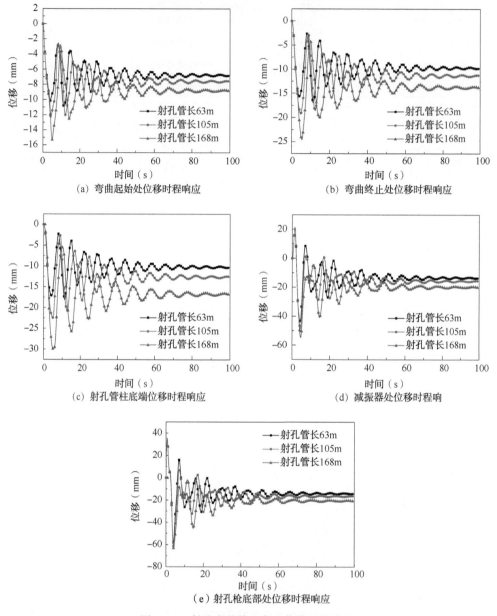

图9-14　射孔完井管柱各处位移时程响应

如图9-14至图9-16所示，可以看出：相比于射孔枪和减振器处的运动响应，爆炸产生的冲击振动传递至射孔管柱各处已比较微弱，随着射孔管柱斜直段的长度增大，射孔管柱上各位置处的位移、速度以及加速度运动响应幅值相应增大但是振荡越平缓，这是管柱长度的增大使自重增加从而抑制振动所致。

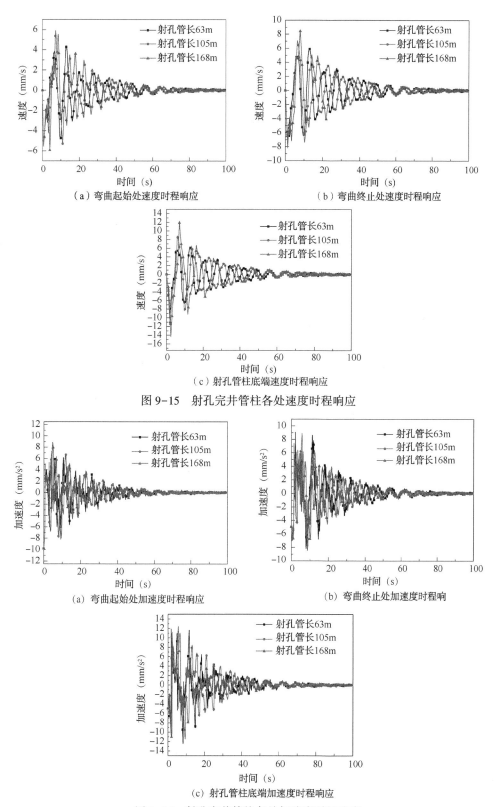

（a）弯曲起始处速度时程响应　　　　　　（b）弯曲终止处速度时程响应

（c）射孔管柱底端速度时程响应

图 9-15　射孔完井管柱各处速度时程响应

（a）弯曲起始处加速度时程响应　　　　　　（b）弯曲终止处加速度时程响

（c）射孔管柱底端加速度时程响应

图 9-16　射孔完井管柱各处加速度时程响应

为进一步分析管柱在冲击载荷作用下力学性能，通过动力计算给出管柱沿斜深 s 各位置处所受最大拉力、压力如图 9-17(a)和图 9-17(b)所示，以及通过校核计算给出相应各截面位置判定稳定性、塑性安全及强度安全各系数如图 9-17(c)至图 9-17(e)所示。

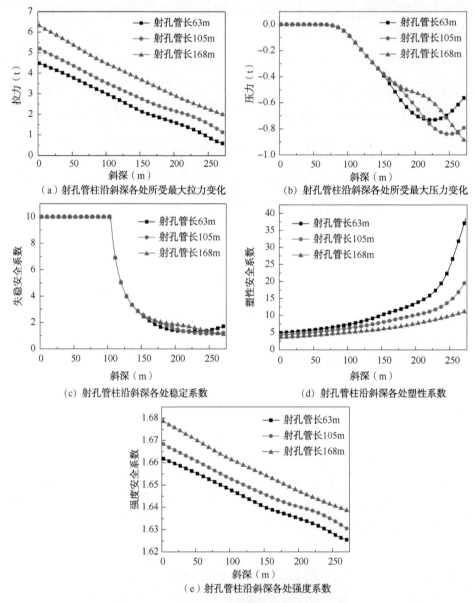

（a）射孔管柱沿斜深各处所受最大拉力变化

（b）射孔管柱沿斜深各处所受最大压力变化

（c）射孔管柱沿斜深各处稳定系数

（d）射孔管柱沿斜深各处塑性系数

（e）射孔管柱沿斜深各处强度系数

图 9-17　射孔完井管柱沿管柱斜深各处动力特性

根据图 9-17 可以得出：（1）随着射孔管柱长度的增加，管柱各位置处所受最大拉力是相应增大的，且距封隔器越近幅值越大；（2）管柱所受最大压力并没有出现在管柱底端，而是出现在管柱弯曲与斜直过渡段，该段的失稳安全系数很接近 1，有发生屈曲失稳的危险，且随着管柱长度增加屈曲失稳发生位置距射孔管柱底端越近；（3）最大拉力是最大压力的数倍，由此看出射孔时封隔器受力最大，过多的增长射孔管柱可能会使封隔器解封；

(4)弯曲斜直过渡段承受压力很大，且管柱的初始弯曲形态加剧了发生屈曲失稳的危险性，通过增长射孔管柱可以使得最大压力远离弯曲过渡段但是会使封隔器所受最大拉力相应增大从而发生解封，较好的解决方法是在斜直段射孔管柱加置减振器抑制冲击压力作用。

9.4.1 射孔枪模块参数影响

（1）射孔弹装药量影响。

第三章分析得出井筒密闭空间中射孔爆炸时环空超压与射孔弹数无关，仅与单发射孔弹主装药量有关，而环空超压的大小直接决定了射孔管柱所受冲击载荷的大小，所以在不改变射孔管串其他参数的基础上设定射孔弹主装药量在 20g、32g、64g 和 128g 下，计算的射孔管串各位置处的运动响应如图 9-18 至图 9-20 所示。

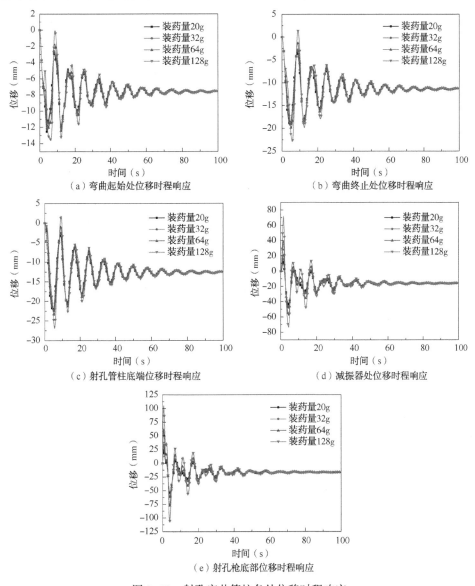

（a）弯曲起始处位移时程响应 （b）弯曲终止处位移时程响应

（c）射孔管柱底端位移时程响应 （d）减振器处位移时程响应

（e）射孔枪底部位移时程响应

图 9-18 射孔完井管柱各处位移时程响应

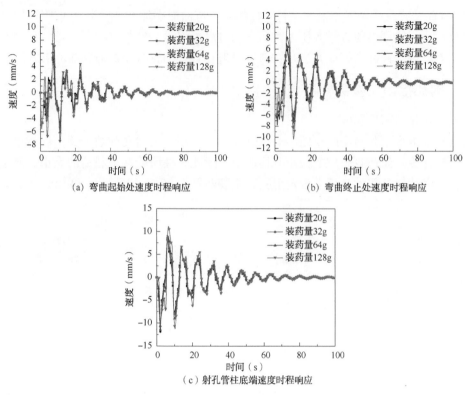

（a）弯曲起始处速度时程响应　　　　　　　（b）弯曲终止处速度时程响应

（c）射孔管柱底端速度时程响应

图 9-19　射孔完井管柱各处速度时程响应

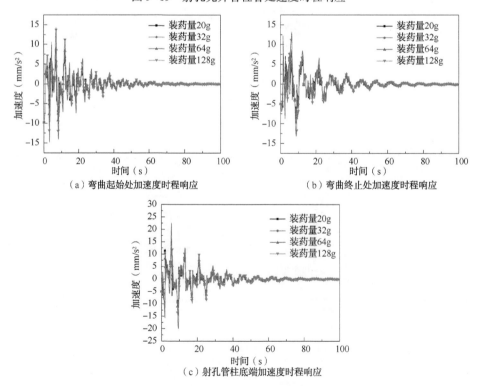

（a）弯曲起始处加速度时程响应　　　　　　　（b）弯曲终止处加速度时程响应

（c）射孔管柱底端加速度时程响应

图 9-20　射孔完井管柱各处加速度时程响应

如图 9-18 至图 9-20 所示，随着射孔弹主装药量的增加，射孔管柱各位置处的位移、速度、加速度等运动响应幅值随之增大，但是振动变化趋势还是保持一致，说明射孔弹主装药量只能对管串振动响应幅值大小造成影响，对其衰减快慢趋势无影响。进一步分析射孔管柱在不同装药量条件所产生冲击载荷作用下的力学性能，给出管柱沿斜深 s 各位置处所受拉力、压力最值如图 9-21（a）和图 9-21（b）所示，以及通过校核计算给出相应判定稳定性、塑性安全及强度安全各系数如图 9-21（c）至图 9-21（e）所示。

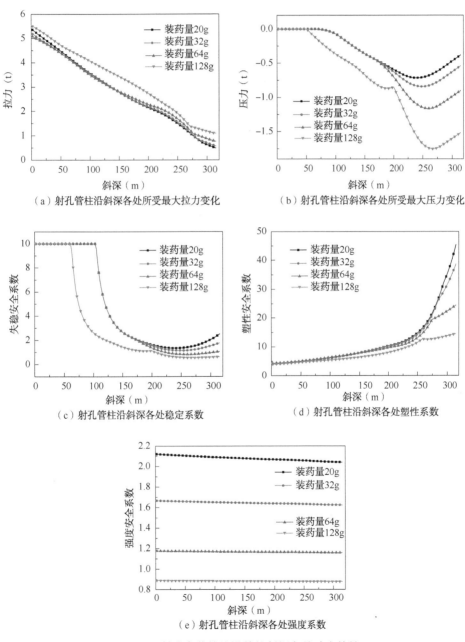

图 9-21 射孔完井管柱沿管柱斜深各处动力特性

由图 9-21(a) 和图 9-21(b) 可知：随着射孔弹主装药量的增加，射孔管串各位置处所受到的最大拉、压力相应增大；最大压力增大的幅度相比最大拉力更明显，且越靠近射孔底端所受最大压力越大，但是最大压力并未出现在射孔管柱底端，而是出现在弯曲段与斜直段过渡段；在斜深 100~200m 的弯曲段，射孔管柱最大拉力、压力变化趋势相比其他位置变化趋势更加复杂；随着装药量的增大，管柱所受的最大压力位置逐渐向射孔管柱底端位置偏移。

由图 9-21(c) 可知，随着射孔弹装药量增加达到 128g 时，距封隔器 200m 处斜深以下射孔管柱极有可能失稳发生屈曲。所以在进行完井射孔作业时射孔弹药量不能设置过大，过多的装药加大管柱所受冲击载荷，且由于井筒密闭环境的挡墙聚能作用会使得超压衰减变慢，加剧对射孔管串的侵害作用。

(2) 射孔枪结构尺寸参数影响。

射孔枪模块相关的参数除去射孔弹主装药量，还有射孔弹承载体——射孔枪的结构尺寸。射孔完井所用射孔枪结构只与枪长和弹密相关，前述讨论说明射孔管柱所受冲击荷载由于射孔弹的时序差爆炸衰减作用而与射孔弹弹数无关，只与装药量有关，所以本节保持射孔管柱其余参数不变，考察射孔枪长度在 2.1m、3.3m 及 4.5m 变化时射孔管串的冲击动力响应，计算得射孔管柱各位置处的运动响应如图 9-22 至图 9-24 所示。

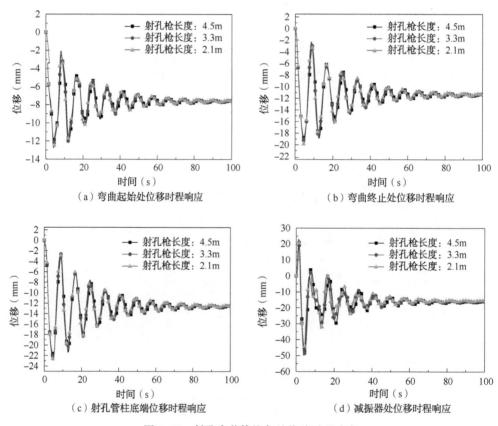

图 9-22　射孔完井管柱各处位移时程响应

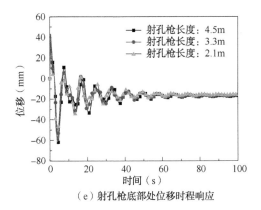

（e）射孔枪底部处位移时程响应

图 9-22 射孔完井管柱各处位移时程响应（续）

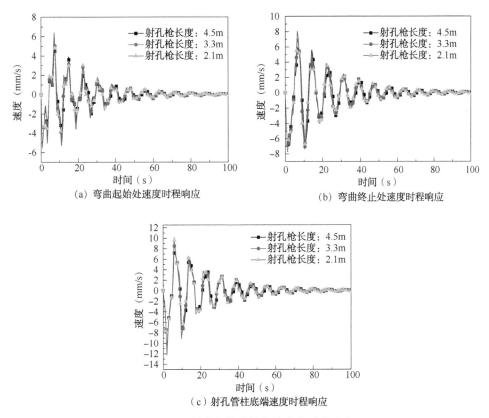

（a）弯曲起始处速度时程响应

（b）弯曲终止处速度时程响应

（c）射孔管柱底端速度时程响应

图 9-23 射孔完井管柱各处速度时程响应

如图 9-22 至图 9-24 所示，发现射孔管串各位置处的位移、速度及加速度运动响应与射孔枪长度的变化无关，只有减振器的位移随枪长的增长相应增大，这是枪长增大减振器所受重力增大所致。进一步分析管柱不同射孔枪长条件下的力学性能，给出管柱沿斜深 s 各位置处所受拉力、压力最值如图 9-25（a）和图 9-25（b）所示，以及通过校核计算给出相应判定稳定性、塑性安全及强度安全各系数如图 9-25（c）至图 9-25（e）所示。

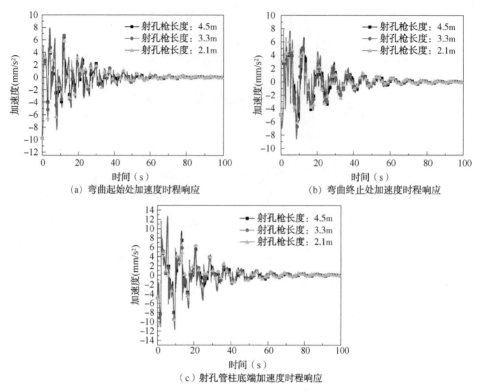

(a) 弯曲起始处加速度时程响应　　　　　　　(b) 弯曲终止处加速度时程响应

(c) 射孔管柱底端加速度时程响应

图 9-24　射孔完井管柱各处加速度时程响应

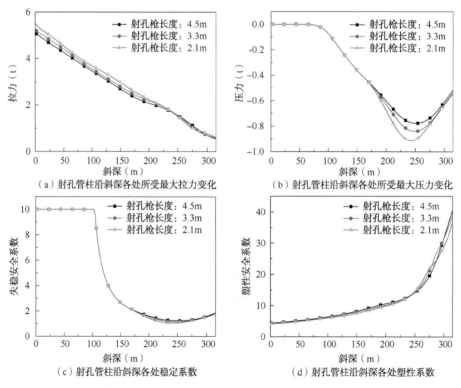

(a) 射孔管柱沿斜深各处所受最大拉力变化　　　(b) 射孔管柱沿斜深各处所受最大压力变化

(c) 射孔管柱沿斜深各处稳定系数　　　　　　(d) 射孔管柱沿斜深各处塑性系数

图 9-25　射孔完井管柱沿管柱斜深各处动力特性

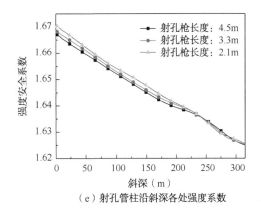

（e）射孔管柱沿斜深各处强度系数

图9-25 射孔完井管柱沿管柱斜深各处动力特性(续)

由图9-25可知：随着射孔枪长的增大，射孔管柱各位置所受到的最大拉力、压力无显著变化，但是在靠近管柱底部所受的最大压力相应减小，这是枪长增长，枪的自重增大，抵消了部分向上的冲击作用。管柱各位置处的稳定性、塑性及强度安全性与射孔枪长无明显关系。因此，射孔枪长度对射孔管串的动力响应无显著影响，但增大枪长可以减少射孔管柱所受冲击压力，降低管柱屈曲失稳的危险性。

综上所述，射孔枪模块只有射孔弹主装药量对射孔管柱的冲击振动幅值有着显著的影响，但是对于振动的振荡衰减趋势无影响，装药越少振动越弱；射孔枪长于射孔管柱运动响应无影响，增大射孔枪长可以相应降低管柱的屈曲危险性。

9.4.2 井身结构模块参数影响

前述三节分析了曲井射孔管串各力学参数对管串爆炸冲击动力响应的影响，本节将以井身轨迹形态为研究对象，系统地研究平面曲井的弯曲形态对射孔完井管柱冲击动力响应的影响。

（1）平面弯曲—斜直井井斜角参数影响。

参考图9-13的射孔管柱结构示意图，控制弯曲段管柱的弯曲曲率为0.01不变，研究弯曲—斜直段管柱的井斜角分别为30°、60°和90°时射孔管串的冲击振动，求得管串各位置处的运动响应如图9-26至图9-28所示。

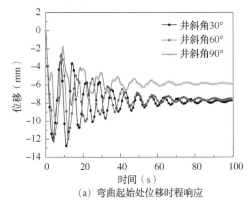

（a）弯曲起始处位移时程响应

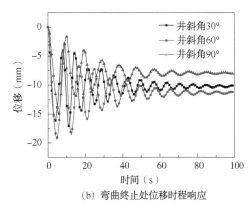

（b）弯曲终止处位移时程响应

图9-26 射孔完井管柱各处位移时程响应

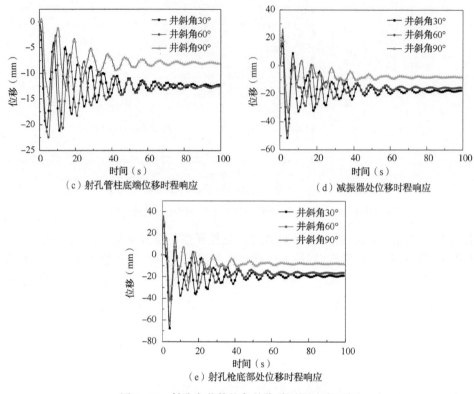

（c）射孔管柱底端位移时程响应　　　　（d）减振器处位移时程响应

（e）射孔枪底部处位移时程响应

图 9-26　射孔完井管柱各处位移时程响应(续)

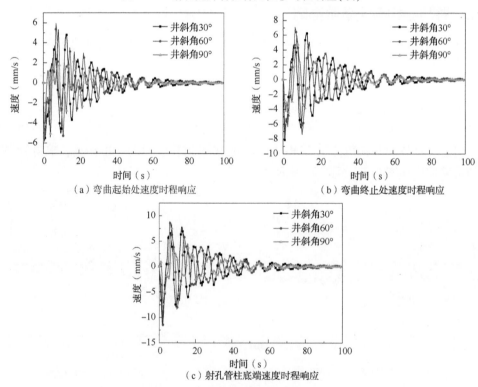

（a）弯曲起始处速度时程响应　　　　（b）弯曲终止处速度时程响应

（c）射孔管柱底端速度时程响应

图 9-27　射孔完井管柱各处速度时程响应

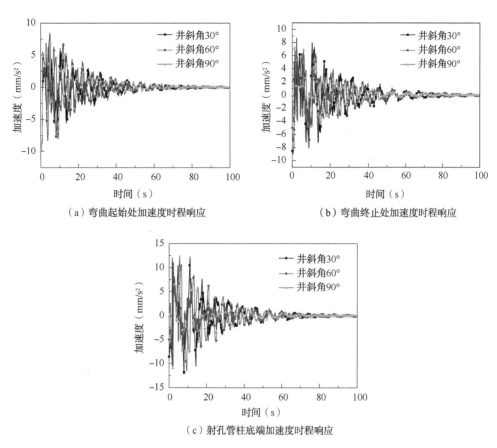

（a）弯曲起始处加速度时程响应　　　　　　（b）弯曲终止处加速度时程响应

（c）射孔管柱底端加速度时程响应

图 9-28　射孔完井管柱各处加速度时程响应

从图 9-26 和图 9-27 可以看出：随着井斜角的增大，射孔管柱各位置处的位移、速度幅值相应减小，且各位置处的振动频率相应减小，说明井壁对管柱的支撑作用越来越明显，同时振动时管柱与井壁的摩擦力也逐渐增大影响显著。图 9-28 同样表明随着井斜角的增大，管柱各位置处的加速度幅值相应降低且振荡频率降低，衰减越快。进一步考察井身井斜角对射孔管柱的冲击动力学性能影响，给出管柱沿斜深 s 各位置处所受拉力、压力最值如图 9-29（a）和图 9-29（b）所示，以及通过校核计算给出相应判定稳定性、塑性安全及强度安全各系数如图 9-29（c）至图 9-29（e）所示。

从图 9-29（a）和图 9-29（b）可以看出：随着井斜角的增大，射孔管柱各位置处所承受最大拉力从封隔器开始至管柱底端相应减小；射孔管柱从弯曲处开始至管柱底端各位置处所承受的最大压力相应增大，且随着井斜角的增大，弯曲起始处以下管柱各位置处所承受最大压力增大趋势越来越快，说明井斜角增大时井壁对管柱的承托作用越来越明显，但是管柱的自重对爆炸冲击的抑制却越来越弱，因此弯曲起始处以下管柱屈曲失稳的危险性随着井斜角的增大急剧升高，图 9-29（c）至图 9-29（e）给出了相应的证明。所以对于大井斜角的弯曲斜井或水平井，要重点关注射孔管柱的稳定性。

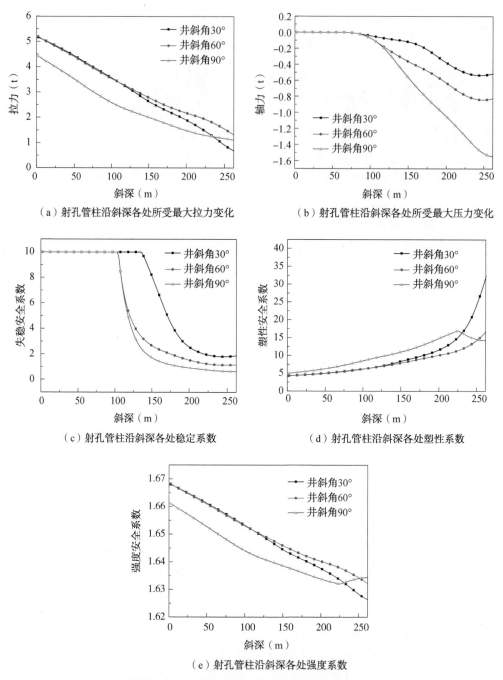

（a）射孔管柱沿斜深各处所受最大拉力变化 （b）射孔管柱沿斜深各处所受最大压力变化

（c）射孔管柱沿斜深各处稳定系数 （d）射孔管柱沿斜深各处塑性系数

（e）射孔管柱沿斜深各处强度系数

图9-29　射孔完井管柱沿管柱斜深各处动力特性

（2）平面等曲率井曲率半径参数影响。

以等曲率弯曲射孔管柱为研究对象，控制弯曲段管柱的弯曲长度不变，设定弯曲段管柱的曲率分别为0.008、0.01和0.0125时，研究弯曲曲率对射孔管串的冲击振动影响，求得管串各位置处的运动响应如图9-30至图9-32所示。

从图9-30至图9-32可以看出：随着弯曲段管柱的曲率增大，也即射孔管柱弯曲越厉害，管柱各位置处的位移、速度和加速度的幅值相应减小且振荡衰减越快，这是曲率增大相应增大了斜直段的井斜角造成的。进一步考察弯曲段曲率对射孔管柱的冲击力学性能影响，给出管柱沿斜深 s 各位置处所受拉力、压力最值如图9-33(a)和图9-33(b)所示，以及通过校核计算给出相应判定稳定性、塑性安全及强度安全各系数如图9-33(c)至图9-33(e)所示。

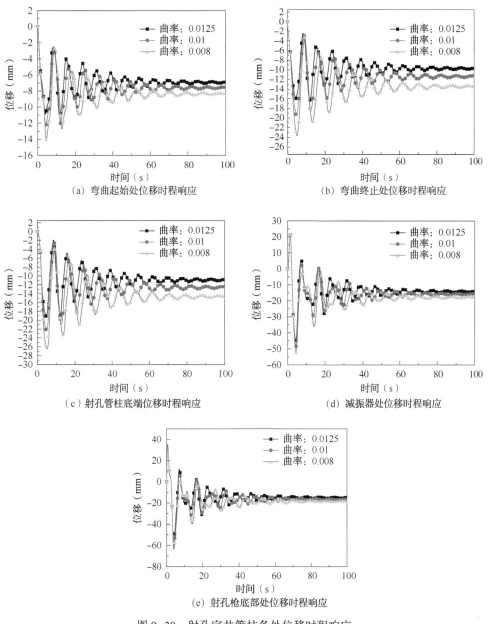

图9-30　射孔完井管柱各处位移时程响应

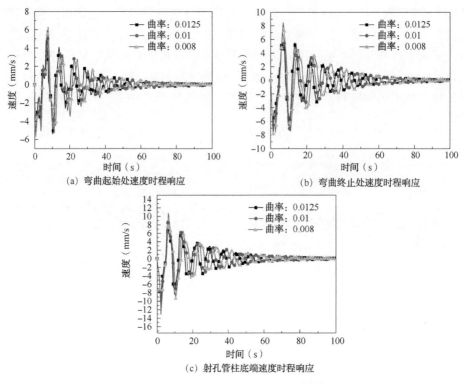

图 9-31 射孔完井管柱各处速度时程响应

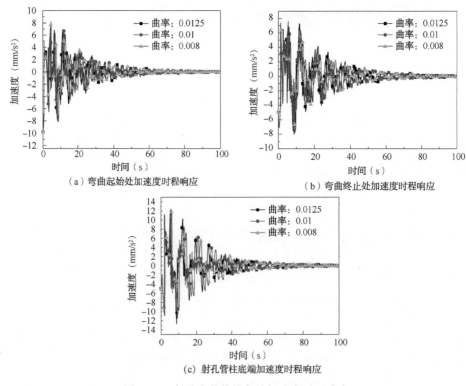

图 9-32 射孔完井管柱各处加速度时程响应

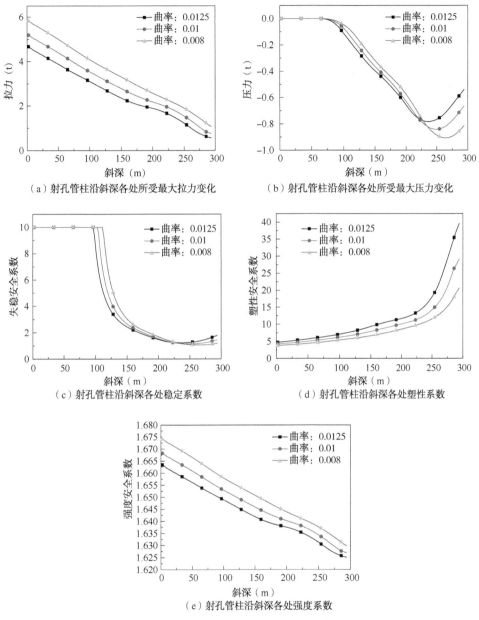

图 9-33　射孔完井管柱沿管柱斜深各处动力特性

从图 9-33(a)和图 9-33(b)可看出：随着曲率的增大，射孔管柱各位置处所受的拉力最值相应减小，但是所承受的最大压力却相应增大，说明曲率增大也即弯曲越厉害时，井壁对管柱承载越来越明显，但是管柱本身抑制振动的能力越来越弱，图 9-33(c)也佐证了这一点。

(3) 平面变曲率井曲率变化影响。

以变曲率弯曲射孔管柱为研究对象，控制弯曲段管柱的弯曲总长度 105m 不变，设定弯曲段管柱的曲率分三种形式进行变化，依次为：①等曲率，曲率为 0.01；②曲率沿斜深线性增大，由0.008增加至0.0125；③曲率沿斜深线性减小，由0.0125减小至0.008，研究弯曲曲率对射孔管串的冲击振动动力响应的影响，求得管串各位置处的运动响应如图9-34至图9-36所示。

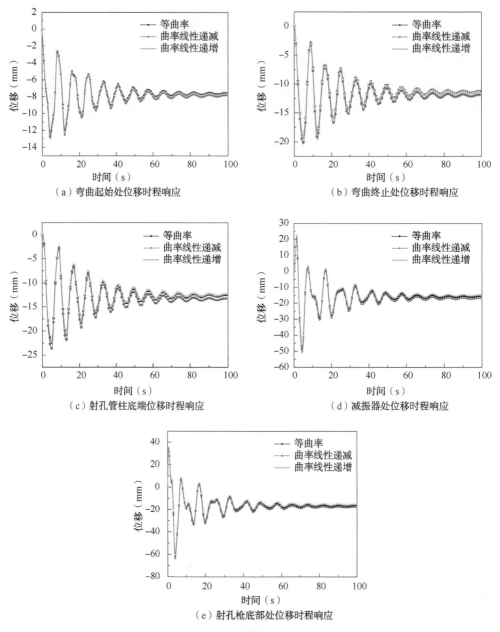

图9-34　射孔完井管柱各处位移时程响应

从图9-34至图9-36可以看出：由于设定弯曲段的长度有限只有105m，且曲率变化量也不大，求得三种曲率变化形式下对应的射孔管串各位置处的运动响应无显著差别，曲率线性减少的弯曲形式使得管柱振动位移相应增大，速度和加速度由于井壁的摩擦和支撑作用变化不明显。进一步考察变弯曲段曲率变化形式对射孔管柱的冲击力学性能影响，给

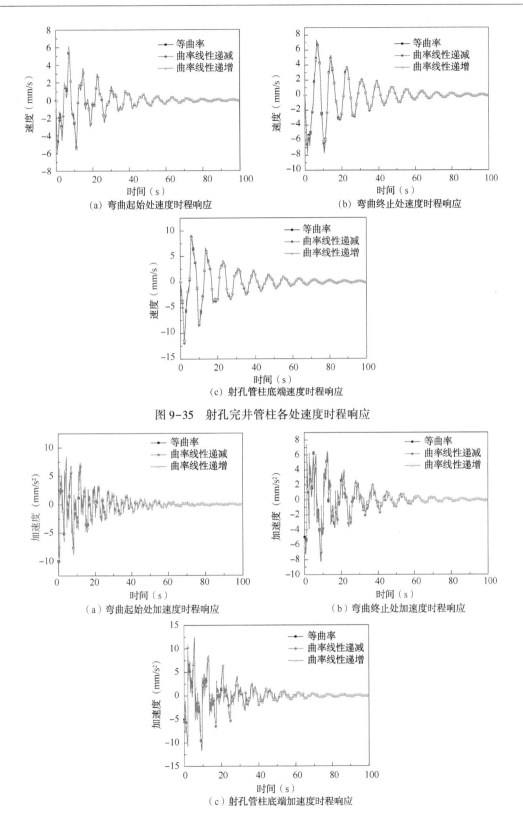

（a）弯曲起始处速度时程响应　　　　　　（b）弯曲终止处速度时程响应

（c）射孔管柱底端速度时程响应

图 9-35　射孔完井管柱各处速度时程响应

（a）弯曲起始处加速度时程响应　　　　　　（b）弯曲终止处加速度时程响应

（c）射孔管柱底端加速度时程响应

图 9-36　射孔完井管柱各处加速度时程响应

出管柱沿斜深 s 各位置处所受拉力、压力最值如图 9-37(a)和图 9-37(b)所示，以及通过校核计算给出相应判定稳定性、塑性安全及强度安全各系数如图 9-37(c)至图 9-37(e)所示。

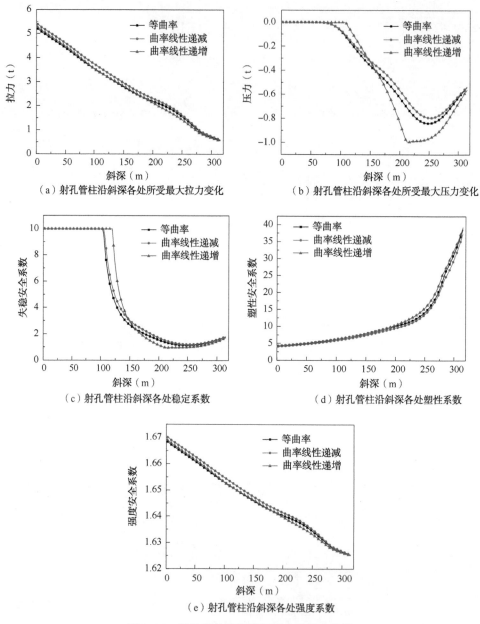

图 9-37　射孔完井管柱沿斜深各处动力特性

　　从图 9-37(a)和图 9-37(b)可看出三种曲率变化形式对管串各位置所承受的最大拉力无明显影响，但是在曲率线性递增的变化形式下对射孔管柱各位置处所承受的最大压力影响比较显著，在弯曲处以下管柱各位置处所受最大压力上升很快且随着斜深的增加最大压力增大，该段相比于其他位置更易于发生失稳，图 9-37(c)给出了相应佐证。

10　复杂油气井射孔产品研发及应用

10.1　非常规油气藏水平井电缆分簇射孔方法

电缆分簇射孔系统以其单趟作业效率高、与酸化压裂工艺高度配合的特性，在目前的水平井分簇射孔施工中占据主流。使用电缆输送的分簇射孔系统组成结构如图 10-1、图 10-2 所示。

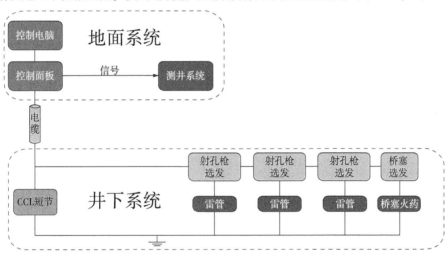

图 10-1　分簇射孔系统连接示意图

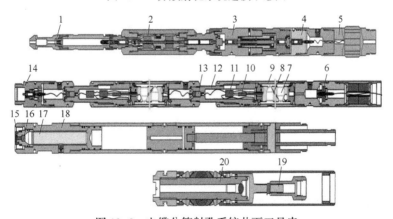

图 10-2　电缆分簇射孔系统井下工具串

1—马龙头；2—磁定位仪；3—安全防爆装置；4—电射孔多次点火头；5—扶正短节；6—加重短节；7—射孔弹；
8—导爆索；9—射孔枪；10—电雷管；11—选发模块；12—多级点火装置；13—过线器；14—桥塞坐封工具点火头；
15—大电阻点火器；16—传火药柱；17—桥塞慢燃火药；18—电缆桥塞坐封工具；19—桥塞连接组件；20—复合桥塞

电缆分簇射孔方法的井下工具串通过泵送方式送入水平井段，通过单芯电缆多级点火技术实现先供电点燃桥塞火药，桥塞火药提供推力使得复合桥塞的坐封与丢手，随后上提电缆，依次在目标深度通过多次供电控制各级电雷管引爆导爆索，从而激发射孔弹产生聚能射流穿过射孔枪和套管，最终形成一定深度和大小的孔道，实现油气通道的构建，为压裂施工作准备。本项目的电缆分簇射孔方法主要通过以下几个关键技术的重点研究和整体设计来实现：电缆多级点火系统、安全电起爆系统、火药驱动型桥塞坐封系统、井下张力系统。

10.1.1　电缆多级点火系统研制

电缆多级点火系统是实现单芯电缆一趟管柱多次点火射孔的关键技术。本系统串接整个下井管柱，实现磁定位仪、各级射孔枪、桥塞坐封系统等的连接，并通过电路设计实现多次点火控制。本系统主要包括实现电路控制的压控式多级技术、电子选发技术、实现线路连接的装置类产品如多级点火装置、多级电射孔点火头等。

10.1.1.1　压控式多级技术研制

（1）多级转换原理。

2012 年之前编码雷管、脉冲控制等电子控制的方法在国内还未起步，而多芯线并联方式的选发，则存在射孔枪之间过线太多的问题，现场应用较多的是机械结构切换电路的方式，借用射孔后的井液压力推动行程开关，完成线路转换。其结构与功能示意如图 10-3 所示：

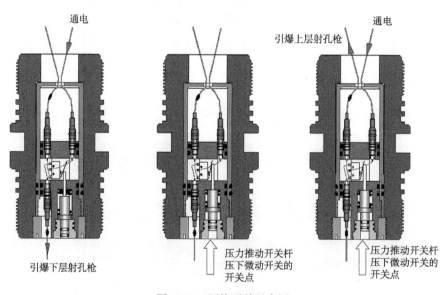

图 10-3　压控开关示意图

压力推动开关与下枪连通，射孔后，井液通过射开的孔眼进入下枪，井液压力作用到压控开关上，推动活塞上行，按下微动开关，从而切换线路。在最下一级，则是依靠桥塞火药的推力，在分流后反作用于其上的压控开关上，切换电路，完成多级点火。

（2）压控式多级点火电路设计。

由于压控开关的使用，多级点火线路可简化为图10-4的电路图。

在下一级射孔枪点火后，压控开关工作，会立即切换电路，形成上一回路的通路，为防止一发火，全部串爆，需在两级间加接二极管，且点火时使用正向直流电。第二次点火，使用反向直流电，即该处二极管与下一级的二极管反向，以此类推。地面操作时，前后两次点火的点火电流依次反向。即可实现井下可控的多次点火射孔作业。

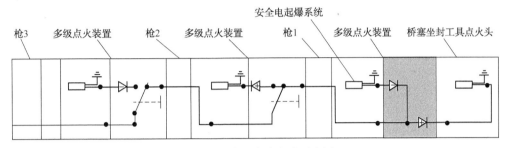

图10-4　多级点火电路示意图

（3）小结。

液压压控开关的使用，有效地利用了电缆射孔系统本身的条件，有效降低了系统复杂性，简便地完成了设计目标。作业过程中，点火线路步骤明确，射孔枪击发顺序必然为由下至上。

结合井场安全操作规范后，将液压开关的打开压强调整到（2.5±0.2）MPa。只有当管柱接收到大于打开压强的压力时，才会接通雷管线路。从而，保证在离井口0~200m时，液压开关保持雷管线路断开（即不明原因未射孔起出管柱或下管柱时），即使误操作通电，也无法形成回路，从而确保现场人员安全。

10.1.1.2　电子选发技术研制

电子选发技术是电缆分簇射孔工艺中一项核心技术，采用了数字编码、井下寻址及全过程监控的方式，能在选发软件的控制下通过单芯电缆实时检测和智能控制井下的电雷管，实现一次下井多次远程控制起爆。

地面部分通过油气井用控制起爆仪（以下简称"起爆仪"）与上位机软件配合使用，实现输出指令和点火电流，可以检测、引爆准备、选择性发火和跳过指定雷管；井下部分由串联在电缆芯线上的各级选发模块构成，最大可接20级。

电子选发软件对每级控制器进行编译，实现电雷管的数字编码、井下寻址、智能选发及全过程监控。电子选发软件界面如图10-5所示。

电子选发起爆仪与选发模块实物图如图10-6所示。

电子选发系统解决了以下技术问题：

（1）能兼容使用大电阻雷管（直流电引爆）和高压电子装置；

（2）电子开关结构小，适用于多种管柱尺寸的应用范围；

（3）设备满足井下高温环境，具有抗射孔振动冲击等能力，适用于页岩气的完井开发作业；

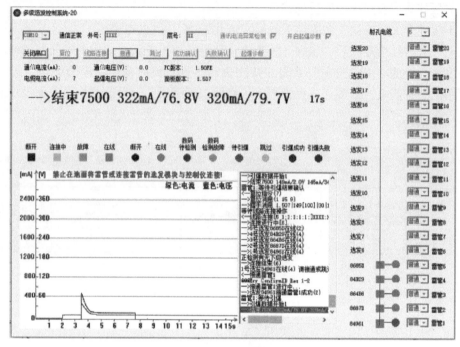

图 10-5　电子选发软件界面

 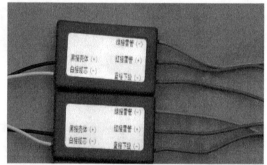

图 10-6　电子选发起爆仪与选发模块

（4）配套的起爆仪及监测软件能与电子开关形成实时通信和监控；

（5）能够实现选发点火方式，可以跳枪。

10.1.1.3　多级点火装置

分簇射孔管串连接时，各级射孔枪之间需进行机械连接，且需要设计放置选发模块、电雷管和连接线路的结构。在某级射孔枪射孔后，井液将进入管柱中，还需要设计密封承压过线结构。考虑射孔瞬间冲击的影响，本装置各结构均需能抗冲击。

在水平井分簇射孔作业环境下，耐压和耐高温需求分别为：140MPa、175℃/4h。射孔冲击分析上，则通过射孔 P-T 仪实际井下测量射孔冲击加速度特性曲线数据如图 10-7 所示。

其瞬时径向加速度冲击最大约为 120g。为此专门设计了注塑成型的耐高温抗冲击过线器，用于保证线路连接和抗射孔冲击的承压密封。多级点火装置结构如图 10-8 所示。

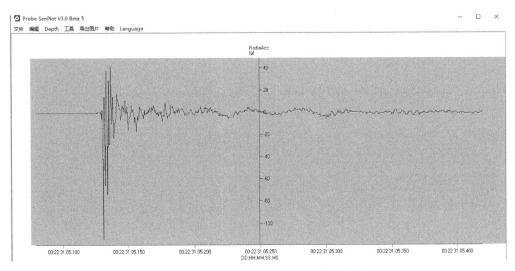

图 10-7 实测射孔瞬间加速度冲击特性图

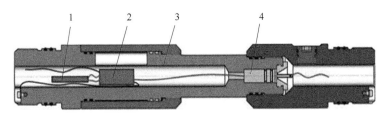

图 10-8 多级点火装置装配图

1—电雷管；2—选发模块；3—多级点火装置；4—过线器

10.1.1.4 多级电射孔点火头

多级电射孔点火头用于连接上端的磁定位仪器与下端分簇射孔枪，其设计指标要求与多级点火装置一致，但是上端为触点式结构。

多级电射孔点火头选用了高分子绝缘材料，利用特殊的结构设计，将插针、橡胶注塑成型专用密封插针，可实现耐温耐压、密封、导通及绝缘。经过水压及性能实测，此类特定的密封插塞能够满足井下环境条件要求及抗冲击要求(图 10-9)。

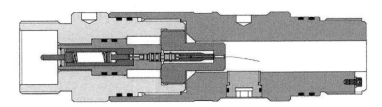

图 10-9 多级点火头结构示意图

10.1.2 安全电起爆系统研究

水平井分段压裂的井场施工环境复杂，多为"井工厂"模式，射孔、酸化、压裂联合施工，无法严格按常规电缆射孔作业要求实现无线电静默。为保证现场施工安全，安全电起爆系统的研究尤为重要。无起爆药 EBW 电起爆系统、安全防爆装置以及高安全耐温电雷管、可选发数码电雷管等多个方向结合，实现了多种组合方式可供客户选择的安全电起爆系统。

10.1.2.1 EBW 电起爆系统研制

常规电雷管是通过电流作用在金属桥丝上发热以引爆包裹在桥丝上的起爆药，EBW 电雷管则不使用相对敏感的起爆药，而是依靠金属丝在瞬间强电流作用下气化产生的瞬间强烈冲击波使炸药直接起爆。由于炸药起爆所需能量比起爆药高出许多，桥丝的发热无法满足炸药起爆所需能量，因此，无起爆药的 EBW 电雷管具有极高的安全性，不受杂散电流与射频干扰影响，完全符合页岩气分簇射孔施工要求。

EBW 电起爆系统由 EBW 电雷管(电点火管)、高压电子发火装置及壳体三部分组成。EBW 电雷管输出冲击波，用于引爆传爆管、导爆索等下级火工品。高压电子发火装置采用了抗杂散电流和电磁环境危害的电路设计，其功能是接受外界电能，并输出高压电激发 EBW 电雷管工作。

(1) EBW 电雷管的研究。

所设计的 EBW 电雷管结构与普通灼热桥丝式电火工品相似，其不同之处主要是：

① 前者装药均为猛炸药，而后者含较敏感的起爆药或点火药；

② 前者的桥丝采用纯金丝，在强电流作用下，金丝汽化，产生的高温高压气体迅速膨胀，形成强烈的冲击波，以冲击波的方式直接起爆猛炸药，而后者是通过电流加热桥丝(镍铬合金丝)，使邻近桥丝的起爆药或点火药加热到某一温度而发火，桥丝仅发热而不发生爆炸。

EBW 电雷管的主要研究内容包括装药和电极塞两个方面。

EBW 电雷管的装药包括引发装药(邻近桥丝的炸药)和主装药，装药研究的关键是引发装药。国外一般选用太安、黑索金或 CP 炸药作引发装药。太安最易引爆，但不满足油气井的耐温要求，故不能选用。在现阶段采用了黑索金作引发装药进行雷管研制，能达到额定的耐温要求。对黑索金晶型、粒度、密度及约束条件(壳体)等参数进行了优选，使其能与高压电子发火装置和桥丝的特性相匹配，保证了雷管可靠发火。

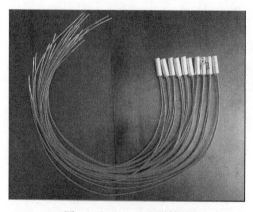

图 10-10　EBW 电雷管外观

电极塞包括桥丝、导线及固定导线的塑料件。对桥丝的直径、长度及焊接工艺进行了重点研究。桥丝材料选用的是纯金丝。桥丝的直径和长度必须与起爆装置和引发装药的特性相匹配。直径越大，所需爆炸电流越高；直径越小，焊接的工艺性越差。桥丝越长，所需爆炸能量越大；桥丝过短，末端效应起作用，所传递的能量就不足以引起桥丝爆炸(图 10-10)。

(2) 高压电子发火装置研制。

高压电子发火装置电路由三部分组成：安全电路、升压电路和放电电路，线路框图如图 10-11 所示，实物如图 10-12 所示。

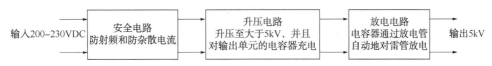

图 10-11 高压电子发火装置原理框图

图 10-12 高压电子发火装置实物

① 安全电路：此部分电路采用成熟的滤波电路，对线路布局进行了优化，以达到防射频、防静电、防杂散电、防雷击等目的。

② 升压电路：把输入的直流电转换成交流电，采用变压器及倍压电路升高电压，并对放电电路中的输出电容充电，充电电压大于 5kV。

③ 放电电路：电容充电至 5kV 时，放电管迅速自动导通，通过两输出端对负载放电，能提供 EBW 电雷管所需的瞬时强电流；当电容器电压不足 5kV 时，放电管一直处于断开状态，输出端无电压，可保证雷管的安全。

用直流稳压电源向发火装置输入端接入 210V 直流电，发火装置输出端通过 3m 双绞线接入 75Ω 负载电阻，用示波器通过高压探头检测负载电阻两端电压，该电压即为发火装置的输出电压。

电压测试试验中，实际测得输出电压峰值为 5.36~6.16kV，满足设计要求，电压波形如图 10-13 所示。

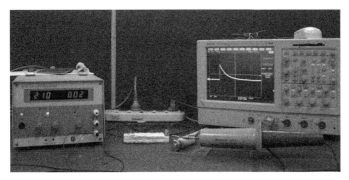

图 10-13 电子发火装置输出电压测试

10.1.2.2 高安全耐温电雷管研制

由于无起爆药 EBW 电起爆系统的使用成本仍较高，随着国内非常规油气资源开发进程加快，大多数国内服务公司无法承受这一使用成本，优化直流电雷管安全性，形成新的高安全耐温电雷管尤为重要。

高安全耐温电雷管还进行了防杂散电流结构、防静电装药结构等研制，大大提高了产品的安全性能，达到的技术指标见表 10-1。

表 10-1　高安全耐温电雷管技术指标

项目	性能参数
全电阻	$(55\pm1.5)\Omega$
安全电流	0.2A/5min
发火电流	$\geqslant1.0A$
绝缘电阻	$\geqslant50M\Omega$
耐温性能	160℃/4h(180℃/2h)
配套导爆索外径	5.2mm
导线长度	400mm±10mm
外形尺寸	$\phi9mm\times80mm$
抗静电性能	用充电至 25000V 的(500±25)pF 电容，通过串联的(5000±250)Ω 电阻，在壳体和两脚线间能可靠放电，且产品不发火、不失效

10.1.2.3　安全防爆装置研制

常规作业中，电缆与电雷管直接连接，导爆索则一端连接电雷管，一端连接射孔枪。操作时，适用电缆输送到预定层位后，通预定电流击发电雷管，电雷管引爆导爆索，导爆索引爆射孔弹，从而实现射孔，构建井筒和油气层的通道。电缆与电雷管直接连接，存在一定的安全隐患。在地面装配阶段和射孔枪下井输送的起始阶段，作业人员都不可避免地在火工品附近，而电火工品却已经连接在起爆回路中。若发生设备漏电或者回路形成杂散电流等情况，则会造成火工品意外引爆，导致重大人员伤亡事故。

安全防爆装置是一种连接在电缆接头和电雷管之间的通过液压进行电路控制的机械结构，实现了地面连接时雷管与上端控制电路断开，提高施工的安全性。安全防爆装置的结构如图 10-14 所示。

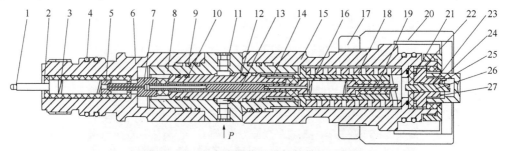

图 10-14　安全防爆装置零部件结构示意图

1—上触头；2—挡圈；3—弹簧Ⅰ；4—"O"形圈；5—第一铜柱；6—上接头；7—闭合帽；8—壳体；
9—"O"形圈；10—"O"形圈；11—螺塞；12—活塞筒；13—活塞杆；14—支撑杆；15—下接头；16—弹簧Ⅱ；
17—护环；18—回位弹簧；19—第二铜柱；20—接头帽；21—"O"形圈；22—护帽；23—螺套；24—下触头；
25—螺母；26—螺杆；27—"O"形圈

在管柱中连接安全防爆装置，本装置上端触头与壳体形成回路，上下触头形成断路，可确保地面连接时，右侧管柱内的多个电雷管均处于安全状态，不会受地面系统的误操作或杂散电流影响。

下入井筒后，井液压力经由螺塞处作用在活塞杆上，使得中间部分向图示由于井液压力 P 的作用，活塞组件将会有向图示右方运动的趋势。

待井液压力足够克服回位弹簧的初始弹力时，闭合帽下移，与上接头不再接触，原有的电缆芯线短路状态解除。待井液压力继续升高，将推动活塞组件继续右行，到达预定压力值后，第二铜柱将接触螺杆，此时实现通路，电缆芯线与下方的电雷管连接形成可点火的回路。

若电缆分簇射孔作业由于意外失败，未能击发电雷管，提出井口时，随着井液压力降低，回位弹簧将推动活塞组件左移，再次形成上下触头的断路和上部电缆芯线短路，确保地面施工人员安全。本装置可通过旋钮调节，精准控制回路打开、关闭压力。

10.1.2.4 可选发数码雷管研制

可选发数码雷管的装药结构完全借鉴了高安全电雷管的装药结构，其不同之处在于可选发数码雷管中额外内置了电子控制模块，其作为可选发数码雷管中的核心部件，起到防静电、防射频、实时检测和控制发火的作用(图10-15)。

图 10-15　可选发数码电雷管

控制模块工作的基本原理：控制模块接收起爆仪的指令，执行检测雷管、引爆雷管、接通下级通道、跳过等动作，并将结果反馈给起爆仪。控制模块由 8 个部分组成。

防静电电路：利用防静电器件对输入电缆之间、输入电缆与雷管脚线之间施加的静电进行吸收，进而保护控制模块和雷管的安全。

检波电路：控制模块利用单芯电缆进行供电和通信，检波电路用于对单芯电缆上的调制信号进行解调，检出起爆仪下发的指令。

应答电路：应答电路用于将应答的信号调制到单芯电缆上，反馈给起爆仪。

雷管通道：用于控制雷管通道的开闭。控制模块会在起爆指令下发后打开雷管通道，并保持 15s，15s 后通道自动关闭。在这 15s 内利用井上引爆设备向雷管灌高压，引爆雷管。

下级控制模块通道：用于控制下级控制模块通道的开闭。当本级控制模块编址成功后，控制模块会打开下级控制模块通道，使其上电，从而对其继续编址。当开始引爆本级控制模块上的雷管时，会切断下级控制模块的电源。

CPU：控制模块的核心，用于通信指令解算、应答，逻辑控制。

电源电路：在输入电压较大的范围内，向整个控制模块提供稳定的低压电源。

雷管状态检测电路：用以检测雷管是否在线。当雷管端阻抗低于 $600k\Omega$ 时认为雷管在线。

可选发数码雷管可直接使用本项目研发的电子选发起爆仪以及选发软件进行起爆控制，安全可靠。

10.1.3　火药驱动型桥塞坐封系统研制

火药驱动型桥塞坐封系统包括桥塞点火头、电缆桥塞坐封工具、耐高温桥塞火药、桥塞适配器、复合桥塞等(图 10-16)。

图 10-16　电缆桥塞坐封系统

1—桥塞坐封工具点火头；2—桥塞慢燃火药；3—桥塞坐封工具；4—复合桥塞

本系统的工作原理：用电缆将桥塞和坐封工具下至预定井深，通过电子选发系统供电引燃桥塞工具内的点火器，引燃火药，燃烧生成的高压气体推动活塞，剪断保险销钉；在高压气体作用下，连接组件推筒动作，迫使桥塞上卡瓦下移，下卡瓦上移，挤压桥塞上的胶筒，贴紧套管内壁。随后，胶筒逐渐被压缩、胀大，最后，当轴向力大于释放环的极限拉力时，释放环被拉断，桥塞和坐封工具分开，完成复合桥塞的坐封和丢手。

10.1.3.1　耐高温慢燃桥塞火药研制

在火药驱动型桥塞坐封系统的研制过程中，耐高温桥塞火药燃烧的稳定、可靠是技术关键。火药输出力较小，将会导致复合桥塞无法脱手，电缆管柱发生卡井事故，需要复杂的打捞作业，严重耽误施工作业的工期；火药输出力过大，则会导致坐封工具有较大的耐压失效风险和重复使用的疲劳形变风险；火药燃烧较慢，可能导致断燃，输出推力不够等风险；火药燃烧过快，则导致桥塞坐封过程过快，坐封不稳定，影响后续压裂施工。

高耐温桥塞慢燃火药主要分为三级进行设计：

一级火药为大电阻点火器，利用电能激发输出火焰；

二级火药接收一级火药的火焰，并增大火焰能量；

三级火药为慢燃桥塞火药，接收二级火药的火焰，产生高压燃气(图 10-17)。

图 10-17　高耐温桥塞三级火药结构

慢燃桥塞火药是输出推力的关键，其配方包括：氧化剂、黏合剂、助燃剂、高能添加剂、固化剂、增塑剂、防老剂、防潮剂、促进剂及燃速调节剂等。

(1) 氧化剂。

从火药的综合性能考虑，氧化剂应选用有效氧含量高、自身生成热小(最好为负)、密度大、燃烧气态产物多、燃气分子量低、与黏合剂等组分的相容性好、物理安定性好等特性的物质。常用作氧化剂的物质主要有 KNO_3、NH_4NO_3、$KClO_4$、NH_4ClO_4、氧化剂 Y 等。综合各种物质的耐温性能、燃素、压力指数、反应活性能参数，选择综合性能最优的氧化剂 Y。

（2）黏合剂。

黏合剂是气体发生剂容纳氧化剂和其他燃料颗粒的载体，同时也是燃料的一部分，是提供可燃元素的主要来源之一，因而它对该火药物理化学性能有着重大的影响。常见的一些能产生气体的黏合剂有：聚乙烯、聚苯乙烯、聚氯乙烯、聚丙烯腈、天然橡胶、丁苯橡胶、聚甲基丙烯酸甲酯、聚硫橡胶、聚氨酯、端羧基聚丁二烯、端羟基聚丁二烯等。目前一般常见的高分子材料，其分解温度一般都在150℃以下，如使用此类黏合剂制备的火药直接用于高温环境下的油井中，就可能会使气体发生剂发生提前分解，导致坐封失败。那么就需要寻求一种分解温度比较高的物质，经过大量的研究和对桥塞火药的分析，选择了耐温性能优良、黏度低、工艺、力学性能好的 HTPB 黏合剂。

（3）助燃剂。

由于氧化剂 Y 反应活性比较低，要保证本火药稳定燃烧，应选择一种耐热性能好但易燃烧，燃烧温度高，残渣较易清理的物质作为本火药的助燃剂。常用助燃剂有铝粉、钛粉、物质 D 等。铝粉、钛粉燃烧产物温度高，一被引燃持续燃烧性能好，且传热性能优越，燃点高，用于本火药中不利于改善火药起始燃烧温度，不利于控制燃烧反应速度，不利于改善本火药燃烧稳定性；物质 D 为非金属助燃剂，该物质比铝粉和钛粉燃点低，燃烧活性比氧化剂 Y 高，用于本火药中既能改善火药的火药感度，又利于控制该火药的燃烧速度。经查阅相关资料和燃烧试验对比，初步选定物质 D 作为本火药的助燃剂。

（4）其他添加剂。

主要包括高能添加剂、固化剂、增塑剂、防老剂、防潮剂、促进剂及燃速调节剂等。这些药剂主要是改善和提高气体发生剂某一方面的性能，来满足其相关方面的要求。

一般来说，在设计气体发生剂时，其氧平衡设在零或稍负，这样有利于气体发生剂的完全燃烧，降低燃烧残渣。

氧平衡的计算公式为

$$OB = \frac{[c-(2a+0.5b)] \times 16}{Mr} \tag{10-1}$$

在大量的关于火药组分配比分析工作中，研究重点考虑了氧含量、点火火焰感度、持续稳定输出燃气的能力、燃速、生产工艺性等因素，以确定桥塞火药配方。

使用定制的桥塞火药测试工装模拟工况环境，通过测量点火后的火药压力—时间曲线，进行火药坐封力与坐封时间的验证。试验结果证明了桥塞火药能够满足桥塞坐封使用要求。峰值压力可以根据施工需求调整，最大可达 100MPa。坐封试验装配示意图如图 10-18 所示。

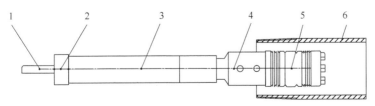

图 10-18　坐封试验装配示意图

1—发火线；2—桥塞坐封工具点火头；3—电缆桥塞坐封工具；4—桥塞连接组件；5—模拟桥塞；6—5½in 套管

按生产工艺环节对桥塞慢燃火药进行优化，并进行发火及测压试验。详细测压数据如图 10-19 至图 10-20 所示。

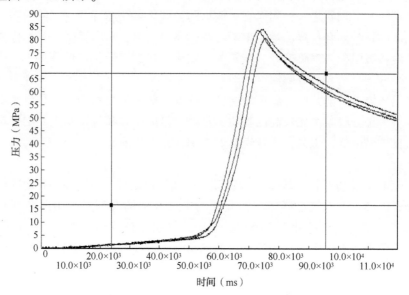

图 10-19　浇注工艺优化后测压曲线图

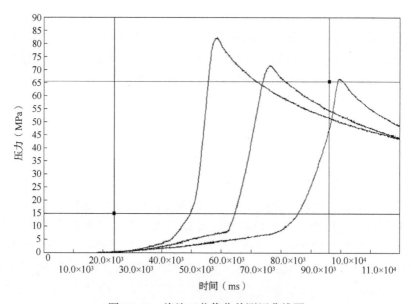

图 10-20　浇注工艺优化前测压曲线图

10.1.3.2　桥塞坐封工具研制

桥塞坐封工具主要用于配套桥塞慢燃火药，给桥塞火药提供安装接口，固定安装间距，确保火药正常引燃，同时提供火药燃烧的密闭容腔，并将火药压力转化为推力，作用在桥塞上。

为满足页岩气分射孔施工需求，研发了系列化的坐封工具，外径包括 54mm、70mm、83mmm、95mm、97mm，适合用于多种井况环境的工程应用。其中，耐压 140MPa，不受井压影响的电缆桥塞坐封工具的基本结构如图 10-21 所示。

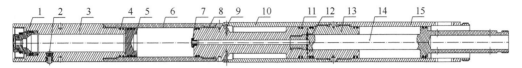

图 10-21　电缆桥塞坐封工具

1—点火组件；2—泄压组件；3—药筒外壳；4—"O"形圈；5—活塞；6—活塞筒；7—螺钉；8—中间接头；
9—弹性圆柱销；10—下活塞筒；11—"O"形圈；12—"O"形圈；13—下接头；14—活塞杆；15—推力筒

理论设计计算：

（1）桥塞慢燃火药压力要求。

根据综合考虑各处强度，产生推力的中间接头外径为 68.6mm，内径为 35mm，其产生 38T 推力所需要的火药压力计算如下。

中间接头面积：
$$S = \frac{3.14 \times (68^2 - 35^2)}{4} = 2668.21 \text{mm}^2 \tag{10-2}$$

火药所需压力：
$$p = \frac{380000}{2668.21} = 142 \text{MPa} \tag{10-3}$$

（2）耐压强度设计。

桥塞坐封工具在井下时会同时受到火药燃烧产生的压力及井内压力的影响，根据前面对火药燃烧产生的压力的要求，内压需要 142MPa，取 1.2 倍安全系数，即需要承受 180MPa 内压，此时工具的径向应力和轴向应力计算如下：

径向应力：
$$\sigma_r = \frac{p_{r_1}^2}{r_2^2 - r_1^2}\left(1 - \frac{r_2^2}{r_1^2}\right) = -213 \text{MPa} \tag{10-4}$$

轴向应力：
$$\sigma_\tau = \frac{p_{r_1}^2}{r_2^2 - r_1^2}\left(1 + \frac{r_2^2}{r_1^2}\right) = 810.46 \text{MPa} \tag{10-5}$$

均小于材料强度，所以活塞筒设计能满足耐压要求。

（3）抗拉强度设计。

本坐封工具最薄弱的环节在拉力轴的退刀槽处，其强度计算如下：

$$F = \sigma_b \times \frac{3.14 \times (d_2^2 - d_1^2)}{4} \times 0.833 = 943 \times \frac{3.14 \times (27.5^2 - 10^2)}{4} \times 0.833 = 404.67 \text{kN} \tag{10-6}$$

大于本工具所能产生的最大坐封力，满足要求。

10.1.3.3　复合桥塞研制

复合桥塞主要用于分簇射孔作业中，形成临时封堵，便于压裂。且材料应易于钻削（图 10-22）。

图 10-22　复合桥塞

复合桥塞主体材料为复合材料，通过电缆、连续油管或油管下入；依靠桥塞坐封工具实现坐封；完成压裂施工后，使用连续油管或油管钻除。由于使用特殊的材质加工成型，复合桥塞能在 30min 内钻除，且可承受 70MPa 的工作压差。

通过对复合桥塞进行理论计算，层间剪切试验、螺纹拉脱强度试验、桥塞坐封试验、耐压差试验、井下试验，产品工作可靠。

10.1.4　井下张力系统研制

电缆泵送桥射联作是非常规油气水平井体积压裂改造的一项重要工序，实时准确地掌握井下泵送管串的受力状况并及时调整泵送排量和电缆下放速度是保证作业成功和安全的关键。

目前，水平井电缆泵送作业主要依靠地滑轮张力计、盘缆器张力计等地面张力仪来测量电缆张力，受防喷器阻流管摩阻、下井电缆自重、电缆—井筒摩阻等影响，地面张力仪不能准确反映电缆头实际张力，且存在一定的延滞，根据地面张力间接反映的井下管串受力状态来控制泵送速度和排量，存在管串泵脱掉井或电缆打扭等风险。

电缆测井采用三参数测井仪测量缆头张力，但基本上只能配合多芯电缆使用，且不具备耐高频射孔冲击震动的能力，无法满足水平井电缆泵送桥射联作要求。

研发了可实时监测电缆头张力，并能将多参数信号通过单芯电缆上传至地面显示的井下张力系统，旨在为水平井电缆泵送桥射联作管串受力状态判断提供依据，为泵送作业提供可视化指导。

10.1.4.1　井下张力系统结构及技术指标

（1）井下张力系统设计要求。

泵送桥射联作普遍采用 8mm 单芯电缆，因此井下张力系统必须满足信号单芯传输要求。

张力系统的信号传输电路与射孔多级点火控制电路共用单芯电缆，在不需要射孔点火时，井下张力工具与射孔管串的点火电路必须实现有效隔断，避免误射孔。

水平井分段多、射孔簇数多，井下张力工具必须具备可靠的耐高频射孔冲击震动能力。

在冗余设计方面，必须考虑当处于电缆和射孔管串之间的井下张力工具异常时，射孔地面系统依然可以控制井下射孔管串的寻址检测和选发点火。

（2）系统结构。

井下张力系统包括地面系统和下井仪器，地面系统包括显示屏和控制面板，显示屏与控制面板采用 RS485 串口通信。下井仪器包括定位短节、张力短节和防爆隔离短节，防爆隔离短节连接桥射联作管串，控制面板通过单芯电缆分别与定位短节、张力短节和防爆隔离短节连接，定位短节、张力短节和防爆隔离短节的控制电路线路并联。

（3）技术指标（表 10-2）。

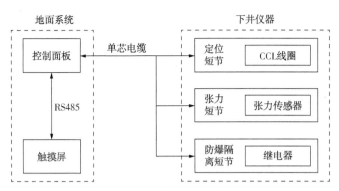

图 10-23 井下张力系统组成结构

表 10-2 井下张力系统性能指标

性能	指标	性能	指标
工作电压	显示屏：直流电 24V 控制面板：交流电 90~220V 下井仪器：直流电 30~50V	张力信号时效	实时显示及存储
		接箍测量精度	±10mm
		下井仪器耐温/耐压	150℃/140MPa
张力测量范围	−5000~5000kg	下井仪器抗震	1000g/10ms
张力测量精度	±5kg		

10.1.4.2 井下张力系统工作原理

（1）控制面板及显示屏。

控制面板由 CPU、电源电路、串口通信电路、指示灯、档位选择及按钮开关、应答检测电路、载波电路、DAC 电路和输出控制电路组成。电源电路将 220V 交流电压转换为 CPU 工作直流电压和单芯电缆工作及载波电压；串口通信电路用于控制面板与触摸屏通信，向触摸屏上传实时数据；指示灯用于指示当前控制面板的工作状态；档位选择及按钮开关为控制面板的输入部分，用于选择控制面板的工作模式及向电缆供电；应答检测电路用于解调下井仪器上传的应答数据；载波电路用于调制下发到下井仪器的控制命令；DAC 电路用于把张力短节和定位短节数据的模拟信号单独输出；输出控制电路用于切换定位短节模拟量输出口连接到 DAC 电路或直接连接到电缆，防止失效时妨碍井下其他作业。

显示屏为人机交互触摸屏，用于提供井下数据、图形显示和指令输入。控制面板通过单芯电缆给下井仪器发送工作指令，各功能短节获取的数据按照命令通过单芯电缆传至控制面板并显示在触摸屏上（图 10-24）。

（2）定位短节。

定位短节通过 CCL 线圈识别套管接箍并生成电信号，编码和上传至地面系统，控制面板转换为模拟信号输出至射孔地面系统，进行深度定位，其内部构成主要有 CPU、电源电路、检波电路、应答电路、省电电路、ADC 电路、冗余电路和 CCL 线圈。电源电路采用多级稳压结构，用于提供稳定可靠的低压电源；检波电路用于检测地面下发的载波信号，以脉冲方式输入给 CPU 处理；应答电路用于响应地面控制面板的指令，根据 CPU 的控制将应答信号调制到单芯电缆上供控制面板解调；省电电路用于在定位短节不需要工作时关闭除

CPU 外的其他电路电源；ADC 电路用于把定位短节的模拟信号转换为数字信号；冗余电路用于当不需要定位时，将定位短节 CCL 线圈感应到的信号通过单芯电缆传输至地面系统。

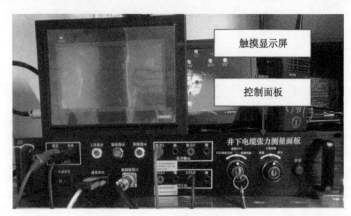

图 10-24 控制面板及显示屏

（3）张力短节。

包括 CPU、电源电路、检波电路、应答电路、省电电路、ADC 电路和张力传感器。电源电路、检波电路、应答电路功能原理同定位短节；省电电路用于在张力短节不需要工作时关闭除 CPU 外的其他电路电源；ADC 电路用于把张力传感器采集的模拟信号转换为数字信号（图 10-25）。

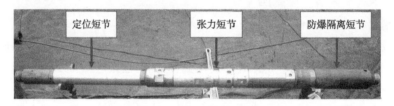

图 10-25 井下张力系统下井仪器串

张力短节实时监测井下管串上端的缆头张力变化，并将张力值通过单芯电缆传输到地面系统实时显示，系统控制张力信号与磁定位信号实现共缆传输兼容，传输速率不低于 50 帧/s。控制面板将张力数字信号转换为模拟信号输出至射孔地面系统，以张力跟踪曲线形式记录在施工资料中，并可与地面张力曲线进行实时对比，为施工提供综合参考。

张力短节内设计有浮动活塞式井压平衡机构，可有效消除井下压力、温度对张力测量数值的影响，确保张力测量精准、可靠。

（4）防爆隔离短节。

防爆隔离短节用于在单芯电缆和射孔枪之间进行安全隔离和导通，包括 CPU、电源电路、检波电路、应答电路、省电电路、雷管状态采集电路、ADC 电路、线缆控制电路。电源电路、检波电路、应答电路功能原理同定位短节和张力短节。省电电路用于在防爆隔离短节不需要工作时关闭除 CPU 外的其他电路电源；雷管状态采集电路是利用电阻分压的原理来实现采集和限流保护；ADC 电路用于把雷管状态采集电路采集的模拟信号转换为数字信号；线缆控制电路根据 CPU 发送的控制指令，通过单向可控硅和磁保持继电器控制单芯电缆与射孔枪之间的导通。

10.1.4.3 现场应用

目前，井下张力系统在长宁—威远页岩气及新疆玛湖页岩油区块的电缆泵送桥射联作中成功应用 50 余趟次。该系统耐温、耐压、抗射孔冲击等性能稳定可靠，有效地监测了泵送、桥塞坐封丢手、射孔等过程中的缆头张力变化，为电缆泵送桥射联作安全作业提供了有力保障。

（1）起下过程中的张力信号监测。

① 井下张力精度验证。

在 W202H15-5 井，井下张力短节下端依次连接防爆隔离短节、3 簇射孔枪串、桥塞工具及桥塞，井下张力短节下方管串的实际重量为 254kg，根据管串外径及长度计算出管串在水中浮力等效重量约为 55kg。桥射联作管串起入防喷管，井下张力为 250~251kg；开井前向防喷管内逐渐打背压 5MPa、18MPa、30MPa、52MPa，井下张力值在 197~198kg 波动，与管串在空气中的悬重及浮力等效重量差值 199kg 基本接近，证明井下张力短节精度高。

② 泵送起下过程井下张力监测。

图 10-26 为 W204H50-4 井第 24 段泵送起下过程中的井下张力（上部）及磁定位信号（下部）曲线，上起时井下张力在 3567~3586m 有较大波动，最大值 330kg（对应井深 3584m）；下放时在 3566~3572m 有较大波动，最大值 310kg（对应井深 3580m）。该井其余段泵送桥射联作过程中，井下张力均在该深度有较大突变，分析原因为该井深位置狗腿度较大（8.3°/25m）引起的，管串通过时有一定的挠曲变形，张力短节的张力传感器受到弯曲拉伸或压缩，张力值发生突变。

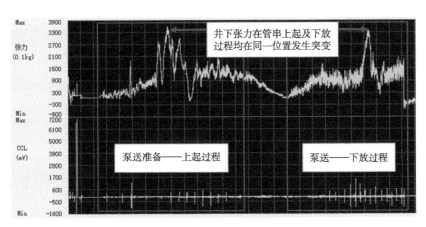

图 10-26 泵送起下过程井下张力变化及磁定位信号

（2）桥塞坐封及射孔张力信号监测。

从图 10-27 与图 10-28 桥塞坐封过程监测信号来看，在卡瓦破裂、桥塞坐封、桥塞丢手等过程节点，井下张力和磁定位信号均有明显的响应。

从图 10-29 多簇射孔过程监测信号来看，射孔瞬间井下张力和磁定位信号有明显突变，说明点火射孔成功。由于井口为密闭的，射孔产生的爆炸冲击波经井筒内液体传递至井口发生反射再传回井底，井筒套压产生激荡，引起井下张力波动，射孔后的套压波动在一些文献中的套压监测曲线上可以得到证实。对应地，反射的射孔冲击波传至井下管串时，磁定位信号变化清晰地反映出管串有一定的位移，井下张力及磁定位信号波动幅值随时间推移逐渐减弱，但波动周期基本不变。

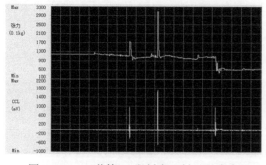 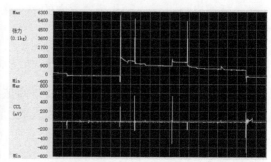

图 10-27　X 井第 18 段桥塞坐封过程张力及磁定位信号　　　　图 10-28　Y 井第 15 段桥塞坐封过程张力及磁定位信号

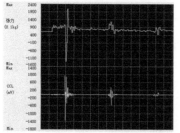 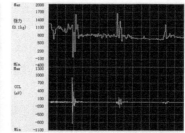 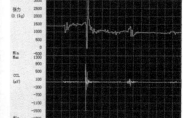

图 10-29　X 井第 18 段 3 簇射孔过程张力及磁定位信号

应用证明井下张力系统的张力及磁定位识别具有高灵敏度，可以准确记录桥塞坐封及射孔过程张力及 CCL 信号，为点火成功提供判断依据，可代替传统的通过触摸电缆、井口感觉震动或采用射孔震动监测仪等判断方法。

（3）在静止起动泵送中的应用。

为保证上倾井桥射联作安全，一般先泵送坐封桥塞，再上起一定距离采取静止起动泵送完成多簇射孔，该工艺的关键在于临界起动的判断，由于初始阶段管串速度慢（200～500m/h），CCL 线圈磁感应变化小，传统的无源磁定位器难以识别套管接箍，深度定位容易出错，且地面张力有明显延迟，难以判断管串起动状态，为此，在上倾井静止起动泵送中引入井下张力系统。

上倾井 N209H2-1 井第 21 段桥塞坐封后，上起 110m（10 根套管接箍）开始静止起动泵送，井下张力及磁定位信号如图 10-30 所示。起泵后，随着排量增加，井下张力逐渐上升，现场对比发现地面张力明显延滞 3～5s，同时在管串起动阶段（管串速度 300m/h），井下张力系统的有源磁定位器识别出接箍，井下张力及接箍信号清晰显示管串开始加速运动，然后逐渐增大排量和调整绞车电缆下放速度，安全完成静止起动泵送。

10.1.4.4　结论

（1）现场应用表明，井下张力系统的耐温、耐压、抗射孔冲击、安全隔离等性能稳定可靠，现场维护保养操作简单。

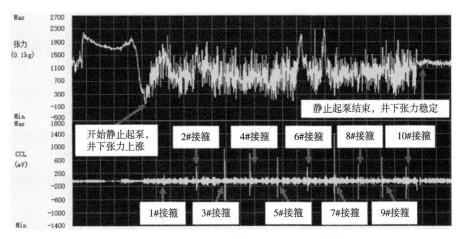

图 10-30 静止起动泵送井下张力及磁定位信号

（2）可准确记录桥塞坐封丢手及射孔过程中的张力及磁定位变化信号，可为点火成功提供确认参考，可代替射孔震动监测仪的功能。

（3）井下张力系统具有高灵敏度的张力及磁定位识别功能，能为电缆泵送桥射联作提供准确的井下管串状态监测信息，尤其是为上倾井静止起动泵送临界起动状态的判断提供准确参考。

10.2 非常规油气藏水平井连油分簇射孔方法

在页岩气水平井复合桥塞分段水力压裂改造过程中，第一段射孔一般需要使用连续油管进行多簇射孔，第一层压裂完成后，井筒内有流通通道，才能进行水平井泵送电缆分簇射孔作业。

另外，我国的页岩油气藏地质条件具有地下结构复杂，褶皱强烈，储层埋藏深等特点，而且由于水平井钻井技术的提高，井内水平段不断加长，部分井深已经突破 5000m。部分页岩气井存在井筒狗腿度大、井眼轨迹上倾等不利因素，而且随着体积压裂段数的不断增多，井内套管出现变形、套管破损或井筒内有沉沙等一系列的复杂情况，导致电缆泵送分簇射孔泵送困难、管串遇阻或遇卡等情况产生，往往需要具备更大输送能力和处理能力的连续油管才能满足需求。

连续油管输送分簇射孔系统，凭借连续油管更强大的输送能力，能应对以下井况实现分簇射孔施工：（1）无液体流通通道，不能泵送的井；（2）泵送压力过高的井；（3）井内杂质多，泵送困难的井；（4）套管变形，泵送遇阻的井。该项目依靠航天火工技术中的隔板传爆技术与延时起爆技术为基础，开发了一套可多次点火射孔的连续油管分簇射孔系统，通过输送能力强的连续油管一趟管柱下井、一次加压起爆、射孔枪逐级延时起爆，实现了多簇射孔。该技术大幅提高施工时效，降低作业成本，提高了作业安全性，满足水平井分簇射孔中一系列的复杂工程需求，为页岩气等非常规油气藏高效开发提供技术支撑。

其管柱结构如图 10-31 所示。

图 10-31　连续油管多级射孔系统井下管串

1—连续油管；2—卡瓦连接头；3—旋转短节；4—双板阀；5—液压释放装置；

6—压力开孔起爆器；7—射孔枪；8—隔板延时起爆装置

连续油管分簇射孔系统的井下工具串通过连续油管输送到目的层，管柱下放到指定位置后，加压撞击起爆，引爆导爆索，激发射孔弹实现第一级射孔。此后，隔板传爆装置接收爆轰波，传爆点燃延期起爆管，同时隔绝井液确保延时火药稳定燃烧。连续油管上提到上一射孔目标层位，延时时间结束，自动起爆第二支射孔枪。依次上提完成各簇射孔，最终实现连续油管分簇射孔作业。

10.2.1　隔板延时起爆技术研制

隔板延时起爆装置用于连续油管多级射孔作业中，装在上、下两级射孔枪之间，本装置包括隔板传爆装置与延时起爆装置两部分。

作业时井口环空加压引爆尾部压力起爆装置及下一级射孔枪，下一级射孔枪顶部导爆索、传爆管引爆本装置内部的隔板传爆装置，爆轰转燃烧引燃延期起爆管，进入延时阶段。延时期间，可完成上提管柱等预定操作，至延时时间结束，延期起爆管引爆上一级射孔枪。其基本结构图如图 10-32 所示。

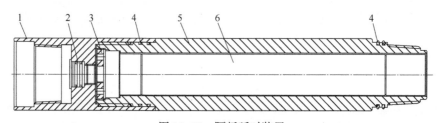

图 10-32　隔板延时装置

1—传爆壳体；2—隔板组件；3—压环；4—"O"形圈；5—下接头；6—延期起爆管

其中，隔板组件所需要的隔板传爆技术是关键技术之一，射孔枪射孔后，井液将进入管柱内，如果不进行隔板传爆设计，较大的井液压力将使延时火药无法工作。

以军用隔板点火器结构为设计基础，本项目通过变隔板厚度法及变药量法两个角度出发开展了隔板点火器设计，并开展了传爆可靠性、点火可靠性、隔板厚度裕度等验证试验，最终在受主装药可靠起爆与隔板可靠完整之间寻求到最优值。

10.2.2　压力开孔起爆装置

国内多数服务公司均将常规的油管输送射孔起爆装置，直接用于页岩气水平井连续油管输送射孔作业。其起爆装置结构如图 10-33 和图 10-34 所示。

图 10-33 压力起爆装置

图 10-34 压力开孔起爆装置

该类点火头是常用的油管传输射孔压力(开孔)起爆装置,在下管柱的过程中,起爆装置处受到静水压力和波动压力作用,页岩气井连续油管施工时,井口压力可能高达30~50MPa,频繁施工存在一定风险。

本项目通过结构设计,开发了一种新的压力开孔起爆装置,用于连接在连续油管分簇射孔作业管柱中,替换原有的压力起爆装置、压力开孔起爆装置,实现引爆第一级射孔枪,随后依靠隔板延时起爆装置实现多级射孔枪的起爆。该压力起爆装置的工作原理如图10-35 所示。

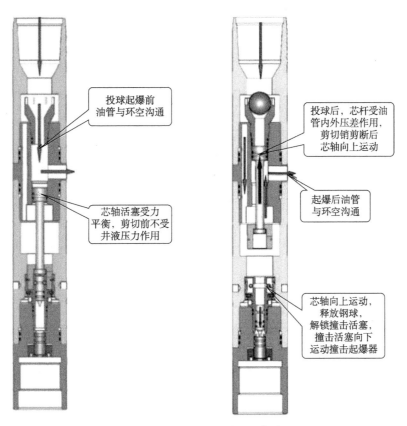

图 10-35 投球压力起爆装置工作流程图

本装置的工作流程设计为:井口投球,泵球到位,加压芯杆上行,解锁撞击活塞,井下压力推动撞击活塞下行,撞击起爆器。

基于投球压力起爆装置的连续油管分簇射孔技术,通过隔板延时装置实现多次射孔,其具有以下特点。

（1）投球压力起爆装置在投球前的下井作业时，连续油管内与套管沟通，可随时循环冲洗井或使用水力振荡器驱动协助连续油管下放。

（2）投球压力起爆装置在投球前的下井作业时，撞针由锁定机构锁死，芯杆不受井下压力作用，整个起爆装置不受井压影响，安全性得到极大提高。

（3）投球后，芯杆受压差作用，剪切值等同于井口加压值，剪切值设计不受井压影响，可设计到较低值，降低对连续油管使用寿命的损耗。

（4）投球加压后，芯杆上行到位，再次实现连续油管内与套管沟通，可随时循环冲洗井或使用水力振荡器驱动连续油管上提下放。

本装置可进行首段分簇射孔施工，更适用于套变井段的分簇射孔施工，理论上可连接无限级射孔枪，实际受连续油管防喷系统长度所限。利用连续油管较强的传输能力和异常井况的通过性能，可进行第一层的分簇射孔施工，也可在套变发生时，在高井口压力状态下进行分簇射孔。

10.2.3 套变井应用实例

10.2.3.1 长宁 XX 井井况

长宁 XX 井为四川盆地的一口页岩气水平井，该井人工井底为 4413.00m，完钻垂深为 2964.74m，水平段长度约为 1493.00m，最大井斜为 84.86°，井底温度为 85.93℃，采用 5.5in 套管完井，油层套管壁厚 12.7mm，完钻层位龙马溪组。

在桥射联作施工第十二段过程中，泵送 73mm 桥射联作三簇射孔枪串+88mm 桥塞在 3693.95m 处遇阻，上提无挂卡。在提高排量重新泵送后，仍在同一个位置处遇阻。此处套管变形严重，决定将套变位置以下射孔层位合并为 4 簇射孔，改用连续油管输送 4 簇 73mm 射孔工具串继续施工，此时井口压力为 30MPa。

10.2.3.2 更改设计后射孔器材参数

射孔位置（3697.90~3698.90m；3719.00~3720.00m；3744.00~3745.00m；3769.00~3770.00m）采用连续油管输送射孔，一次下井完成 4 簇射孔，油管内投球正加压点火方式。

10.2.3.3 连续油管输送工具串结构

工具串结构自上而下：投球压力开孔装置（73mm）+上接头+射孔枪（1）+下接头+多级延时起爆装置（73mm）+上接头+射孔枪（2）+下接头+多级延时起爆装置（73mm）+上接头+射孔枪（3）+下接头+多级延时起爆装置（73mm）+上接头+射孔枪（4）+炮尾（73mm）。

10.2.3.4 加压起爆值设计

由于该井目的层井温在 85.93℃，剪切销材料受温度影响强度降低 7.5% 左右，单颗剪切销最小值为 2.75MPa。附加安全压力值为 20MPa，计算出销钉数量为 7 个，井口起爆最小压力值为 19.25MPa。

该井起爆压力在 25MPa 左右，4 簇射孔枪均正常引爆，射孔发射率百分之百。

10.2.3.5 施工应用结果

在井口高压和井内套变的情况下，在长宁 xx 平台应用了 4 段，均顺利完成分簇射孔作业。

10.3　非常规油气藏水平井分簇 3D 射孔技术

页岩气等非常规油气储藏渗透率低，渗流阻力大，连通性差，不经过压裂酸化改造很难满足工业开采要求。射孔已不再是提高产能的最终手段，而是压裂酸化前的一个预处理过程。为此，该项目依靠已有的聚能射流技术研发平台，针对非常规油气储藏压裂酸化的改造需求，分别研究了等孔径射孔技术、定向分簇射孔系统和定面分簇射孔系统。

10.3.1　等孔径射孔技术研究

在水平井或者其他原因造成的偏心射孔时，普通射孔器射孔后套管孔径和底层孔眼穿深不均匀。偏心射孔后的孔眼不均匀对后续压裂裂缝起裂及延伸影响较大，射孔后孔眼越不均匀后续各孔道破裂压力差越大，则导致部分孔眼未能正常压裂或者裂缝非均匀延伸，升压效率低，裂缝口狭窄的易出现砂堵风险，如图 10-36 至图 10-38 所示。

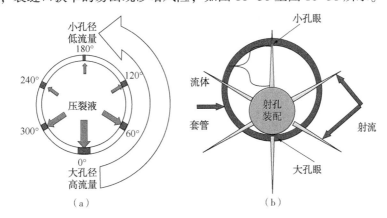

图 10-36　常规射孔弹穿孔效果

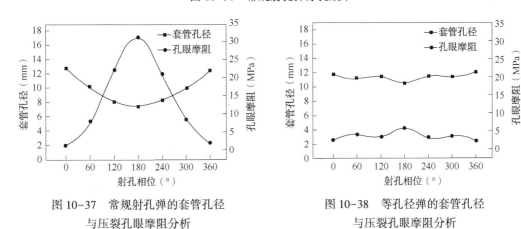

图 10-37　常规射孔弹的套管孔径　　　图 10-38　等孔径弹的套管孔径
　　与压裂孔眼摩阻分析　　　　　　　　与压裂孔眼摩阻分析

为解决了射孔孔道不均匀的问题，需研制等孔径射孔弹。通常情况下，射孔弹的穿孔深度越深，穿孔孔径就越小；反之，穿孔孔径越大，穿孔深度就越浅。因此，国内外的深穿透射孔弹的穿孔孔径都较小，而大孔径射孔弹的穿深都较浅。要同时实现大孔和超深穿透的设计目标，就需要提高并合理分配射孔弹的有效能量。

等孔径射孔弹的实现方式，主要是通过结构设计，控制聚能射流的成形过程，从而使得各个方向的射流形成同等直径大小的孔道(图 10-39)。

射孔弹设计包括药型罩、弹壳和装药设计三个方面，这三个方面相互影响，需综合考虑、协调。先用数值仿真对弹结构进行初步优化，再用 X 闪光照相技术检测射流形态，以实测射流数据修正仿真模型，最后通过正交试验对仿真得出的各参数作进一步优化，确定了射孔弹的最佳结构状态(图 10-40)。

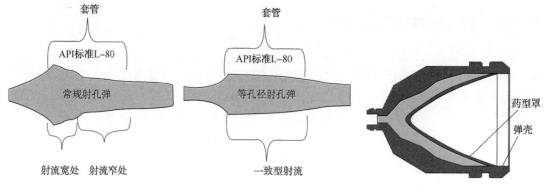

图 10-39　等孔径射孔弹射流特点　　　　图 10-40　射孔弹结构

在完成药型罩、装药及弹壳的初步设计后，为快速验证设计的合理性，并对初步设计进行优化，进行了计算机数值仿真。根据计算结果调整了弹壳和药型罩的结构。

用实际计算程序，模拟射孔弹从炸药起爆到射流形成、再到侵彻完毕的真实作用过程。分析了射流的状态，包括射流的头部速度、速度分布、能量分布、质量分布、半径分布、侵彻孔径、侵彻过程的能量消耗等(图 10-41)。

以数值仿真优化结构为基础，选择药型罩的质量、配方、结构及弹壳内腔结构这 4 个因素进行正交试验设计，每个因素均取 3 个水平，正交试验中每种因素水平试验 3 发，模拟使用状态进行混凝土靶射孔试验，炸高、枪管厚度、间隙、套管厚度与使用状态相同。经正交试验优化后，确定了各项工艺参数。采用高速摄影 X 光机拍摄等孔径射孔弹的射流作用过程，验证了射流为一致型射流(图 10-42)。

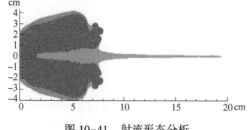

图 10-41　射流形态分析

图 10-42　高速 X 光机拍摄验证射流形状

经过比较，射孔弹作用过程的 X 光照片与计算的结果在各个时刻基本符合，可用于指导等孔径射孔弹的优化设计。

完成上述优化设计后，与常规大孔径射孔弹进行了环状混泥土靶的打靶验证，验证结果如图 10-43 所示。

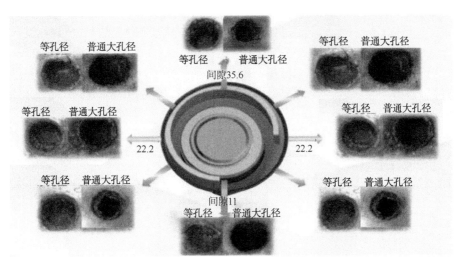

图 10-43　等孔径射孔弹与常规大孔径射孔打靶对比图

通过以上理论设计、计算、数值模拟，打靶试验，解决了偏心带来的射孔孔道不均匀的难题，89 等孔径射孔弹在 5.5in 套管中，实现了以下技术指标（表 10-3）。

表 10-3　89 等孔径射孔弹技术指标

射孔弹型号	装药量（g）	套管外径（in）	平均孔径（mm）	穿深（mm）	最大偏差（%）
89 等孔径射孔弹（深穿透型）	25	5½	12.2	947	6
89 等孔径射孔弹（大孔深穿透型）	25	5½	14.8	621	8

在长宁页岩气区块下井应用时，与常规 89 弹进行对比试验，取同一地层相邻层段压裂曲线对比，如图 10-44 和图 10-45 所示。

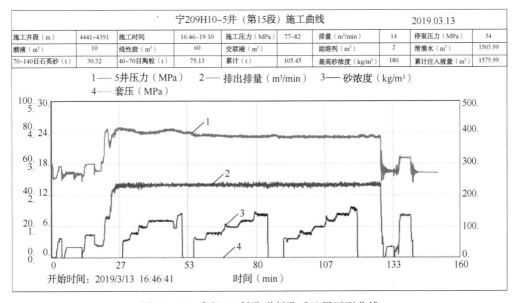

图 10-44　常规 89 射孔弹射孔后地层压裂曲线

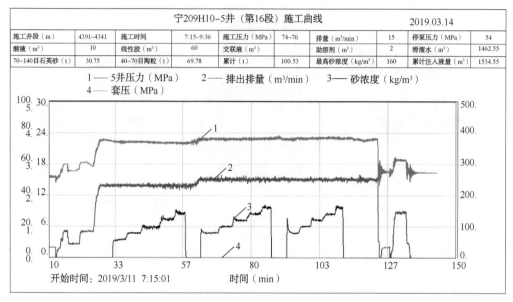

<table>
<tr><td colspan="11" align="center">宁209H10-5井（第16段）施工曲线</td><td colspan="2" align="right">2019.03.14</td></tr>
</table>

施工井段（m）	4391~4341	施工时间	7:15~9:36	施工压力（MPa）	74~76	排量（m³/min）	15	停泵压力（MPa）	54
酸液（m³）	10	线性胶（m³）	60	交联液（m³）		助溶剂（m³）	2	滑溜水（m³）	1462.55
70~140目石英砂（t）	30.75	40~70目陶粒（t）	69.78	累计（t）	100.53	最高砂浓度（kg/m³）	160	累计注入液量（m³）	1534.55

1 —— 5井压力（MPa）　　2 —— 排出排量（m³/min）　　3 —— 砂浓度（kg/m³）
4 —— 套压（MPa）

开始时间：2019/3/11 7:15:01　　　　时间（min）

图 10-45　等孔径 89 射孔弹射孔后地层压裂曲线

通过实际作业对比，在该井的各层段施工时，大孔等孔径射孔弹有效降低了 3~9MPa 的压裂压力，大大降低了压裂施工的成本。

10.3.2　定向分簇射孔系统研究

在水平井钻探过程中，钻井井眼轨迹时有穿越储层上方或下方，为了取得更好的油气井开发效果，除了分簇射孔之外，还需要考虑射孔方向性，使得后续改造作业发力于有效储层(图 10-46)。

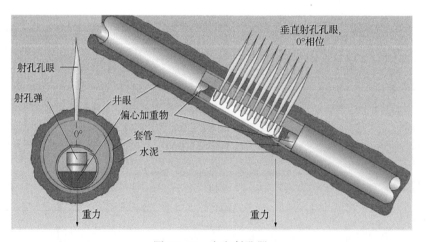

图 10-46　定向射孔器

水平井定向分簇射孔系统是在水平井电缆输送射孔作业时，依靠重力内定向的方式实现根据要求指定射孔方位的一种分簇射孔技术。系统依靠结构设计，实现了自身重力内定向的射孔器，并与电子选发分簇射孔系统兼容，能够实现在线检测、可靠寻址、选发定向射孔、射孔后簇间密封等功能。主要管柱结构如图 10-47 所示。

图 10-47　水平井定向分簇射孔系统结构

本系统的技术关键在于定向分簇射孔枪，通过弹架内增加偏心配重，配以滚珠轴承的方式，由于重力和支持力之间存在着偏转角，在合力矩的作用下，弹架组件会继续转动，直至配重块位于下方，系统达到平衡，实现了射孔弹在枪身内自动定向，符合定向压裂施工的需求(图 10-48)。

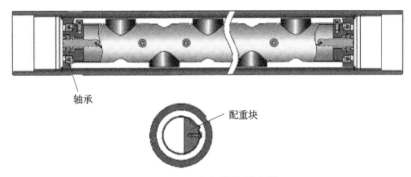

图 10-48　定向分簇射孔器

方位角计算：

假设配重块重心距弹架圆心的距离为 a，射孔弹重心距弹架圆心的距离为 b，轴承的半径为 r。当弹架受到干扰，弹架旋转了角度为 φ 时，配重块对弹架中心轴的力矩 T_1 为

$$T_1 = Mga\sin(\varphi) \tag{10-7}$$

射孔弹对弹架中心轴的力矩 T_2：

$$T_2 = [Mgb\cos(\varphi)] + [Mgb\cos(\Omega+\varphi)][Mgb\cos(\Omega-\varphi)] + Mgb\cos(\varphi)N \tag{10-8}$$

摩擦力对弹架中心轴的力矩：
$$T_3 = -fr \tag{10-9}$$

则弹架受到对轴心的总力矩：
$$T = T_1 + T_2 + T_3 \tag{10-10}$$

假设弹架的惯性矩为 J，弹架角加速度 β 为

$$\beta = \frac{T}{J} = Mga\sin(\varphi) + [-Mgb\cos(\Omega-\varphi)] + Mgb\cos(\Omega-\varphi)]N - f\frac{r}{J} \tag{10-11}$$

使用该定向分簇射孔器完成了焦页××井的 7 层多级定向射孔作业的准备工作与施工作业。根据该井分段压裂设计，设计射孔 20 段 51 簇。第 8~11、第 18~20 段为定向射孔(0°、60°、120°、180°四相位)，其余井段采用螺旋射孔。该井水平段穿行示意图与现场作业照片如图 10-49、图 10-50 所示。

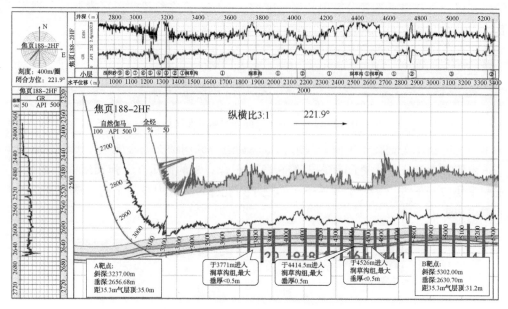

图 10-49　焦页××井水平段穿行示意图

图 10-50　定向分簇射孔系统应用现场

10.3.3　定面分簇射孔系统研究

采用定面射孔技术，使用体积压裂增产时，可在形成一条或多条主裂纹的同时，使天然裂缝不断扩展和脆性岩石产生剪切滑移，实现对天然裂纹、岩石层理的沟通，以及在主裂纹的侧向强制形成次生裂缝，并在次生裂缝上继续分支形成二级次生裂缝，以此形成天然裂缝与人工裂缝相互交错的裂缝网络，从而进行渗流的有效储层打碎，实现对储层的改造，增大射流面积及导流能力，提高采收率（图 10-51）。

定面等孔径射孔器采用等孔径射孔弹及特殊布弹方式，射孔后，在垂直于套管轴向同一横截面的内壁圆周上形成多个孔眼，圆周上多个孔眼排布可形成沿井筒横向的应力集中，能够有效控制裂缝走向，降低地层破裂压力。压裂时的裂缝走向沿井筒横向扩展，避免段与段之间压裂裂缝的交叉串通，提高缝网系统的完善程度，提高产能(图10-52)。

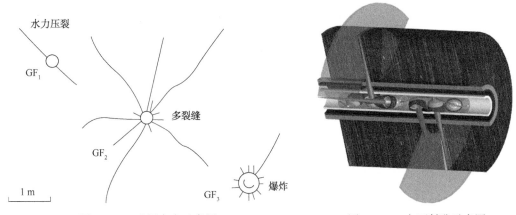

图 10-51 地层应力示意图　　　　图 10-52 定面射孔示意图

根据储层的自然裂隙面、节理面、地应力分布面或人工预定压裂面进行定面射孔，在井筒附近三维空间范围内，通过不同射孔孔眼平面排布方式与预定的压裂面相匹配形成应力集中，不仅能显著提高压裂效率，而且可有效控制裂缝走向，促进缝网系统的完善程度，提高产能。

定面射孔技术采用深穿透或大孔径射孔弹及特殊布弹方式，依据压裂裂缝方位要求，射孔后可形成：

(1)垂直于井筒横截面的套管内壁上的多个等孔径的孔眼，孔眼处于同一平面上，平面与井筒垂直；

(2)与井筒轴向处于一定夹角的套管截面内壁上的多个等孔径的孔眼，孔眼处于同一平面上，平面与井筒可根据需要成任意夹角；

(3)平行于井筒轴向同一截面的套管内壁上的多个等孔径的孔眼，孔眼处于同一平面上，平面与井筒平行。

三种状态下，射孔孔眼都处于同一平面上，形成了应力集中。水力压裂时，压裂裂缝优先从该平面上起裂并向平面延伸方向向外扩展(图10-53)。

经过分析可得优化体积压裂时，裂缝内静压(宏观的描述可以理解为射孔后各孔道的压力值差值及压力损失)是关键的优化参数。

射孔孔眼平面　　　　射孔孔眼平面与　　　　射孔孔眼平面
与井筒垂直　　　　井筒可成任意夹角　　　　与井筒平行

图 10-53 定面射孔技术的孔眼状态

　　射孔后孔眼不均匀导致各孔道破裂压力差大,压裂过程中压力大的孔道先达到地层起裂压力;压力小的孔道达不到地层起裂压力,不能正常压裂或者裂缝非均匀延伸,严重影响射孔后各孔道的压力值差值及压力损失,进而影响压裂效果。

　　在完成初步的结构设计后,进行了计算机数值仿真(图10-54至图10-56)。

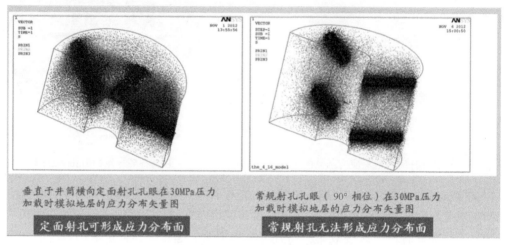

垂直于井筒横向定面射孔孔眼在30MPa压力　　　　常规射孔孔眼(90°相位)在30MPa压力
加载时模拟地层的应力分布矢量图　　　　　　　加载时模拟地层的应力分布矢量图

定面射孔可形成应力分布面　　　**常规射孔无法形成应力分布面**

图10-54　地层应力分布模拟图

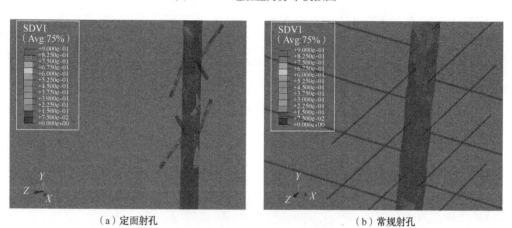

(a)定面射孔　　　　　　　　　　　(b)常规射孔

图10-55　地层起裂压力模拟图

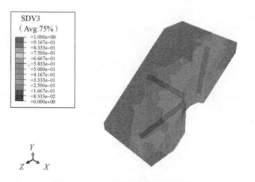

图10-56　地层融合模拟图

通过射孔定型试验，对设计方案和数值仿真模型参数进行确认并定型(图 10-57 至图 10-59)。

图 10-57　定面射孔器弹架排布图

图 10-58　射孔后的定面射孔器

图 10-59　射孔后的套管

参 考 文 献

［1］Schardin H. Development of the Shaped Charge［M］. Wehrtechnische Hefie, 1954

［2］Birkhoff G, MacDougall D, Pugh E. Explosives With Lined Cavities［J］. Journal of Applied Physics, 1948, 19(6): 563-582.

［3］Pugh E, Eichelberger R, Rostoker N. Theory of Jet Formation by Charges with Lined Conical Cavities［J］. Journal of Applics Physics, 1952, 23(2): 532-536.

［4］Curtis J P, Kelly R J. Circular Streamline Model of Shaped Charge Jet and Slug Formation with Asymmetry ［J］. Journal of Applied Physics, 1994, 75(12): 7700-7709.

［5］Maysless M, et al. Jet Tip and Appendix Characteristics Dependence on Liner Thickness in 60o Point Initiated Shaped Charge［J］. 17thISB, 1998, 2-187-196.

［6］Curtis J P, Cornish R Formation Model for Shaped Charge Liners Comprising Multiple Layers of Different Materials［J］. 18thISB, 1999, 456-458.

［7］Lee W H. Oil Well Perforator Design Using 2D Eulerian Code［J］. International Journal of Impact Engineering, 2002, 27: 535-559.

［8］张奇, 张若京. ALE 方法在爆炸数值模拟中的应用［J］. 力学季刊, 2005, 26(4): 639-642.

［9］纪国剑. 聚能装药形成射流的仿真计算与理论研究［D］. 南京: 南京理工大学, 2004.

［10］韩秀清, 曹丽娜. 聚能射流形成及破甲过程的数值模拟分析［J］. 科学技术与工程, 2009, 9(23): 6960-6964.

［11］Cole R H. Underwater Explosion［M］. New Jerwey: LISA, Princeton University Press, 1948.

［12］Cole R H. 水下爆炸［M］. 罗耀杰译. 北京: 国防工业出版社, 1965.

［13］Takahashi K, Murata K, Torri A, et al. Enhancement of Underwater Shock Wave by Metal Confinement ［C］//Proceedings of 12th International Detonation Symposium. San Diego, 2002: 466-474.

［14］Akio Kira. Underwater Explosion of Spherical Explosive［J］. Journal of Materials Proceeding Technology, 1999: 64-85.

［15］Slifko J B. Pressure-Pulse Characteristics of Deep Explosions as Functions of Depth and Range［J］. AD-661804, 1967.

［16］王中黔. 水下爆破文集［M］. 北京: 人民交通出版社, 1980.

［17］Zamshlyae B V. Pressure Fields during Underwater Explosion in a Free Fluid［J］. Dynamic Loads in Underwater Explosion, 1973, 7(2): 86-120.

［18］任新见, 汪剑辉. 集团装药浅层水中爆炸数值模拟技术［J］. 西部挖矿工程, 2005, 20: 125-127.

［19］Jun Liu, Xiaoqiang Guo, Qingyou Liu, et al. Pressure Field Investigation into Oil&Gas Wellbore During Perforating Shaped Charge Explosion［J］. Journal of Petroleum Science and Engineering, 2019, 172: 1235-1247.

［20］Vos Bart E, Reiber Frank. The Benefits of Monitoring Torque & Drag in Real Time［A］. IADC/SPE 62784, 2000: 9.

［21］冉竞. 大斜度井压裂酸化中的井下工具［J］. 钻采工艺, 1990(2): 70-73.

［22］赵俊平, 苏义脑. 钻具组合通过能力模式及其分析［J］. 石油钻采工艺, 1993(5): 1-6.

［23］狄勤丰, 余志清. 动力钻具通过能力计算模式及其分析［J］. 断块油气田, 1996(4): 40-43, 48.

［24］陈祖锡, 唐雪平, 高志强. 中短半径造斜螺杆钻具在套管内的通过度［J］. 钻采工艺, 1999(6): 7-10.

［25］卫增杰, 付建红, 刘永辉, 曾文广. 中短半径双弯螺杆钻具在套管内的通过能力分析［J］. 断块油

气田，2005(1)：68-70，93.

[26] 王艳红. 水平井完井管柱可下入性分析研究[D]. 青岛：中国石油大学(华东)，2008.

[27] 朱秀星，薛世峰，仝兴华. 水平井射孔与桥塞联作管串泵送参数控制方法[J]. 石油勘探与开发，2013，40(3)：371-376.

[28] 冯定，施雷，夏成宇，张红，涂忆柳. 定向井的多层分注管柱串通过性分析[J]. 西南石油大学学报(自然科学版)，2016，38(3)：162-169.

[29] 柳军，黄祥，杨登波，等. 电缆泵送分簇射孔管串井筒通过能力分析新模型[J]. 石油学报，2021，42(2)：201-225.

[30] Lubinski A. Study of the Buckling of Rotary Drilling String[J]. Drill and Production Practice, 1953：178-214.

[31] Timoshenko S P, Gere J M. Theory of Elastic Stability[M]. New York City：McGraw Hill Book Co inc. Second edition, 2009.

[32] Paslay P R, Bogy D B. The Stability of a Circular Rod Laterally Constrained to be in Contact with an Inclined Circular Cylinder[J]. ASME Journal Applied Mechanics, 1964, 31：605-610.

[33] Godfrey W K, Methven N E. Casing Damage Caused by Jet Perforating[J]. SPE1970 3043：1-6.

[34] Mitchell R F. Buckling Behavior of Well Tubing：the Packer Effect[J]. SPEJ, 1982, 22(5)：616-624.

[35] Sorenson K G. Post – Buckling Behavior of Circular Rod Constrained within a Circular Cylinder[J]. Transition of ASME, J. APP. Meeh, 1986, 53(3)：929-934.

[36] King G. E. The Effect of High-Density Perforating on the Mechanical Crush Resistance of Casing[J]. 1989, SPE18843：215-221.

[37] Mitchell R F. Effects of Well Deviation on Helical Buckling[J]. SPE Drilling and Completion, 1996, 12(1)：63-69.

[38] Miska S, Qiu W. Y, Volk. L. An Improved Analysis of Axial Force Along Coiled Tubing in Inclined/Horizontal Wellbores[C]. SPE 37056, 1996.

[39] Sampaio R, Piovan M T, Venero Lozano G. Coupled Axial/Torsional Vibrations of Drill-strings by Means of Non-linear Model[J]. Mechanics Research Communications, 2007, 34：497-502.

[40] Ritto T G, Soize C, Sampaio R. Non-Linear Dynamics of a Drill-String with Uncertain Model of the Bit-Rock Interaction[J]. International Journal of Non-Linear Mechanics, 2009, 44：865-876.

[41] Gulyayev V I, Borshch O I. Free Vibration of Drill Strings in Hyper Deep Vertical Bore-Wells[J]. Journal of Petroleum Science and Engineering, 2011, 78：759-764.

[42] Marcin Kapitaniak, Vahid Vaziri Hamaneh, Joseph Paez Chavez, et al. Unveiling Complexity of Drill-String Vibrations：Experiments and Modelling[J]. International Journal of Mechanical Sciences, 2015, 101-102：324-337.

[43] 李子丰，李敬元，马兴瑞，等. 油气井管柱动力学基本方程及应用[J]. 石油学报，1999，20(3)：87-90.

[44] 刘峰，王鑫伟，等. 曲率井中有重钻柱曲屈的非线性有限元分析[J]. 力学学报，2005，37(5)：593-598.

[45] 练章华，林铁军，刘健，等. 水平井完井管柱力学-数学模型建立[J]. 天然气工业，2006，26(7)：61-64.

[46] 嵇国红. 完井管柱力学分析及工程应用[J]. 油气井测试，2011，20(6)：4-7.

[47] 练章华，张颖，赵旭，等. 水平井多级压裂管柱力学、数学模型的建立与应用[J]. 钻井工程，2015，35(1)：85-91.

[48] 董永辉，况雨春，伍开松，等. 弯曲井眼中钻柱曲屈的非线性有限元分析[J]. 石油机械，2008，36（4）：25-27.

[49] 庞东晓，刘清友，孟庆华，等. 三维弯曲井眼钻柱接触非线性问题求解方法[J]. 石油学报，2009，30（1）：121-124.

[50] 孟庆华，刘清友，庞东晓. 气体钻井中接触非线性问题的数值算法研究[J]. 应用力学学报，2010，27（1）：90-95.

[51] 黄云，刘清友，赵华，等. 一种基于能量法的三维弯曲井眼管柱力学模型研究[J]. 钻采工艺，2012，35（5）：80-82.

[52] 甘立飞. 直井与曲井内管柱非线性稳定性研究[D]. 南京：南京航空航天大学，2008.

[53] 李钦道，谢光平，张娟. 井内有流体时管柱弯曲临界力分析-封隔器管柱受力分析系统讨论之一[J]. 钻采工艺，2001，24（4）：44-46.

[54] 李钦道，谢光平，张娟. "虚力"产生的原因及特点分析-封隔器管柱受力分析系统讨论之二[J]. 钻采工艺，2001，24（5）：67-74.

[55] 李钦道，谢光平，张娟. 初始管柱压缩量的计算分析-封隔器管柱受力分析系统讨论之三[J]. 钻采工艺，2001，24（6）：48-54.

[56] 李钦道，谢光平，张娟. 自由移动封隔器管柱变形量计算分析-封隔器管柱受力分析系统讨论之四[J]. 钻采工艺，2002，25（1）：60-64.

[57] 李钦道，谢光平，张娟. 不能移动封隔器管柱变形受力分析-封隔器管柱受力分析系统讨论之五[J]. 钻采工艺，2002，25（2）：53-57.

[58] 巨全利. 分层注水封隔器管柱力学分析[D]. 西安：西安石油大学，2014.

[59] 吕占国. 水平井多封隔器关注力学及安全性分析[D]. 西安：西安石油大学，2014.

[60] 张智，王波，李中，等. 高压气井多封隔器完井管柱力学研究[J]. 西南石油大学学报（自然科学版），2016，38（6）：172-178.

[61] 朱伟，孙经光. 水平井打捞作业管柱轴向力计算模型修正[J]. 石油矿场机械，2017，46（1）：37-40.

[62] 刘建勋. 大斜度井全井钻柱动力学数值模拟研究[D]. 成都：西南石油大学，2015.

[63] 王文昌. 三维曲井抽油杆柱动力学特性分析方法研究与应用[D]. 上海：上海大学，2010.

[64] 陈锋，姜德义，唐凯. 水平井射孔工艺技术及在罗家11H井实践[J]. 天然气工业，2005，25（10）：52-54.

[65] 陈锋，陈华彬，唐凯，等. 射孔冲击载荷对作业管柱的影响及对策[J]. 开发工程，2010，30（5）：61-65.

[66] 尹长城，王元勋. 射孔测试联作减震器数值模拟及力学特性拟合[J]. 石油机械，2007，35（10）：33-36.

[67] 陈玉，刘国光，冯永军，等. 纵向减震器的设计理论[J]. 解决方案，2015，2：252-253.

[68] 陈华彬，唐凯，任国辉，等. 超深井射孔管柱动态力学分析[J]. 2010，34（5）：487-491.

[69] 伍开松，赵云，柳庆仁，等. 高压射孔测试管柱力学行为仿真[J]. 石油矿场机械，2011，40（5）：74-77.

[70] 仝少凯，徐晓航，冯琦，等. 高温高压深井完井射孔段套管断裂力学分析[J]. 石油矿场机械，2013，42（1）：31-37.

[71] 周海峰. 油井射孔段管柱对爆炸冲击载荷动态响应研究[D]. 北京：北京理工大学，2014.

[72] Kang Kai, Ma Feng, Zhou Haifeng, et al. Study on Dynamic Numerical Simulation of String Danage Rules in Oil-Gas Well Perforating Job[J]. Procedia Engineering, 2014, 84：898-905.

［73］滕岳珊. 射孔过程动力学仿真与管柱结构安全性研究［D］. 北京：中国石油大学（北京），2014.

［74］蔡履忠，赵烜，薛世峰，等. 射孔作业过程管柱结构动态响应分析［J］. 石油矿场机械，2015，44 （5）：26-30.

［75］张琴，张慢来，周志宏，等. 井下射孔冲击波传递过程及管柱的移动模拟［J］. 长江大学学报（自科版），2015，12（4）：45-47.

［76］李作平，孙宪宏，谢阳平，等. 三级装药多级复合射孔技术研究［J］. 测井技术，2014，38（1）： 120-123.

［77］Liu He, Wang Feng, Wang Yucai, et al. Oil Well Perforation Technology：Status and Prospects［J］. Petroleum Exploration and Development, 2014, 41（6）：798-804.

［78］Chen Huabin, Tang Kai, Chen Feng, et al. Oriented Cluster Perforating Technology and its Application in Horizontal Wells［J］. Natural Gas Industry B xx, （2017）：1-6.

［79］Zhao Jinzhou, Chen Xiyu, Li Yongming, et al. Numerical Simulation of Multi-Stage Fracturing and Optimization of Perforation in a Horizontal Well［J］. Petroleum Exploration and Development, 2017, 44（1）： 119-126.

［80］郭晓强. 射孔冲击下管柱动力学行为研究及软件开发［D］. 成都：西南石油大学，2017.

［81］Liu Jun, Li Shide, Liu Qingyou, et al. Study on Dynamic Response of Downhole Tools under perforation Impact Load［J］. Shock and Vibration, 2017, 1-10.

［82］Jun Liu, Xiaoqiang Guo, Yufa He, et al. A 3D Impact Dynamic Model for Perforated Tubing String in Curved Wells［J］. Applied Mathematical Modelling, 2021, 90：217-239.

［83］Paslay P R, Bogy D B. The Stability of a Circular Rod Laterally Constrained to Be in Contact With an Inclined Circular Cylinder［J］. Journal of Applied Mechanics, 1964, 31（3）：605-610.

［84］Dawson R, Paslay P R. Drillpipe Buckling in Inclined Holes［J］. Journal of Petroleum Technology, 1984, 36（5）：1119-1125.

［85］Chen Y C, Lin Y H, Cheatham, J B. Tubing and Casing Buckling in Horizontal wells［J］. J. Pet. Tech., 1990, 42（1）：140-141.

［86］Wu J, Juvkam-wold H. C. Helical Buckling of Pipes in Extended Reach and Horizontal Wells-Part2： Frictional Drag Anaiysis［J］. Jour. of Energy Resources Tech. 1993, 115（3）：190-195.

［87］Wu J, Juvkam-wold H C. Helical Buckling of Pipes in Extended Reach and Horizontal Wells-Part2：Frictional Drag Anaiysis［J］. Jour. of Energy Resources Tech. 1993, 115（3）：196-201.

［88］He X, Kyllingstad A. Helical Buckling and Lock up Conditions for Coiled Tubing in Curved Wells［C］. SPE 25370, 1993.

［89］陈敏. 深直井钻柱空转功率和屈曲的理论研究［D］. 北京：中国地质大学（北京），2005.

［90］李文飞. 直井钻柱安全可靠性分析方法研究［D］. 东营：中国石油大学（华东），2008.

［91］夏辉. 基于屈曲理论的定向井管柱安全性分析［D］. 西安：西安石油大学，2013.

［92］王海东，孙新波. 国内外射孔技术发展综述［J］. 爆破器材，2006，35（3）：33-36.

［93］邹良志，石化国，杨家忠，等. 国内外主要射孔技术发展评述［J］. 石油管材与仪器，2012，26 （4）：34-37.

［94］李国巍，于革，肖湘，等. 射孔完井技术发展综述［J］. 黑龙江科学，2015（4）：40-41.

［95］魏欣. 分析现代油气井射孔技术发展现状与展望［J］. 化工管理，2017（33）.

［96］刘合，王峰，王毓才，等. 现代油气井射孔技术发展现状与展望［J］. 石油勘探与开发，2014，41 （6）：731-737.

［97］袁吉诚. 中国射孔技术的现状与发展［J］. 测井技术，2002，26（5）：421-425.

[98] 邓顺奇, 侯维琪, 韩斌. 电缆输送过油管射孔工艺技术在玉门油田的应用[J]. 油气井测试, 2005, 14(5): 54-56.

[99] 魏晓雄, 李先达, 张虎. 电缆输送过油管射孔工艺技术研究[J]. 化工管理, 2013(14): 255.

[100] 陈喜庆. 复合射孔工艺技术研究[D]. 大庆: 大庆石油学院, 2008.

[101] 唐梅荣, 马兵, 刘顺, 等. 电缆传输定向射孔技术试验[J]. 石油钻采工艺, 2012, 34(1): 122-124.

[102] 郭希明, 蒋宏伟, 郭庆丰, 等. 油管输送式射孔技术起爆方式的设计与应用分析[J]. 重庆科技学院学报(自然科学版), 2011, 13(3): 96-99.

[103] 温德芳, 姜福成. 油管输送式射孔的应用与发展[J]. 石油物探, 1996(s1): 78-81.

[104] 刘河秀. 超正压射孔工艺技术[J]. 钻采工艺, 2002(4): 94-95.

[105] 梁拥华. 定方位射孔技术研究及应用[J]. 科技创新导报, 2012(17): 11-12.

[106] 陆大卫. 油气井射孔技术[M]. 北京: 石油工业出版社, 2012. 4

[107] 赵春辉. 定方位射孔工艺技术研究[D]. 北京: 中国地质大学, 2009. 5.

[108] 张立新, 沈泽俊, 李益良, 等. 我国封隔器技术的发展与应用[J]. 石油机械, 2007, 35(8): 58-60.

[109] 李高升. 封隔器卡瓦的强度分析[D]. 青岛: 中国石油大学(华东), 2006.

[110] 江汉石油管理局采油工艺研究所. 封隔器理论基础与应用[M]. 北京: 石油工业出版社, 1983.

[111] 刘清友, 黄云, 湛精华, 等. 井下封隔器及其各部件工作行为仿真研究[J]. 石油管材与仪器, 2005, 19(1): 1-4.

[112] 张宇航, 徐小兵, 杨亚. 浅析国内外封隔器的发展状况[J]. 机械工程师, 2015(1): 37-39.

[113] 张辛, 徐兴平, 王雷. 封隔器胶筒结构改进及优势分析[J]. 石油矿场机械, 2013, 42(1): 62-66.

[114] 蒋青春, 杨志. 耐高温、大直径封隔器综述[J]. 石油机械, 2009, 37(4): 73-77.

[115] 赵远纲, 王禄群, 侯高文. 分层开采工艺管柱[M]. 北京: 石油大学出版社, 1994.

[116] 张道鹏, 谢明. 封隔器硬件机构的结构设计与探讨[J]. 石化技术, 2018(4): 326-327.

[117] 刘春雨. 封隔器的密封性评判及相关结构设计探讨[J]. 中国设备工程, 2018(1): 205-206.

[118] 师汉民, 黄其柏. 机械振动系统[M]. 武汉: 华中科技大学出版社, 2013.

[119] 闻邦椿, 李以农, 韩清凯. 非线性振动理论中的解析方法及工程应用[M]. 沈阳: 东北大学出版社, 2001.

[120] 曹树谦, 张文德, 萧龙翔. 振动结构模态分析[M]. 天津: 天津大学出版社, 2014.

[121] 倪振华. 振动力学[M]. 西安: 西安交通大学出版社, 1989.

[122] 谷口修. 振动工程大全[M]. 北京: 机械工业出版社, 1983.

[123] 崔之健. 采油井测试联作中的减振及压力传感技术研究[D]. 武汉: 华中科技大学. 2007

[124] 郑波强, 洪德强. 射孔测试联作减震器应用问题分析[J]. 科技资讯, 2013(35): 55-56.

[125] 王朝晋. 减振器作用分析及新型吸振器[J]. 天然气工业, 2002, 22(4): 53-56.

[126] 韩秀清, 李凌飞, 赵孔新, 等. 石油射孔枪的有限元结构优化设计方法[J]. 长春工业大学学报: 自然科学版, 2002, 23(z1): 147-150.

[127] 江勇, 李鹏冲, 谢芸霞. 射孔枪与射孔枪管[J]. 钢管, 2016, 45(5): 41-51.

[128] 王正国, 齐德鹏, 刘春艳, 等. 浅析射孔枪与套管匹配问题[J]. 国外测井技术, 2008(5): 52-54.

[129] 李明坤. 国内、外石油射孔弹发展概述[J]. 科技信息, 2012(30): 387-387.

[130] 李晋庆. 几种新型石油射孔弹的研究和讨论[J]. 爆破器材, 2003, 32(4): 27-30.

[131] 潘永新. 大孔径射孔弹研制[D]. 北京: 中国人民解放军国防科学技术大学, 2002.

[132] 李杨. 一种新型结构石油射孔弹的数值模拟研究[D]. 太原: 中北大学, 2015.

[133] 刘真真. 简述国外防砂完井技术现状及发展趋势[J]. 科学与财富, 2016, 8(2).

[134] 匡韶华, 石磊, 于丽宏, 等. 防砂筛管测试技术现状及发展探讨[J]. 新疆石油科技, 2012, 42(4): 18-22.

[135] 汪红霖, 熊军, 唐乙舜. 国外防砂完井技术现状及发展趋势[J]. 山东化工, 2014, 43(4): 69-70.

[136] 吴国辉. 油田钢丝网套金属纤维筛管的研制与应用[J]. 中国石油和化工标准与质量, 2013(21): 70-70.

[137] 李喆. 精密复合防砂筛管结构性能分析及优化[D]. 沈阳: 沈阳航空航天大学, 2015.

[138] 高斌, 王尧, 张春升, 等. 一种新型防砂筛管的研制及性能评价[J]. 石油天然气学报, 2015(3): 51-54.

[139] 高斌, 王尧, 张春升, 等. 一种新型防砂筛管的研制及性能评价[J]. 石油天然气学报, 2015(3): 51-54.

[140] 范白涛. 我国海油防砂技术现状与发展趋势[J]. 石油科技论坛, 2010, 29(5): 7-12.

[141] 刘新福, 綦耀光, 刘春花, 等. 鼠笼式V形直丝筛管: 中国, 102146783 A[P]. 2011.

[142] 王爱国. 金属棉优质筛管适度防砂实验研究及应用[J]. 断块油气田, 2013, 20(4): 535-538.

[143] 文敏, 邓福成, 刘书杰, 等. 预充填防砂筛管在海上砂岩油藏适应性评价[J]. 石油矿场机械, 2015(5): 35-40.

[144] 严进荣, 朱天高, 陈应淋, 等. 预充填双层割缝筛管防砂工艺研究及应用[J]. 油气田地面工程, 2003, 22(3): 56-57.

[145] 吴柳根. 膨胀筛管技术研究现状及发展建议[J]. 石油机械, 2015, 43(3): 26-30.

[146] Metcalfe P, Whitelaw C. The Development of the First Expandable Sand Screen[J]. 1999.

[147] Matthew H, Craig J, Juliane H, et al. Development and First Application of Bistable Expandable Sand Screen[C] // Spe Technical Conference and Exhibition. 2003.

[148] 李夯. 可自适应膨胀防砂筛管及其防砂关键技术研究[D]. 青岛: 中国石油大学(华东), 2011.

[149] 王亚洲. 可自适应膨胀防砂筛管关键技术研究[D]. 青岛: 中国石油大学(华东), 2012.

[150] 马建民, 刘永红, 李夯, 等. 可自适应膨胀防砂筛管膨胀机理研究[J]. 石油矿场机械, 2009, 38(12): 9-11.

[151] Cuthbertson R, Annabel G, Dewar J, et al. Completion of an Underbalanced Well Using Expandable Sand Screen for Sand Control[C]. SPE/I ADC Drilling Conference, 2003.

[152] 陈旭然, 张林通. 油气井射孔技术的现状及发展趋势[J]. 中国石油和化工标准与质量, 2014, 34(2): 111.

[153] P. C. Chou, W. J. Flis. Recent Development in Shaped Charge Technology[J]. Propel. Explos. Pyrotech, 1986, 11: 99-144.

[154] 隋树元, 王树山. 终点效应学[M]. 北京: 国防工业出版社, 2000.

[155] 李晓杰, 张程娇, 王小红, 等. 水的状态方程对水下爆炸影响的研究[J]. 工程力学, 2014, 31(8): 46-52.

[156] 李翼祺, 马素贞. 爆炸力学[M]. 北京: 科学出版社, 1992.

[157] 白锡忠, 常熹. 油气井射孔弹及其应用[M]. 北京: 石油工业出版社, 1992.

[158] 熊琩. 射孔爆炸压力场研究[D]. 成都: 西南石油大学, 2012.

[159] 蒋廷学, 贾长贵, 王海涛. 页岩气水平井体积压裂技术[M]. 北京: 科学出版社, 2017: 262-265.

[160] 李庆扬, 王能超, 易大义. 数值分析[M]. 北京: 清华大学出版社, 2008: 22-46..

[161] 刘修善. 实钻井眼轨迹的客观描述与计算[J]. 石油学报, 2007, 28(5): 128-132, 138.

[162] 杜春常. 用三次样条模拟定向井井眼轨迹[J]. 石油学报, 1988, 9(1): 112-120.

[163] 肖兵，兰乘宇，包文涛，等. 水平井连续油管下放速度对下入深度影响规律分析[J]. 石油矿场机械，2016，45(6)：20-25.

[164] 孙训方，方孝淑，关来泰，等. 材料力学[M]. 北京：高等教育出版社，2009：157-176.

[165] 吕苗荣. 石油工程管柱力学[M]. 北京：中国石化出版社，2012：60-70.

[166] Gao G, Miska S. Effects of Friction on Post-Buckling Behavior and Axial Load Transfer in a Horizontal Well[J]. SPE Journal, 2010, 15(4)：1-104, 118.

[167] Gao G, Miska S. Effects of Boundary Conditions and Friction on Static Buckling of Pipe in a Horizontal Well[J]. SPE Journal, 2009, 14(4)：782-796.

[168] 刘琼. 考虑多因素复合效应的连续油管下入性分析[D]. 西安：西安石油大学，2019.

[169] Wu J, Zhang M. G. Casing Burst Strength after Casing Wear[J]. SPE 94304, 1992.

[170] 陈康. 钻柱屈曲特性模拟与分析[D]. 北京：西南石油大学，2015.

[171] Wu, Jiang, Juvkam-Wold. The Effect of Wellbore Curvature on Tubular Buckling and Lockup[J]. ASME, Journal of Energy Resources Technology, 1995：214-218.

[172] 刘亚明，于永南. 连续油管最大下入深度问题初探. 石油机械，2000，28(1)：9-12.

[173] 陆应辉，程启文，徐培刚，等. 连续油管隔板延时分簇射孔技术的现场应用. 油气井测试，2017，26(2)：60-63.

[174] 赵静. 吉林油田低渗油藏水平井开发技术[J]. 石油勘探与开发，2011，38(5)：594-599.

[175] 覃成锦，胡小兵，高德利. 斜井抽油杆扶正器安放间距三维计算[J]. 石油机械，1997(5)：45-48, 61.

[176] 关晓晶，王中东，梁仪全. 小井眼水平井钻具通过能力分析及应用[J]. 石油钻探技术，2005(4)：26-28.

[177] 唐雪平. 变截面(变刚度)纵横弯曲梁[J]. 力学与实践，1999(4)：47-50.

[178] 陈锋，杨登波，郭兴午，等. 水平井段静止起动泵送过程分析及排量控制研究[J]. 测井技术，2018，42(6)：720-725.

[179] 陈锋，杨登波，唐凯，等. 上倾井泵送分簇射孔与桥塞联作技术[J]. 测井技术，2018，42(1)：117-121.

[180] 焦国盈，裴莘汀，唐凯，等. 水平井泵送射孔影响因素分析[J]. 重庆科技学院学报(自然科学版)，2014，16(1)：71-73, 125.

[181] Liu J, Guo X, Wang G, et al. Bi-nonlinear Vibration Model of Tubing String in Oil&Gas Well and Its Experimental Verification[J]. Applied Mathematical Modelling, 2019, 81. 50-69.

[182] 黄涛. 钻柱耦合振动的理论及试验研究[D]. 青岛：中国石油大学(华东)，2001.

[183] 李子丰，王长进，田伟超，等. 钻柱力学三原理及定性模拟实验[J]. 石油学报，2017，38(2)：227-233.